乡村建筑工匠实用手册

王宏明　张伟淼　刘思远　主编

中国建筑工业出版社

图书在版编目（CIP）数据

乡村建筑工匠实用手册 / 王宏明，张伟森，刘思远主编. — 北京：中国建筑工业出版社，2023.9
ISBN 978-7-112-28897-7

Ⅰ.①乡… Ⅱ.①王… ②张… ③刘… Ⅲ.①农村住宅-建筑工程-工程施工-手册 Ⅳ.①TU241.4-62

中国国家版本馆 CIP 数据核字（2023）第 123215 号

党的二十大指出，要统筹乡村基础设施和公共服务布局，建设宜居宜业和美乡村。作为乡村建设的主力军，乡村建筑工匠在乡村建设的工作中发挥着重要的作用，为提升乡村建筑工匠整体水平，作者组织行业内相关专家编制本手册。本手册共十个章节，从实用性出发，介绍了乡村建设工程中的常用符号及数据、建筑识图的常用图例、地基与基础工程、砌体工程、钢筋工程、混凝土工程、木结构工程、架子工程、屋面与防水工程以及挡土墙工程等相关知识。本手册文字简练、图文并茂，力求切实满足乡村建筑工匠的学习需要。

本书可供乡村建筑工匠、建房农户、乡镇建设管理和技术人员使用。

责任编辑：高 悦 范业庶
责任校对：张 颖

乡村建筑工匠实用手册
王宏明 张伟森 刘思远 主编
*
中国建筑工业出版社出版、发行（北京海淀三里河路 9 号）
各地新华书店、建筑书店经销
北京科地亚盟排版公司制版
天津安泰印刷有限公司印刷
*
开本：880 毫米×1230 毫米 1/32 印张：9⅛ 字数：261 千字
2024 年 5 月第一版 2024 年 5 月第一次印刷
定价：**42.00** 元
ISBN 978-7-112-28897-7
（41619）

前　言

党的二十大指出，要统筹乡村基础设施和公共服务布局，建设宜居宜业和美乡村。这充分反映了亿万农民过上美好生活的愿景和期盼。其中“建设宜居宜业和美乡村”对今后的乡村建设工作提出了更高要求，为此国家必将采取有力措施组织实施好乡村建设行动，逐步使农村基本具备现代生活条件，从而全面推进乡村振兴，实现农村现代化。

乡村建筑工匠主要是指在乡村建设中，使用小型工具、机具及设备，进行农村房屋、农村公共基础设施、农村人居环境等小型工程修建、改造的人员。作为乡村建设的主力军，他们在乡村建设的工作中发挥着重要的作用，工匠的技艺水平与敬业程度是影响乡村建设工程质量的重要因素。目前，国内乡村建筑工匠素质参差不齐，水平较高的大多远足他乡或在城市谋生，为提升乡村建筑工匠整体水平，作者组织行业内相关专家编制本手册。

本手册共十个章节，从实用性出发，介绍了乡村建设工程中的常用符号及数据、建筑识图的常用图例、地基与基础工程、砌体工程、钢筋工程、混凝土工程、木结构工程、架子工程、屋面与防水工程、挡土墙工程等相关知识。

本手册文字简练、图文并茂，力求切实满足乡村建筑工匠的学习需要。

本手册由王宏明、张伟淼、刘思远主编，陈业辉主审。参编人员有佘承铭、舒峰、蒋健、徐虎、唐巍、周鑫、罗彬豪。在编制过程中参考和引用了部分书籍、杂志上的相关文献，在此谨表衷心感谢。

由于编者水平有限，手册中难免有不妥与疏忽之处，敬请读者批评指正。

目　　录

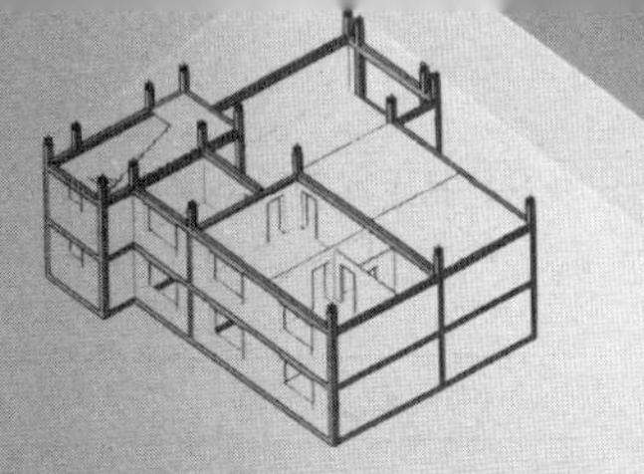

第一章　常用符号及数据

1.1　常用符号

1.1.1　数学符号

常用数学符号见表 1.1-1。

数学符号　　**表 1.1-1**

中文意义	符号	中文意义	符号
几何符号		无穷［大］	∞
［直］线段 AB	$\overline{AB}$，AB	小数点	.
［平面］角	$\angle$	百分率	%
弧 AB	$\overset{\frown}{AB}$	圆括号	(　)
圆周率	π	方括号	[　]
三角形	$\triangle$	花括号	{　}
平行四边形	▱	角括号	$<\quad>$
圆	$\odot$	正负	$\pm$
垂直	$\perp$	最大	max
平行	//或∥	最小	min
相似	$\backsim$	运算符号	
全等	$\cong$	a 加 b	$a+b$
集合符号		a 减 b	$a-b$
属于	$\in$	a 加或减 b	$a\pm b$
不属于	$\notin$	a 乘以 b	$a\times b$，$a\cdot b$，ab
包含	$\ni$	a 除以 b	$a\div b$，a/b
不包含	$\not\ni$	从 a_1 到 a_n 的和	$\sum_{i=1}^{n}a_i$

续表

中文意义	符号	中文意义	符号
杂类符号		a 的 p 次方	a^p
等于	=	a 的平方根	$a^{\frac{1}{2}}$，$a^{1/2}$，$\sqrt{a}$
不等于	≠	a 的绝对值	$\lvert a \rvert$
约等于	≈	a 的平均值	$\overline{a}$
比	:	三角函数	
小于	<	x 的正弦	$\sin x$
大于	>	x 的余弦	$\cos x$
小于或等于	≤	x 的正切	$\tan x$
大于或等于	≥	x 的余切	$\cot x$
远小于	≪	坐标系符号	
远大于	≫	笛卡尔坐标	x，y，z

1.1.2 法定计量单位符号

常用国际单位制（SI）的基本单位见表 1.1-2。

国际单位制（SI）的基本单位　　　表 1.1-2

量的名称	单位名称	单位符号
长度	米	m
质量	千克（公斤）	kg
时间	秒	s
电流	安［培］	A
热力学温度	开［尔文］	K
物质的量	摩［尔］	mol

注：1. 生活和贸易中，质量习惯称为重量；
2. 单位名称栏中，方括号内的字在不致混淆的情况下可以省略，如："安培"可简称"安"，也作为中文符号使用。圆括号内的字为前者的同义语，如："千克"也可称为"公斤"。

1.1.3 文字表量符号

常用文字表量符号见表 1.1-3。

文字表量符号　　表 1.1-3

量的名称	符号	中文单位名称	法定单位符号
一、几何量值			
振幅	A	米	m
面积	A、S、A_s	平方米	m^2
宽	B、b	米	m
直径	D、d	米	m
厚	d、δ	米	m
高	H、h	米	m
长	L、l	米	m
半径	R、r	米	m
行程、距离	s	米	m
体积	V	立方米	m^3
二、时间			
线加速度	a	米每二次方秒	m/s^2
频率	f	赫兹	Hz
重力加速度	g	米每二次方秒	m/s^2
旋转频率，转速	n	每秒	s^{-1}
质量流量	Qm	千克每秒	kg/s
体积流量	Qv	立方米每秒	m^3/s
周期	T	秒	s
时间	t	秒	s
线速度	v	米每秒	m/s
三、质量			
原子量	A	摩尔	mol
分子量	M	摩尔	mol
质量	m	千克（公斤）	kg
密度	ρ	千克每立方米	kg/m^3
四、力			
力	F、P、Q、R、f	牛顿	N
荷载、重力	G	牛顿	N

续表

量的名称	符号	中文单位名称	法定单位符号
硬度	H	牛顿每平方米	N/m^2
弯矩	M	牛顿米	N·m
压强	p	帕斯卡	Pa
扭矩	T	牛顿米	N·m
摩擦系数	μ	—	—

1.1.4 化学元素符号

常用化学元素符号见表 1.1-4。

化学元素符号 **表 1.1-4**

名称	符号	名称	符号	名称	符号	名称	符号
氢	H	氖	Ne	钾	K	锌	Zn
氦	He	钠	Na	钙	Ca	银	Ag
锂	Li	镁	Mg	钛	Ti	碘	I
铍	Be	铝	Al	铬	Cr	铂	Pt
硼	B	硅	Si	锰	Mn	金	Au
碳	C	磷	P	铁	Fe	汞	Hg
氮	N	硫	S	钴	Co	—	—
氧	O	氯	Cl	镍	Ni	—	—
氟	F	氩	Ar	铜	Cu	—	—

1.1.5 建材的型号表示法

建材的型号表示法见表 1.1-5。

建材的型号表示法 **表 1.1-5**

符号	意义
土建材料	
∟	角钢
[	槽钢
I	工字钢

续表

符号	意义
—	扁钢、钢板
□	方钢
θ	圆形材料直径
″	英寸
#	号
@	每个、每样相等中距
C	窗
c	保护层厚度
e	偏心距
M	门
n	螺栓孔数目
C	混凝土强度等级
M	砂浆强度等级
MU	砖、石、砌块强度等级
Q	钢材屈服强度等级
T	木材强度等级

1.2　常用计量单位换算

1.2.1　长度单位换算

公制长度单位换算见表 1.2-1。

公制长度单位换算　　　　**表 1.2-1**

单位	公制			
	米（m）	毫米（mm）	厘米（cm）	公里（km）
1m	1	1000	100	0.001
1mm	0.001	1	0.1	10^{-6}
1cm	0.01	10	1	10^{-3}
1km	1000	10^{6}	10^{5}	1

1.2.2 面积单位换算

公制面积单位换算见表 1.2-2。

公制面积单位换算　　表 1.2-2

单位	公制			
	平方米（m^2）	公亩（a）	公顷（ha 或 hm^2）	平方公里（km^2）
1m^2	1	0.01	0.0001	10^{-6}
1a	100	1	0.01	0.0001
1ha（hm^2）	10000	100	1	0.01
1km^2	1000000	10000	100	1

1.2.3 体积、容积单位换算

公制体积和容积单位换算见表 1.2-3。

公制体积和容积单位换算　　表 1.2-3

单位	公制		
	立方米（m^3）	立方厘米（cm^3）	升（L）
1m^3	1	1000000	1000
1cm^3	10^{-6}	1	0.001
1L	0.001	1000	1

1.2.4 重量（质量）单位换算

公制重量（质量）单位换算见表 1.2-4。

公制重量（质量）单位换算　　表 1.2-4

单位	公制		
	公斤（kg）	克（g）	吨（t）
1kg	1	1000	0.001
1g	0.001	1	10^{-6}
1t	1000	1000000	1

单位长度的重量（质量）换算见表1.2-5。

单位长度的重量（质量）换算　　表1.2-5

单位	公斤/米（kg/m）	克/厘米（g/cm）
1kg/m	1	10

单位体积、容积的重量（质量）换算见表1.2-6。

单位体积、容积的重量（质量）换算　　表1.2-6

单位	吨/立方米（t/m^3）	公斤/立方厘米（kg/cm^3）
$1t/m^3$	1	0.001

1.2.5　力、重力单位换算

力的单位换算见表1.2-7。

力的单位换算　　表1.2-7

单位	牛顿（N）	千牛顿（kN）	兆牛顿（MN）
1N	1	0.001	10^{-6}
1kN	1000	1	0.001
1MN	1000000	1000	1

大气压强换算见表1.2-8。

大气压强换算　　表1.2-8

单位	帕斯卡（Pa）或牛顿/平方米（N/m^2）	百帕斯卡（hPa）或牛顿/平方分米（N/dm^2）	标准大气压（atm）
1Pa或N/m^2	1	0.01	0.9869×10^{-5}
1hPa或N/dm^2	100	1	0.9869×10^{-3}

1.3　常用求面积体积公式

1.3.1　平面图形面积

平面图形面积见表1.3-1。

平面图形面积 **表 1.3-1**

图形		尺寸符号	面积（A）
正方形	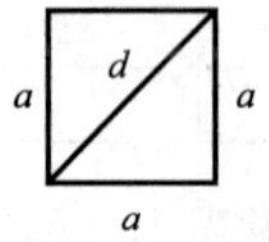	a——边长； d——对角线	$A=a^2$
长方形	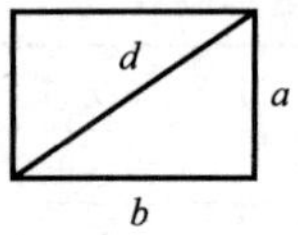	a——短边； b——长边； d——对角线	$A=a\cdot b$
三角形	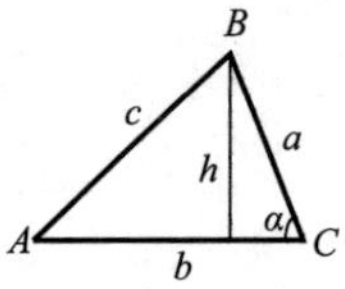	h——高； L——$\frac{1}{2}(a+b+c)$； a、b、c——对应角A、B、C的边长	$A=\frac{bh}{2}=\frac{1}{2}ab\sin\alpha$
平行四边形	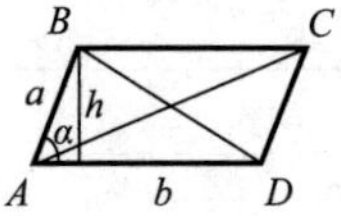	a、b——邻边； h——对边间距离	$A=b\cdot h=ab\sin\alpha$
梯形	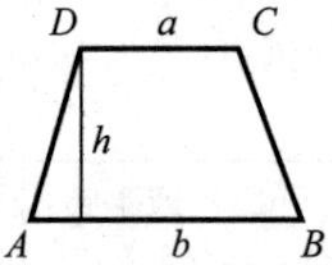	a——CD（上底边）； b——AB（下底边）； h——高	$A=\frac{a+b}{2}\cdot h$
圆形	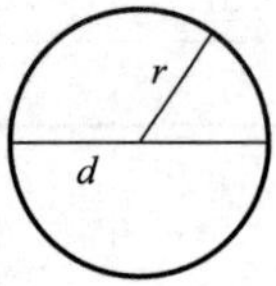	r——半径； d——直径； p——圆周长	$A=\pi r^2$
椭圆形	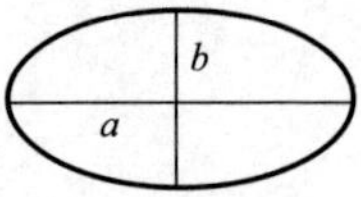	a、b——主轴	$A=\frac{\pi}{4}a\cdot b$

续表

图形		尺寸符号	面积（A）
环形	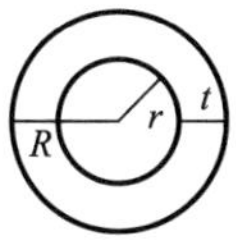	R——外半径； r——内半径； t——环宽	$A=\pi\ (R^2-r^2)$

1.3.2　物料堆体积计算

物料堆体积计算见表 1.3-2。

物料堆体积计算　　　　表 1.3-2

图形	计算公式
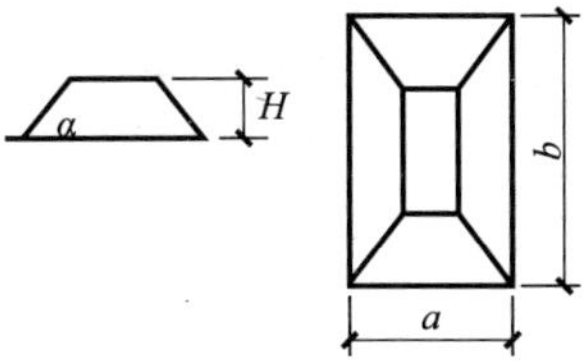	$V=\left[ab-\dfrac{H}{\tan\alpha}\left(a+b-\dfrac{4H}{3\tan\alpha}\right)\right]\times H$
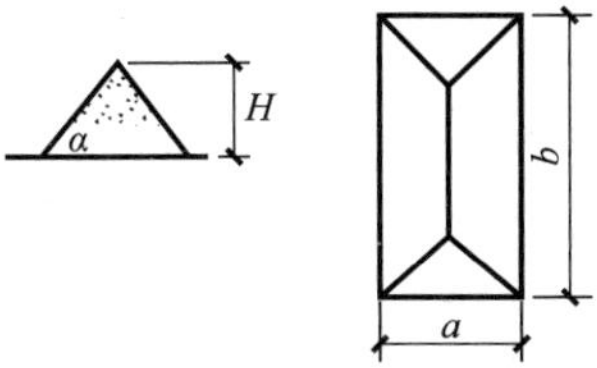	$\alpha=\dfrac{2H}{\tan\alpha}$ $V=\dfrac{aH}{6}(3b-a)$
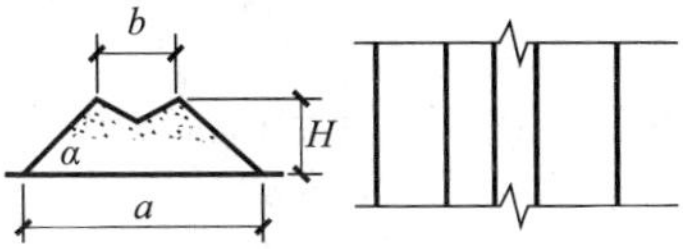	$V_0=\dfrac{H^2}{\tan\alpha}+bH-\dfrac{b^2}{4}\tan\alpha$

1.4 常用建筑材料及数值

1.4.1 材料基本性质、常用名称及符号

材料基本性质、常用名称及符号见表 1.4-1。

材料基本性质、常用名称及符号　　表 1.4-1

名称	符号	公式	常用单位	说明
密度	ρ	$\rho=m/V$	g/cm^3	m——材料在干燥状态下的质量（g）； V——材料在绝对密实状态下的体积（cm^3）
表观密度	ρ_0	$\rho_0=m/V_1$	g/cm^3 或 kg/m^3	m——材料在干燥状态下的质量（g）； V_1——材料在自然状态下的体积（cm^3 或 m^3）
堆积密度	ρ_0'	$\rho_0'=m/V_1'$	kg/m^3	m——材料在干燥状态下的质量（g）； V_1'——颗粒状材料在堆积状态下的体积（cm^3）
孔隙率	e	$e=\frac{V_1-V}{V_1}\times 100\%=\left(1-\frac{\rho_0}{\rho}\right)\times 100\%$	%	密实度 $D=1-e$
空隙率	e'	$e'=\frac{V'_1-V_1}{V'_1}\times 100\%=\left(1-\frac{\rho'_0}{\rho_0}\right)\times 100\%$	%	填充率 $D'=1-e'$
强度	f	$f=P/A$ $f=M/W$	MPa（N/mm^2）	P——破坏时的拉（压、剪）力（N）； M——抗弯破坏时的弯矩（N·mm）； A——受力面积（mm^2）； W——抗弯截面模量（mm^3）

续表

名称	符号	公式	常用单位	说明
含水率	W	$m_{水}/m$	%	$m_{水}$——材料中所含水的质量(g)；m——材料干燥时的质量(g)
渗透系数	K	$K=\frac{QD}{ATH}$	mL/(cm^2·s)	Q——渗水量（mL）；D——试件厚度（cm）；A——渗水面积（cm^2）；T——渗水时间（s）；H——水头差
抗渗等级	P_n	（n=2，4，6…）	—	如 P_{12} 表示在承受最大静水压为1.2MPa的情况下，6个混凝土标准试件经8h作用后，仍有不少于4个试件不渗漏
抗冻等级	F_n	（n=15，25…）	—	材料在－15℃以下冻结，反复冻融后重量损失≤5%，强度损失≤25%的冻融次数。如 F_{25} 表示标准试件能经受冻融的次数为25次

1.4.2　常用材料和构件的自重

常用材料和构件的自重见表1.4-2。

常用材料和构件的自重　　　　**表1.4-2**

名称	自重	备注
1. 木材/(kN/m^3)		
杉木	4	随含水率而不同
冷杉、云杉、红松、华山松、樟子松、铁杉、拟赤杨、红椿、杨木、枫杨	4～5	随含水率而不同
马尾松、云南松、油松、赤松、广东松、湾木、枫香、柳木、擦木、秦岭落叶松、新疆落叶松	5～6	随含水率而不同

续表

名称	自重	备注
东北落叶松、陆均松、榆木、桦木、水曲柳、苦楠、木荷、臭椿	6～7	随含水率而不同
锥木（铐木）、石栎、槐木、乌墨	7～8	随含水率而不同
青冈砾（楮木）、栎木（柞木）、桉树、木麻黄	8～9	随含水率而不同
普通木板条、椽穗木料	5	随含水率而不同
锯末	2～2.5	加防腐剂时为 $3kN/m^3$
木板丝	4～5	—
软木板	2.5	—
刨花板	6	—
2. 胶合板材/(kN/m^2)		
三合板（杨木）	0.019	—
三合板（椴木）	0.022	—
三合板（水曲柳）	0.028	—
五合板（杨木）	0.03	—
五合板（水曲柳）	0.04	—
甘蔗板（按 10mm 厚计）	0.03	常用厚度为 13mm、15mm、19mm、25mm
隔声板（按 10mm 厚计）	0.03	常用厚度为 13mm、20mm
木屑板（按 10mm 厚计）	0.12	常用厚度为 6mm、10mm
3. 金属矿产/(kN/m^3)		
铸铁	72.5	—
钢铁	77.5	—
铁矿渣	27.6	—
赤铁矿	25～30	—
钢	78.5	—
紫铜、赤铜	89	—
黄铜、青铜	85	—
硫化铜矿	42	—

续表

名称	自重	备注
铝	27	—
铝合金	28	—
锌	70.5	—
亚锌矿	40.5	—
铅	114	—
方铅矿	74.5	—
金	193	—
白金	213	—
银	105	—
锡	73.5	—
镍	89	—
水银	136	—
钨	189	—
镁	18.5	—
锑	66.6	—
水晶	29.5	—
硼砂	17.5	—
硫矿	20.5	—
石棉矿	24.6	—
石棉	10	—
石棉	4	压实
白垩（高岭土）	22	松散，含水率不大于15%
石膏矿	22.5	—
石膏	13～14.5	粗块堆放 $\varphi=30°$； 细块堆放 $\varphi=40°$
石膏粉	9	—
4. 土、砂、砾石及岩石/(kN/m^3)		
腐殖土	15～16	干，$\varphi=40°$；湿，$\varphi=35°$； 很湿，$\varphi=25°$
黏土	13.5	干，松，孔隙比为1.0

续表

名称	自重	备注
黏土	16	干，$\varphi=40°$，压实
黏土	18	湿，$\varphi=35°$，压实
黏土	20	很湿，$\varphi=20°$，压实
砂土	12.2	干，松
砂土	16	干，$\varphi=35°$，压实
砂土	18	湿，$\varphi=35°$，压实
砂土	20	很湿，$\varphi=25°$，压实
砂子	14	干，细砂
砂子	17	干，粗砂
卵石	16～18	干
黏土夹卵石	17～18	干，松
砂夹卵石	15～17	干，松
砂夹卵石	16～19.2	干，压实
砂夹卵石	18.9～19.2	湿
浮石	6～8	干
浮石填充料	4～6	—
砂岩	23.6	—
页岩	28	—
页岩	14.8	片石堆叠
泥灰石	14	$\varphi=40°$
花岗岩、大理石	28	—
花岗岩	15.4	—
石灰石	26.4	—
石灰石	15.2	片石堆置
贝壳石灰岩	14	—
白云石	16	片石堆置，$\varphi=48°$
滑石	27.1	—
火石（燧石）	35.2	—
云斑石	27.6	—

续表

名称	自重	备注
玄武石	29.5	—
角闪石、绿石	25.5	—
角闪石、绿石	17.1	片石堆置
碎石子	14～15	堆置
岩粉	16	黏土质或石灰质
多孔黏土	5～8	作填充料用，$\varphi=35°$
硅藻土填充料	4～6	—
辉绿岩板	29.5	—
5. 砖及砌块/(kN/m³)		
普通砖	18	240mm×115mm×53mm (684块/m³)
普通砖	19	机器制
缸砖	21～21.5	230mm×110mm×65mm (609块/m³)
红缸砖	20.4	—
耐火砖	19～22	230mm×110mm×65mm (609块/m³)
耐酸瓷砖	23～25	230mm×113mm×65mm (590块/m³)
灰砂砖	18	砂：白灰＝92：8
煤渣砖	17～18.5	—
矿渣砖	18.5	硬矿渣：烟灰：石灰＝75：15：10
焦渣砖	12～14	—
粉煤灰砖	14～15	—
黏土砖	12～15	—
锯末砖	9	—
焦渣空心砖	10	290mm×290mm×140mm (85块/m³)

续表

名称	自重	备注
水泥空心砖	9.8	290mm×290mm×140mm（85块/m^3）
水泥空心砖	10.3	300mm×250mm×110mm（121块/m^3）
水泥空心砖	9.6	300mm×250mm×160mm（83块/m^3）
蒸压粉煤灰砖	14～16	干相对密度
陶粒空心砖	5	长600mm、400mm，宽150mm、250mm，高250mm、200mm
陶粒空心砖	6	390mm×290mm×190mm
粉煤灰轻渣空心砌块	7～8	390mm×190mm×190mm，390mm×240mm×190mm
蒸压粉煤灰加气混凝土砌块	5.5	—
混凝土空心小砌块	11.8	390mm×190mm×190mm
碎砖	12	堆置
水泥花砖	19.8	200mm×200mm×24mm（1042块/m^3）
瓷面砖	19.8	140mm×150mm×8mm（5556块/m^3）
陶瓷面砖	0.12kN/m^2	厚5mm
6. 石灰、水泥、灰浆及混凝土/(kN/m^3)		
生石灰块	11	堆置，$\varphi=30°$
生石灰粉	12	堆置，$\varphi=35°$
熟石灰膏	13.5	—
石灰砂浆、混合砂浆	17	—
水泥石灰焦渣砂浆	14	—
石灰炉渣	10～12	—
水泥炉渣	12～14	—

1.4.3　钢丝重量常用数据

钢丝的公称直径、公称截面面积及理论重量见表 1.4-3。

钢丝的公称直径、公称截面面积及理论重量　　表 1.4-3

公称直径/mm	公称截面面积/mm^2	理论重量/(kg/m)
5.0	19.63	0.154
7.0	38.48	0.302
9.0	63.62	0.499

1.5　气象、地震

1.5.1　气象

1. 风级

风级见表 1.5-1。

风　　级　　表 1.5-1

风力名称		海岸及陆地面征象标准		相当风速/(m/s)
风级	概况	陆地	海岸	
0	无风	静，烟直上	—	0～0.2
1	软风	烟能表示方向，但风向标不能转动	渔船不动	0.3～1.5
2	轻风	人面感觉有风，树叶微响，寻常的风向标转动	渔船张帆时，可随风移动	1.6～3.3
3	微风	树叶及微枝摇动不息，旌旗展开	渔船渐觉起簸动	3.4～5.4
4	和风	能吹起地面灰尘和纸张，树的小枝摇动	渔船满帆时，倾于一方	5.5～7.9
5	清风	小树摇动	水面起波	8～10.7
6	强风	大树枝摇动，电线呼呼有声，举伞有困难	渔船加倍缩帆，捕鱼需注意风险	10.8～13.8

续表

风力名称		海岸及陆地面征象标准		相当风速/(m/s)
风级	概况	陆地	海岸	
7	疾风	大树摇动，迎风步行感觉不便	渔船停息港中，去海外的下锚	13.9～17.1
8	大风	树枝折断，迎风行走感觉阻力很大	进港海船均停留不出	17.2～20.7
9	烈风	烟囱及平屋顶受到损坏	汽船航行困难	20.8～24.4
10	狂风	陆上少见，可拔树毁屋	汽船航行颇危险	24.5～28.4
11	暴风	陆上很少见，有则必受重大损毁	汽船遇之极危险	28.5～32.6
12	飓风	陆上绝少见，其摧毁力极大	海浪滔天	32.6以上

2. 降雨等级

降雨等级见表1.5-2。

降雨等级　　表1.5-2

降雨等级	现象描述	降雨量范围/mm	
		一天内总量	半天内总量
小雨	雨能使地面潮湿，但不泥泞	1～10	0.2～5
中雨	雨降到屋顶上有淅淅声，凹地积水	10～25	5.1～15
大雨	降雨如倾盆，落地四溅，平地积水	25～50	15.1～30
暴雨	降雨比大雨还猛，能造成山洪暴发	50～100	30.1～70
大暴雨	降雨比暴雨还大，或时间长，造成洪涝灾害	100～200	70.1～140
特大暴雨	降雨比大暴雨还大，能造成洪涝灾害	＞200	＞140

1.5.2 地震

1. 地震震级

地震震级是表示地震本身强度大小的等级，它是衡量地震震源释放出总能量大小的一种量度。

地震震级分为九级，简称震级。一般小于2.5级的地震人无感觉，2.5级以上人有感觉，5级以上的地震会造成破坏。

（1）一般将小于1级的地震称为超微震

（2）震级大于等于1级、小于3级的称为弱震或微震，如果震源不是很浅，这种地震人们一般不易觉察。

（3）震级大于等于3级、小于4.5级的称为有感地震，这种地震人们能够感觉到，但一般不会造成破坏。

（4）震级大于等于4.5级、小于6级的称为中强震（如“9·7”彝良地震），属于可造成破坏的地震，但破坏轻重还与震源深度、震中距等多种因素有关。

（5）震级大于等于6级、小于7级的称为强震（如“8·3”鲁甸地震、“2·6”高雄地震）。

（6）震级大于等于7级、小于8级的称为大地震（如“8.8”九寨沟地震、“4·14”玉树地震、“4·20”雅安地震、“7·18”俄罗斯堪察加半岛地震）。

（7）8级以及8级以上的称为巨大地震（如“5·12”汶川地震、“3·11”日本地震）。

2. 地震烈度

地震烈度就是受震地区地面及房屋建筑遭受地震破坏的程度。烈度的大小不仅取决于每次地震时本身发出的能量大小，同时还受到震源深度、受灾区距震中的距离、地震波传播的介质性质和受震区的表土性质及其他地质条件等的影响。

在一般震源深度（15～20km）情况下，震级与震中烈度的大致对应关系见表1.5-3。

震级与震中烈度大致对应关系　　表1.5-3

震级 M/级	2	3	4	5	6	7	8	8以上
震中烈度 I/度	1～2	3	4～5	6～7	7～8	9～10	11	12

烈度是根据人的感觉、家具和物品的振动情况、房屋和构筑物遭受破坏情况等对地震进行的定性的描绘。目前我国使用的是12度烈度表，房屋和结构物在各种烈度下受到破坏的情况见表1.5-4。

地震烈度表 表 1.5-4

烈度	加速度（cm/s^2）	地震系数	房屋	结构物	地表现象	其他现象
1度	<0.25	<1/4000	无损坏	无损坏	无	无感觉，只有仪器才能记录到
2度	0.26～0.5	1/4000～1/2000	无损坏	无损坏	无	个别非常敏感的，且在完全静止中的人能感觉到
3度	0.6～1.0	1/2000～1/1000	无损坏	无损坏	无	室内少数在完全静止状态下的人能感觉到振动，如同载重车辆很快地从旁驶过。细心的观察者可以注意到悬挂物轻微摇动
4度	1.1～2.5	1/1000～1/400	门窗和纸糊的顶棚有时轻微作响	无损坏	无	室内大多数人有感觉，室外少数人有感觉，少数梦中人惊醒，悬挂物摇动，器皿中的液体轻微振荡，紧靠在一起的、不稳定的器皿作响

续表

烈度	加速度（cm/s^2）	地震系数	房屋	结构物	地表现象	其他现象
5度	2.6～5.0	1/400～1/200	门窗、地板、顶棚和屋架木料轻微作响，开着的门窗摇动，尘土落下，粉饰的灰粉散落，抹灰层上可能有细小裂缝	无损坏	不流通的水池里起不大的波浪	室内差不多所有人和室外大多数人有感觉，大多数人都从梦中惊醒，家畜不宁。 悬挂物明显摇摆，挂钟停摆，少数液体从装满的器皿中溢出，架上放置的不稳的器物翻倒或落下
6度	5.1～10.0	1/200～1/100	Ⅰ类房屋许多遭受损坏，少数遭受破坏（非常坏的房、棚可能倾倒）； Ⅱ、Ⅲ类房屋许多遭受轻微损坏，Ⅱ类房屋少数遭受损坏	砖、石砌的塔和院墙遭受轻微损坏，个别情况下，道路上湿土中或新填土中有细小裂缝	特殊情况下，潮湿、疏松的土里有细小裂缝；个别情况下，山区中偶有不大的滑坡、土石散落的陷穴	很多人从室内跑出，行动不稳，家畜从中跑出，器皿中液体剧烈动荡，有时溅到架上的书籍上和器皿上等，有时翻倒或坠落，轻的家具可能发生移动

续表

烈度	加速度（cm/s^2）	地震系数	房屋	结构物	地表现象	其他现象
7度	10.1～25.0	1/100～1/40	Ⅰ类房屋大多数遭受损坏，许多遭受破坏，少数倾倒； Ⅱ类房屋大多数遭受损坏，少数遭受破坏； Ⅲ类房屋大多数遭受轻微损坏，许多遭受损坏（可能有遭受破坏的）	不是很坚固的院墙少数遭受破坏，可能有些倒塌，较坚固的院墙遭受损坏，不是很坚固的城墙很多地方遭受损坏，有些地方遭受破坏，女儿墙少数倒塌，较坚固的城墙有些地方遭受损坏； 砖石砌的塔和工厂烟囱可能遭受破坏； 碑石和纪念物很多遭受轻微损坏； 由于黄土崩滑，土窑洞的洞口遭到破坏，个别情况下，道路上有小裂缝； 路基陡坡和新筑道路、土堤的斜坡上偶有塌方	干土中有时产生细小裂缝，潮湿或疏松的土中裂缝较多，较大；少数情况下冒出夹泥砂的水；个别情况下，发生陡坎滑坡，山区中有不大的滑坡和土石散落，土质松散的地区，可能发生崩滑，水泉的流量和地下水位可能发生变化	人从室内仓皇逃出；驾驶汽车的人也能感觉悬挂物强烈摇摆，有时产生损害或坠落。轻的家具移动，书籍、器皿和用具坠落

续表

烈度	加速度（cm/s^2）	地震系数	房屋	结构物	地表现象	其他现象
8度	25.1～50.0	1/40～1/20	Ⅰ类房屋大多数遭受破坏，许多倾倒；Ⅱ类房屋许多遭受破坏，少数倾倒；Ⅲ类房屋大多数遭受损坏，少数遭受破坏（可能有倾倒的）	不是很坚固的院墙遭受破坏，并有局部倒塌，较坚固的院墙局部遭受破坏，不是很坚固的城墙很多地方遭受破坏，有些地方崩塌，女儿墙许多倒塌，较坚固的城墙有些地方遭受破坏，砖、石砌墙少数倒塌；砖石的塔和工厂烟囱遭受损坏，甚至崩塌；不是很稳定的碑石和纪念物移动或翻倒，较稳定的碑石和纪念物很多遭受损坏，有些翻倒，路堤和路堑的陡坡上有不大的塌方，个别情况下，地下管道接头处遭受破坏	地下裂缝宽达几厘米，土质疏松的山坡和潮湿的河滩上，裂缝宽度可达10cm以上，在地下水位较高的地区，常有夹泥砂的水从裂缝和喷口冒出，在岩石破碎、土质疏松的地区，常发生相当大的土石散落、滑坡和山崩，有时河流受阻，形成新的水塘，有时井水干涸或涌出新泉	人很难站得住，由于房屋破坏，人畜有伤亡，家具移动，并有部分翻倒

续表

烈度	加速度（cm/s^2）	地震系数	房屋	结构物	地表现象	其他现象
9度	50.1～100.0	1/20～1/10	Ⅰ类房屋大多倾倒；Ⅱ类房屋许多倾倒；Ⅲ类房屋许多遭受损坏，少数倾倒	不是很坚固的院墙大部分倒塌，较坚固的院墙大部分遭受破坏，局部倒塌，较坚固的城墙很多地方遭受破坏，女儿墙许多倒塌，砖石砌的塔和工厂烟囱很多遭受破坏，甚至倾倒，较稳定的碑石和纪念物很多翻倒，道路上有裂缝，有时路基毁坏，个别情况下轨道局部弯曲，有些地方地下管道破裂或损伤	地上裂缝很多，宽度达10cm，斜坡上或河岸边疏松的堆积层中，有时裂缝纵横，宽度可达几十厘米、绵延很长、很多滑坡和土石散落，山崩；常有井泉干涸或新泉产生	家具翻倒并遭受损坏
10度	100.1～250.0	1/10～1/4	Ⅲ类房屋许多倾倒	砖石砌的塔和工厂烟囱大都倒塌，较稳定的碑石和纪念物大多翻倒，路基和土堤毁坏，道路变形，并有很多裂缝，铁轨局部弯曲，地下管道破裂	常有井泉干涸或新泉产生地下裂缝宽达几十厘米，个别情况下，达1m以上；堆积层中的裂缝有时组成宽大的裂缝带，继续绵延可达几公里以上。个别情况下，岩石中有裂缝；山区和岸边的悬崖崩塌，疏松的土大量崩溃，形成相当规模的新湖泊；河、池中发生击岸的大浪	家具和室内用品大量遭受损坏

续表

烈度	加速度（cm/s^2）	地震系数	房屋	结构物	地表现象	其他现象
11度	250.1～500.0	1/4～1/2	房屋普遍遭受毁坏	路基和土堤等大段毁坏，大段铁路弯曲，地下管道完全不能使用	地面形成许多宽大裂缝，有时从裂缝冒出大量疏松的、浸透水的沉积物；大规模的滑坡、崩滑和山崩，地表产生相当大的垂直和水平断裂，地表水情况和地下水位剧烈变化	由于房屋倒塌，压死大量人畜，埋没许多财物
12度	500.1～1000.0	>1/2	广大地区房屋普遍遭受毁坏	建筑物普遍遭受毁坏	广大地区内，地形有剧烈的变化；广大地区内，地表水和地下水情况剧烈变化	由于浪潮及山体崩塌和土石散落的影响，动植物遭到毁灭

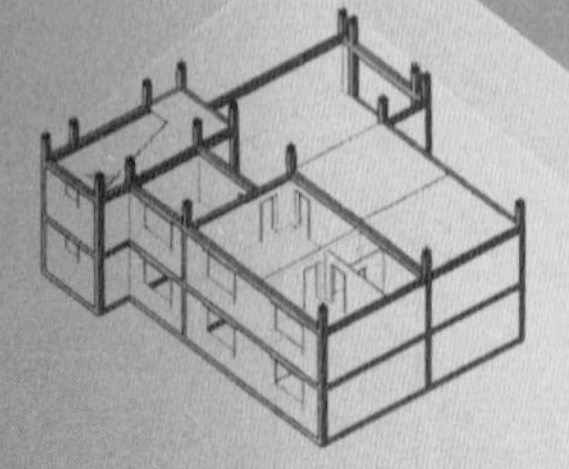

第二章 建筑识图的常用图例

2.1 施工图例

2.1.1 常用建筑材料图例

在建筑工程施工图中，为了简化作图，表达清楚建筑物各部分所用材料，国家标准规定了采用一系列图形代表建筑材料，见表 2.1-1。

常用建筑材料图例 表 2.1-1

序号	名称	图例	备注
1	自然土壤		包括各种自然土壤
2	夯实土壤		—
3	砂、灰土		—
4	砂砾石、碎砖三合土		—
5	石材		—
6	毛石		—
7	普通砖		包括实心砖、多孔砖、砌块等砌体。断面较窄不易绘出图例线时，可涂红，并在图纸备注中加注说明，画出该材料图例

续表

序号	名称	图例	备注
8	耐火砖	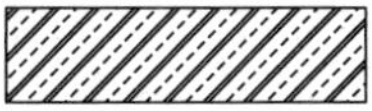	包括耐酸砖等砌体
9	空心砖	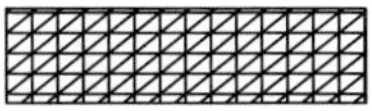	指非承重砖砌体
10	加气混凝土	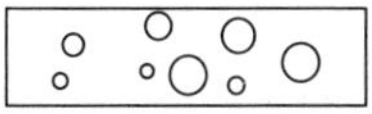	—
11	饰面砖	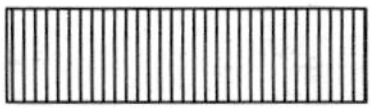	包括铺地砖、马赛克、陶瓷棉砖、人造大理石等
12	焦渣、矿渣	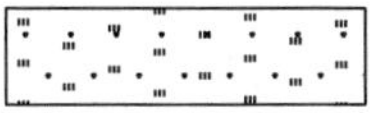	包括与水泥、石灰等混合而成的材料
13	混凝土	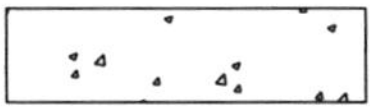	本图例指能承重的混凝土及钢筋混凝土； 包括各种强度等级、骨料、添加剂的混凝土； 在剖面图上画出钢筋时，不画图例线； 断面图形小，不易画出图例线时，可涂黑
14	钢筋混凝土	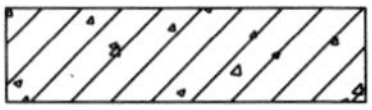	
15	多孔材料	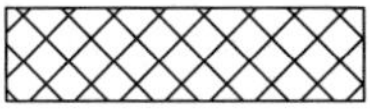	包括水泥珍珠岩、沥青珍珠岩、泡沫混凝土、非承重加气混凝土、软木、蛭石制品等
16	纤维材料		包括矿棉、岩棉、玻璃棉、麻丝、木丝板、纤维板等
17	泡沫塑料材料	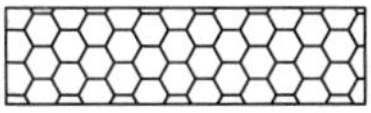	包括聚苯乙烯、聚乙烯、聚氨酯等多孔聚合物类材料
18	木材		上图为横断面，左上图为垫木、木砖或木龙骨； 下图为纵断面
19	胶合板	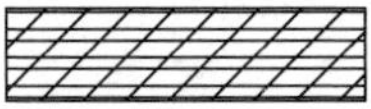	应注明为几层胶合板
20	石膏板	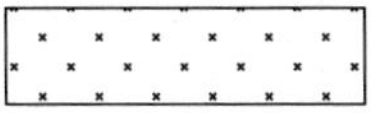	包括圆孔和方孔石膏板、防水石膏板、硅钙板、防火板等

续表

序号	名称	图例	备注
21	金属	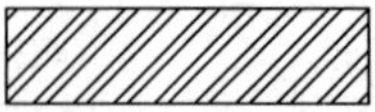	包括各种金属，图形小时，可涂黑
23	液体	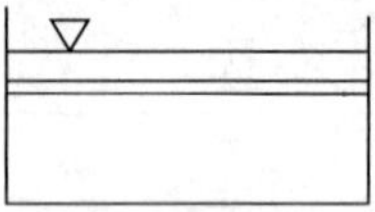	应注明具体液体名称
24	玻璃	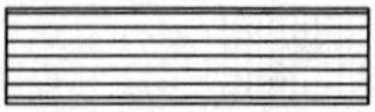	包括平板玻璃、磨砂玻璃、夹丝玻璃、钢化玻璃、中空玻璃、夹层玻璃、镀膜玻璃等
25	橡胶		—
26	塑料	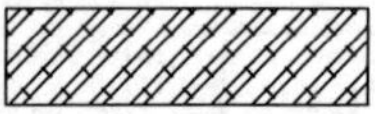	包括各种软、硬塑料及有机玻璃等
27	防水材料		构造层次多或比例大时，采用上图例
28	粉刷	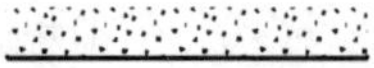	本图例采用较稀的点

注：1. 本表中所列图例通常在 1∶50 及以上比例的详图中绘制表达；
2. 如需表达砖、砌块等砌体墙的承重情况，可通过在原有建筑材料图例上增加填灰等方式进行区分，灰度宜为 25%左右；
3. 序号 1、2、5、7、8、14、15、21 图例中的斜线、短斜线、交叉线等角度均为 45°。

2.1.2 总图制图图例

在建筑总平面中，为了简化作图，表达清楚，国家标准规定了采用一系列图形代表建筑物等，见表 2.1-2。

总平面图图例　　表 2.1-2

名称	图例	备注
围墙及大门	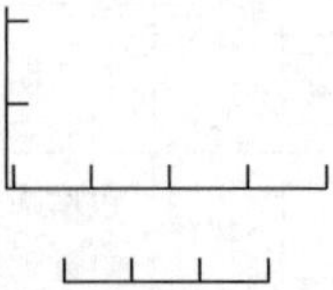	—

续表

名称	图例	备注
挡土墙	5.00 1.50	挡土墙根据不同设计阶段的需要标注墙顶标高、墙底标高
挡土墙上设围墙		—
台阶及无障碍坡道		表示台阶（技术仅为示意）
		表示无障碍坡道
门式起重机	G_n=(t) G_n=(t)	起重机起重量 G_n，以吨计算，上图标识有外伸臂，下图标识无外伸臂
坐标	X=100.00 Y=400.00	表示地形测量坐标系
	A=200.00 B=300.00	表示自设坐标系，坐标数字平行于建筑标注
填方区、挖方区、未整平区及零线	+ − + −	“+”表示填方区，“—”表示挖方区，中间为未整平区，点画线为零点线

续表

名称	图例	备注
填挖边坡		—
室内地坪标高	50.00 (±0.00)	数字平行于建筑物书写
室外地坪标高	50.00	室外地坪标高也可采用等高线
截水沟	1 40.00	“1”表示1%的沟底纵向坡度，“40.00”表示变坡点间距离，箭头表示水流方向
排水明沟	107.50 1 40.00 107.50 1 40.00	上图用于比例较大的图面，下图用于比例较小的图面。“107.50”表示沟底变坡点标高（变坡点以“+”表示）
雨水口		雨水口
		原有雨水口
		双落式雨水口
地面露天停车场		—

2.1.3 建筑构配件图例

在建筑施工图中，为了简化作画，表达清楚，国家标准规定了采用一系列图形代表建筑构造及配件，见表2.1-3。

2.1.4 结构制图图例

在结构施工图中，为了简化作图，表达清楚，国家标准规定了采用一系列图形符号代表建筑构件等，见表 2.1-4。

建筑构造及配件图例 **表 2.1-3**

名称	图例	备注
墙体		上图为外墙，下图为内墙，外墙细线表示有保温层或有幕墙，应加注文字或涂色或图案填充表示各种材料的墙体
隔断		加注文字或涂色或图案填充表示各种材料的墙体，适用于到顶与不到顶隔断
玻璃幕墙		幕墙龙骨是否表示由项目设计决定
栏杆		—
楼梯	下	需设置靠墙扶手或中间扶手时，应在图中表示
台阶	下	—
平面高差		用于高差小的地面或楼面交接处，并应与门的开启方向协调

续表

名称	图例	备注
孔洞		阴影部分可填充灰度或涂色代替
坑槽		—
墙预留洞、槽	(宽×高)或直径 标高 (宽×高)或直径 ×深标高	上图为预留洞，下图为预留槽，平面以洞（槽）中心定位，标高以洞（槽）底或中心定位，宜以颜色区别墙体和预留洞（槽）
新建的墙和窗		—
空门洞	h=	h 为门洞高度

续表

<table>
<tr><th>名称</th><th>图例</th><th>备注</th></tr>
<tr><td>单面开启单扇门（包括平开或单面弹簧）</td><td> 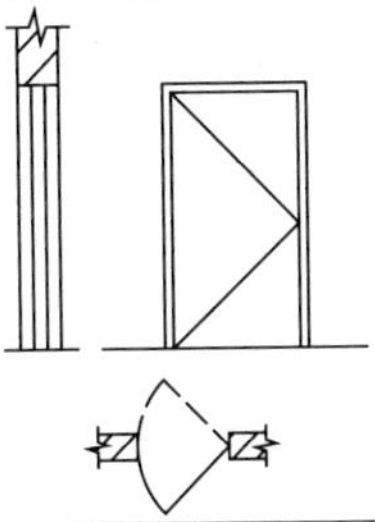</td><td rowspan="3">1. 门的名称代号用M表示。
2. 平面图中，下为外，上为内。门开启线为90°、60°或45°，开启弧线宜绘出。
3. 立面图中，开启线实线为外开，虚线为内开。开启线交角的一侧为安装合页一侧。开启线在建筑立面图中可不表示，在立面大样图中可根据需要绘出。
4. 剖面图中，左为外，右为内。
5. 附加纱窗应以文字说明，在平、立、剖面图中均不表示。
6. 立面形式应按实际情况绘制</td></tr>
<tr><td>双面开启单扇门（包括双面平开或双面弹簧）</td><td> 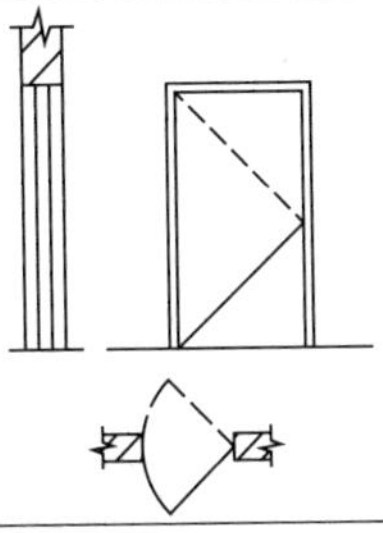</td></tr>
<tr><td>双层单扇平开门</td><td> 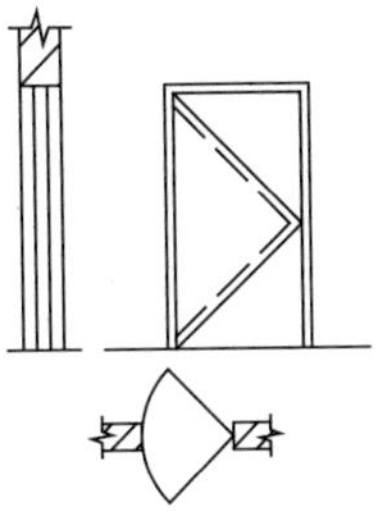</td></tr>
<tr><td>单面开启双扇门（包括平开或单面弹簧）</td><td> 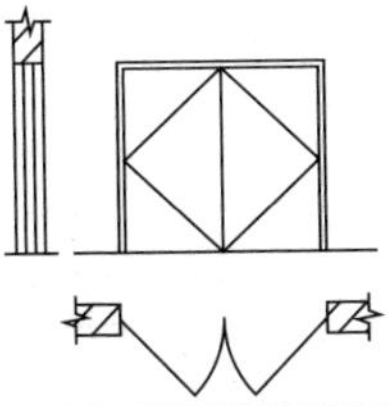</td><td rowspan="2">1. 门的名称代号用M表示。
2. 平面图中，下为外，上为内。门开启线为90°、60°或45°，开启弧线宜绘出。
3. 立面图中，开启线实线为外开，虚线为内开。开启线交角的一侧为安装合页一侧。开启线在建筑立面图中可不表示，在立面大样图中可根据需要绘出。
4. 剖面图中，左为外，右为内。</td></tr>
<tr><td>双面开启双扇门（包括双面平开或双面弹簧）</td><td> 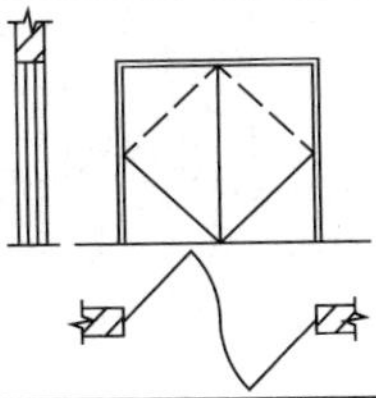</td></tr>
</table>

续表

名称	图例	备注
双层双扇平开门	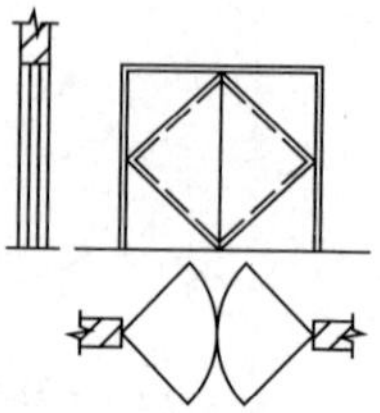	5. 附加纱窗应以文字说明，在平、立、剖面图中均不表示。 6. 立面形式应按实际情况绘制
墙洞外单扇推拉门	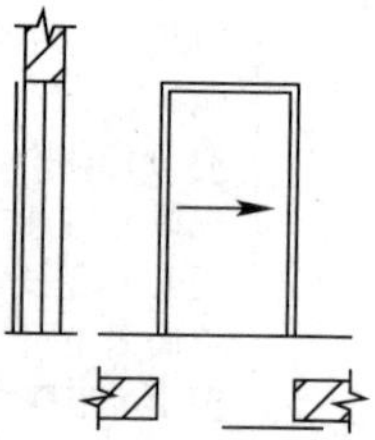	1. 门的名称代号用 M 表示。 2. 平面图中，下为外，上为内。 3. 剖面图中，左为外，右为内。 4. 立面形式应按实际情况绘制
墙洞外双扇推拉门	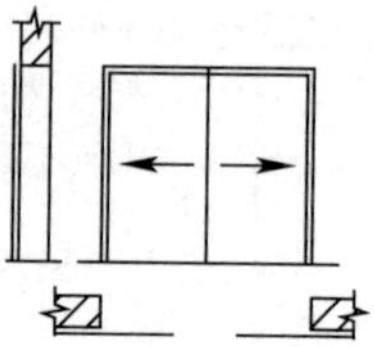	
墙中单扇推拉门	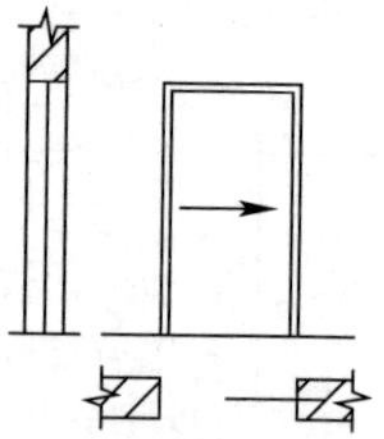	1. 门的名称代号用 M 表示。 2. 立面形式应按实际情况绘制
墙中双扇推拉门	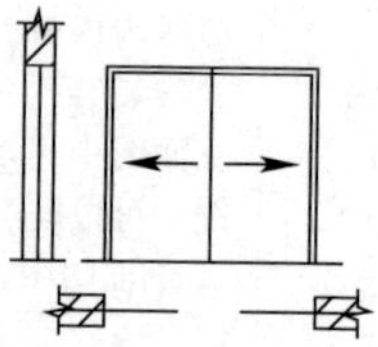	

续表

<table>
<tr><th>名称</th><th>图例</th><th>备注</th></tr>
<tr><td>固定窗</td><td>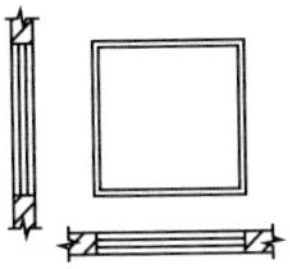</td><td rowspan="5">1. 窗的名称代号用 C 表示。
2. 平面图中，下为外，上为内。
3. 立面图中，开启线实线为外开，虚线为内开。开启线交角的一侧为安装合页一侧。开启线在建筑立面图中可不表示，在门窗立面大样图中需绘出。
4. 剖面图中，左为外、右为内。虚线仅表示开启方向，项目设计不表示。
5. 附加纱窗应以文字说明，在平、立、剖面图中均不表示。
6. 立面形式应按实际情况绘制</td></tr>
<tr><td>上悬窗</td><td>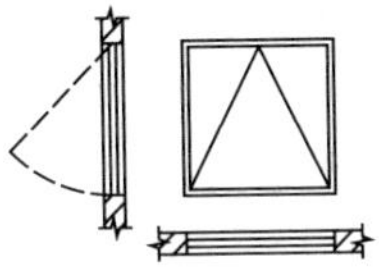</td></tr>
<tr><td>中悬窗</td><td>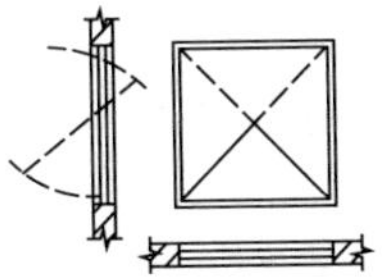</td></tr>
<tr><td>下悬窗</td><td>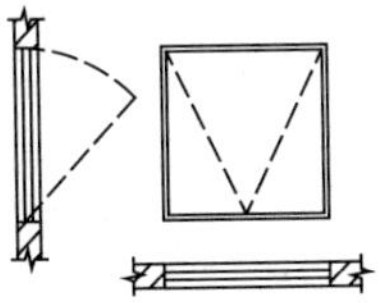</td></tr>
<tr><td>立转窗</td><td>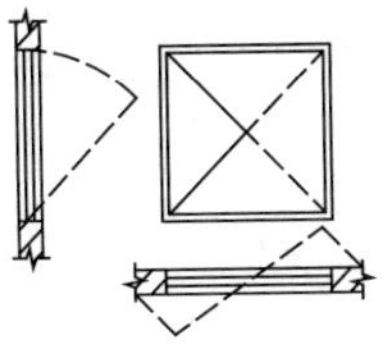</td></tr>
</table>

续表

<table>
<tr><th>名称</th><th>图例</th><th>备注</th></tr>
<tr><td>内开平开内倾窗</td><td>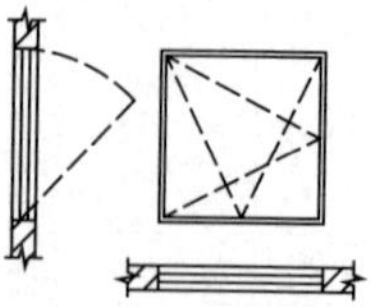</td><td rowspan="4">1. 窗的名称代号用C表示。
2. 平面图中，下为外，上为内。
3. 立面图中，开启线实线为外开，虚线为内开。开启线交角的一侧为安装合页一侧。开启线在建筑立面图中可不表示，在门窗立面大样图中需绘出。
4. 剖面图中，左为外、右为内。虚线仅表示开启方向，项目设计不表示。
5. 附加纱窗应以文字说明，在平、立、剖面图中均不表示。
6. 立面形式应按实际情况绘制</td></tr>
<tr><td>单层外开平开窗</td><td>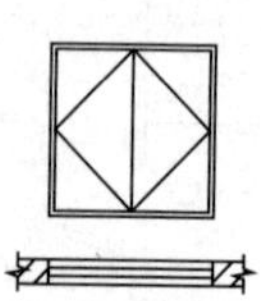</td></tr>
<tr><td>单层内开平开窗</td><td>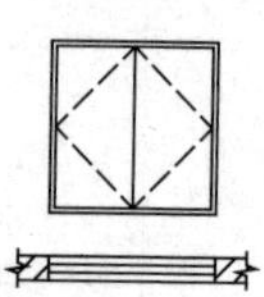</td></tr>
<tr><td>双层内外开平开窗</td><td>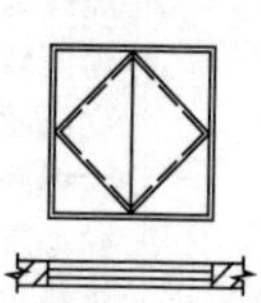</td></tr>
<tr><td>单层推拉窗</td><td>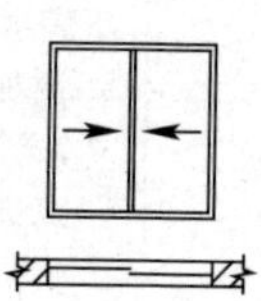</td><td>1. 窗的名称代号用C表示。
2. 立面形式应按实际情况绘制</td></tr>
<tr><td>双层推拉窗</td><td>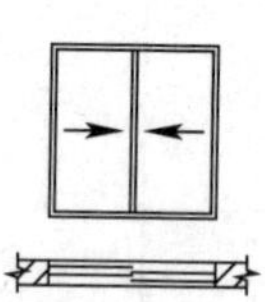</td><td rowspan="2">1. 窗的名称代号用C表示。
2. 立面形式应按实际情况绘制</td></tr>
<tr><td>上推窗</td><td>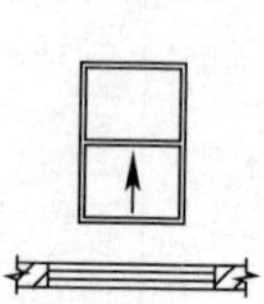</td></tr>
</table>

常用构件代号　　表 2.1-4

名称	代号	图例
板	B	B(WB、KB、CB、XJB)
屋面板	WB	
空心板	KB	
槽形板	CB	
现浇板	XJB	
密肋板	MB	MB
盖板或沟盖板	GB	GB − X 沟盖板代号；盖板型号
挡雨板或檐口板	YB	DB XX XX(A) − X 挡雨板；悬挑长度；厂房柱距；带A时表示为采光板；荷载等级
吊车安全走道板	DB	DB XX − 1～5S 吊车梁走道板；板宽；伸缩缝或厂房端部处；板长分5种
梁	L	
屋面梁	WL	
吊车梁	DL	
圈梁	QL	
过梁	GL	
连系梁	LL	
基础梁	JL	
框架梁	KL	
框支梁	KZL	
屋面框架梁	WKL	

续表

名称	代号	图例
楼梯板	TB	TL TB TL
楼梯梁	TL	
梯	T	
檩条	LT	TL XX－X + 檩条代号 轴跨标志 悬挑符号 荷载等级
屋架	WJ	WJ － XX － X 屋架代号 轴跨标志 荷载等级
托架	TJ	LT XX－X 托架代号 轴跨标志 荷载等级 1B (边列柱中间跨) 2BZ、2BF (边列柱端部或伸缩缝跨，其中，Z表示正，F表示反) 1Z (中列柱中间跨) 2Z (中列柱柱端跨或伸缩缝跨)
框架	KJ	—
刚架	GJ	GJ-1
支架	ZJ	—
柱	Z	
暗柱	AZ	
框架柱	KZ	
构造柱	GZ	

续表

名称	代号	图例
承台	CT	
设备基础	SJ	—
桩	ZH	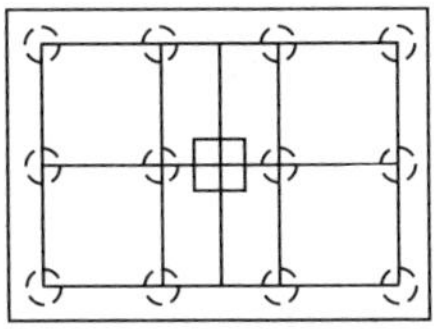
挡土墙	DQ	—
地沟	DG	 DG X 地沟代号 构件号：1、2…
柱间支撑	ZC	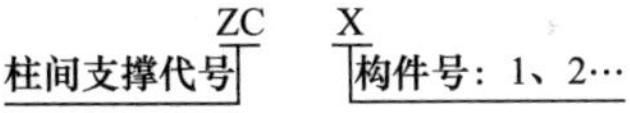 ZC X 柱间支撑代号 构件号：1、2…
垂直支撑	CC	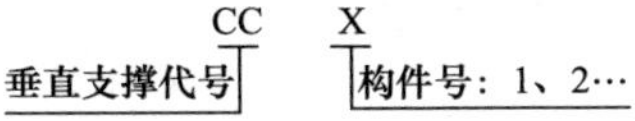 CC X 垂直支撑代号 构件号：1、2…
水平支撑	SC	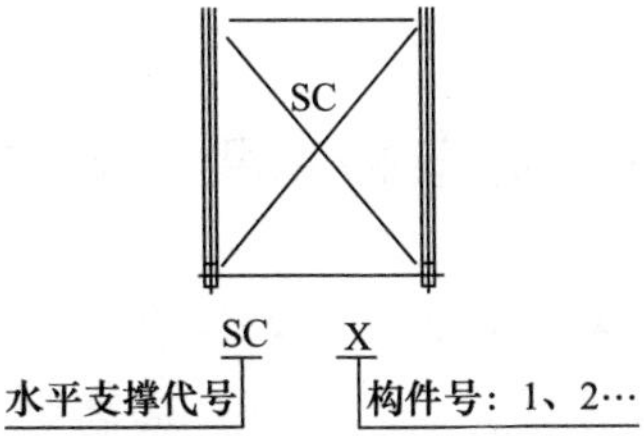 SC SC X 水平支撑代号 构件号：1、2…
雨棚	YP	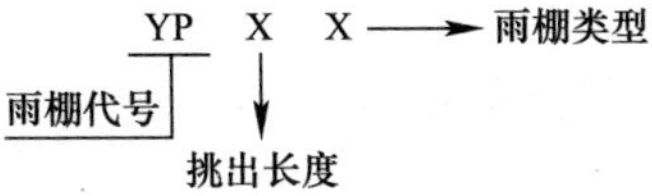 YP X X → 雨棚类型 雨棚代号 挑出长度

续表

名称	代号	图例
阳台	YT	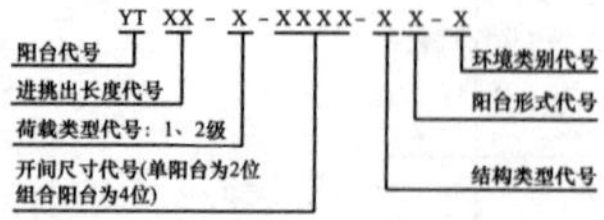 YT XX - X - XXXX- X X - X 阳台代号 进挑出长度代号 荷载类型代号：1、2级 开间尺寸代号(单阳台为2位 组合阳台为4位) 环境类别代号 阳台形式代号 结构类型代号
梁垫	LD	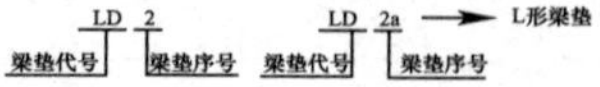 LD 2 梁垫代号 梁垫序号 LD 2a → L形梁垫 梁垫代号 梁垫序号
预埋件	M-	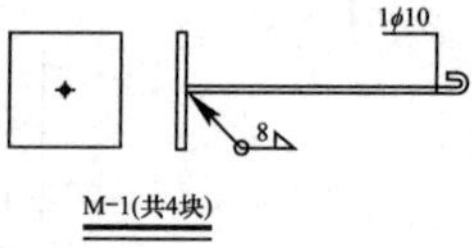 1φ10 8 M-1(共4块)
钢筋混凝土独立基础	DJ	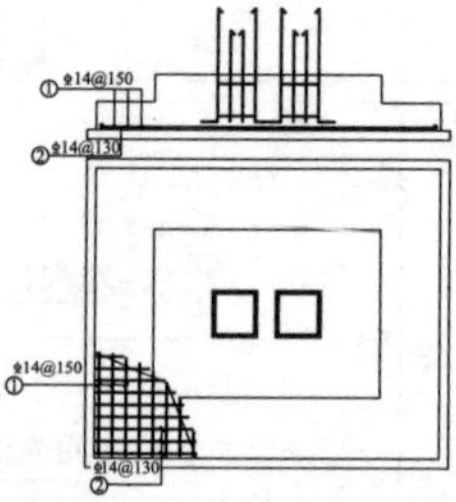 ①φ14@150 ②φ14@130 ①φ14@150 ②φ14@130

注：预制钢筋混凝土构件、现浇钢筋混凝土构件、钢构件和木构件，一般可以采用本表中的构件代号；在绘图中除混凝土构件可以不注明材料代号外，其他材料的构件可在构件代号前加注材料代号，并在图纸中加以说明。

2.2 建筑制图标准的基本规定

为了准确完整地表达设计意图，满足施工等方面的要求，做到建筑工程制图统一、清晰，提高制图效率，国家颁布实施了建筑制图国家标准。

2.2.1 图纸幅面规格

图幅是指图纸幅面。国家标准规定图幅有 A0、A1、A2、A3、

A4 五种规格，幅面尺寸大小见表 2.2-1。

图幅及图框尺寸　　　　表 2.2-1

横面代号 尺寸代号	A0	A1	A2	A3	A4
$b \times l$	841mm× 1189mm	594mm× 841mm	420mm× 594mm	297mm× 420mm	210mm× 297mm
c	10mm			5mm	
a	25mm				

注：表中 b 为幅面短边尺寸，l 为幅面长边尺寸，c 为图框线与幅面线间宽度，a 为图框线与装订边间宽度。

2.2.2 图纸中的线条

关于图线的名称、线型、线宽、用途的规定见表 2.2-2。

图　线　　　　表 2.2-2

名称		线型	线宽	用途
实线	粗		b	主要可见轮廓线
	中粗		$0.7b$	可见轮廓线、变更云线
	中		$0.5b$	可见轮廓线、尺寸线
	细		$0.25b$	图例填充线、家具线
虚线	中粗		$0.7b$	不可见轮廓线
	中		$0.5b$	不可见轮廓线、图例线
	细		$0.25b$	图例填充线、家具线
单点长画线	粗		b	起重机轨道线
	细		$0.25b$	中心线、对称线、轴线等
折断线	细		$0.25b$	断开界线
波浪线	细		$0.25b$	断开界线

注：b 宜从 1.4mm、1.0mm、0.7mm、0.5mm、0.35mm、0.25mm、0.18mm、0.13mm 中选取。

2.2.3 比例

图样的比例是指图形与实物相应要素的线性尺寸之比。绘制工程图时需要按合适的比例将实物缩小或放大绘制在图纸上，图形尺寸是标注实物的实际尺寸数字。

比例的符号是“：”，应以阿拉伯数字表示，如1：10、1：20、1：50、1：100等。比例的大小是指其比值的大小，如1：20大于1：100。

比例宜注写在图名的右侧，字的基准线应取平；比例的字号宜比图名的字号小一号或二号，如图2.2-1所示。

平面图　1：100　⑥　1：20

图2.2-1　比例的注写

2.2.4　剖切符号

剖切符号在建筑制图中用于标记剖切所得立面在建筑平面图中的具体位置。

剖视剖切符号的编号宜采用粗阿拉伯数字，按剖切顺序由左至右、由下向上连续编排，并应注写在剖视方向线的端部，如图2.2-2所示。

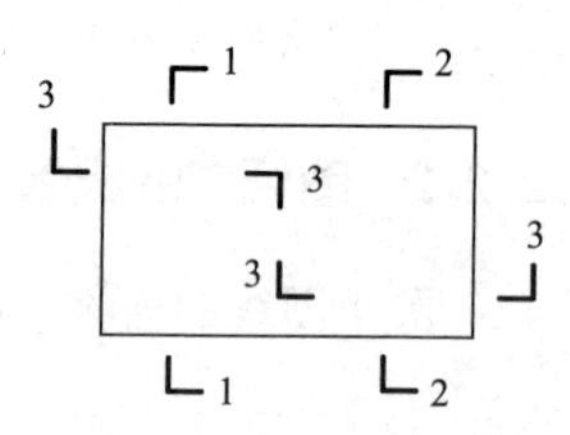

图2.2-2　剖切符号的表示方法

2.2.5　索引符号与详图符号

在施工图中，有时会因为比例问题而无法表达清楚某一局部，为方便施工需另画详图。一般用索引符号注明详图的位置、详图的编号以及详图所在的图纸编号。

图样中的某一局部或构件，如需另见详图，应以索引符号索引［图2.2-3（a）］。索引符号应由直径为8～10mm的圆和水平直径组成，圆及水平直径线宽宜为0.25b。索引符号编写应符合下列规定：

当索引出的详图与被索引的详图同在一张图纸内时，应在索引符号的上半圆中用阿拉伯数字注明该详图的编号，并在下半圆中间画一段水平细实线［图2.2-3（b）］。

当索引出的详图与被索引的详图不在同一张图纸内时，应在索引符号的上半圆中用阿拉伯数字注明该详图的编号，在索引符号的下半圆用阿拉伯数字注明该详图所在图纸的编号［图2.2-3（c）］。

数字较多时，可加文字标注。

当索引出的详图采用标准图时，应在索引符号水平直径的延长线上加注该标准图集的编号［图 2.2-3（d）］。需要标注比例时，应标注在文字的索引符号右侧或延长线下方，所标注的内容与符号下对齐。

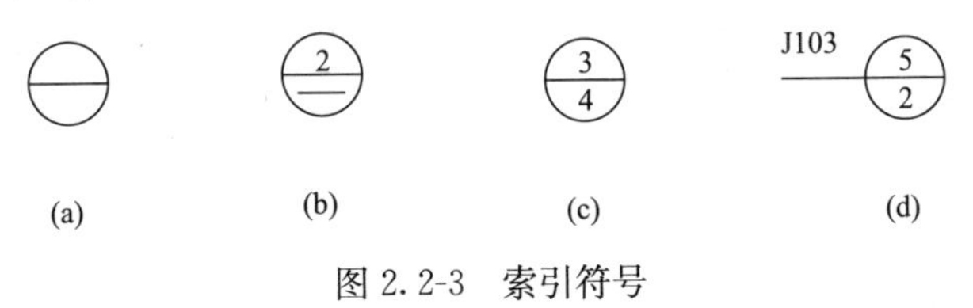

图 2.2-3　索引符号

当索引符号用于索引剖视详图时，应在被剖切的部位绘制剖切位置线，并以引出线引出索引符号，引出线所在的一侧应为剖视方向，如图 2.2-4 所示。

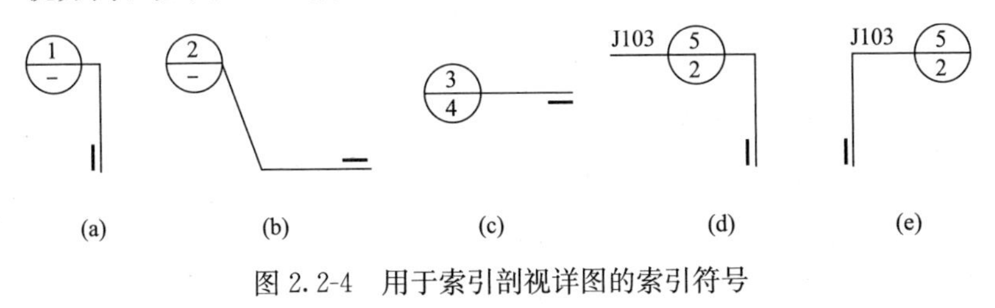

图 2.2-4　用于索引剖视详图的索引符号

详图的位置和编号应以详图符号表示。详图符号的圆直径应为 14mm，线宽为 b。详图编号应符合下列规定：

当详图与被索引的图样同在一张图纸内时，应在详图符号内用阿拉伯数字注明详图的编号（图 2.2-5）。

当详图与被索引的图样不在同一张图纸内时，应用细实线在详图符号内画一水平直径，在上半圆中注明详图编号，在下半圆中注明被索引的图纸的编号（图 2.2-6）。

图 2.2-5　与被索引图样同在一张图纸内的详图索引

图 2.2-6　与被索引图样不在同一张图纸内的详图索引

2.2.6 尺寸标注

尺寸是图样的组成部分，是建筑施工的重要依据，因此，尺寸标注应准确、完整、清晰。

1. 线性尺寸的标注方法

线性尺寸，应包括尺寸界线、尺寸线、尺寸起止符号和尺寸数字，如图 2.2-7 所示。

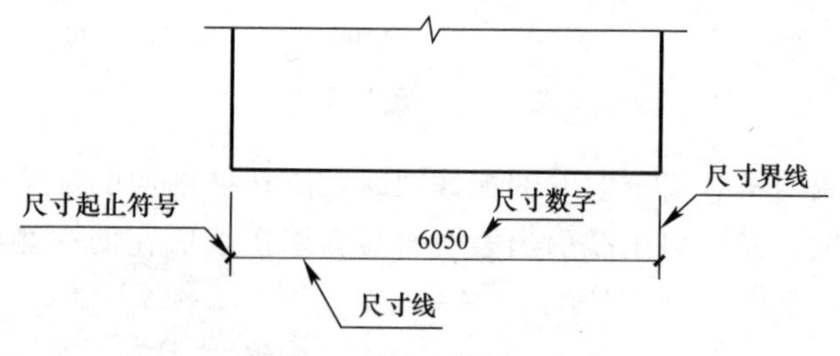

图 2.2-7　尺寸标注的组成

2. 半径、直径、角度及弧长的尺寸标注

半径、直径、角度及坡度的尺寸标注如图 2.2-8～图 2.2-15 所示。

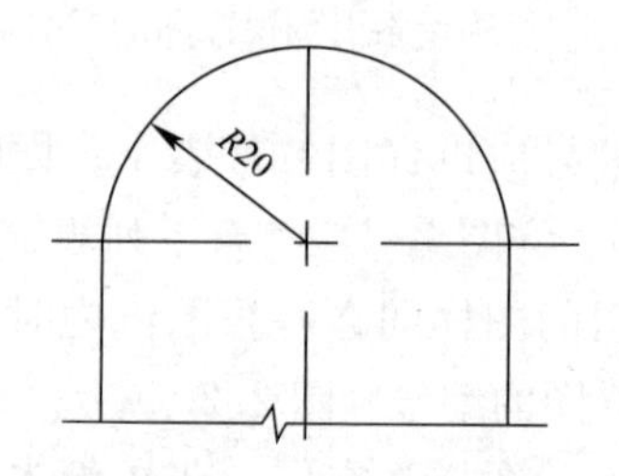

图 2.2-8　半径的标注方法

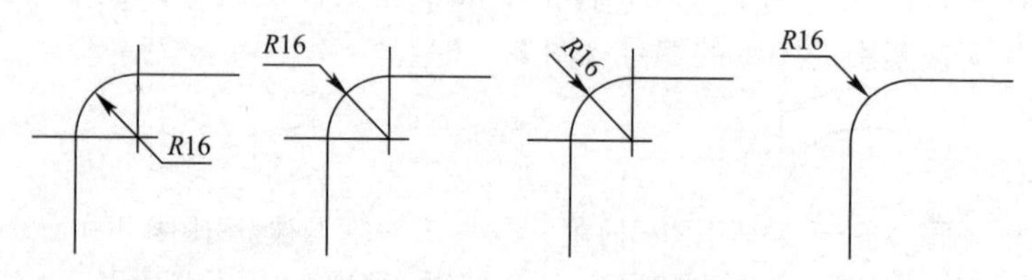

图 2.2-9　小圆弧半径的标注方法

图 2.2-10 大圆弧半径的标注方法

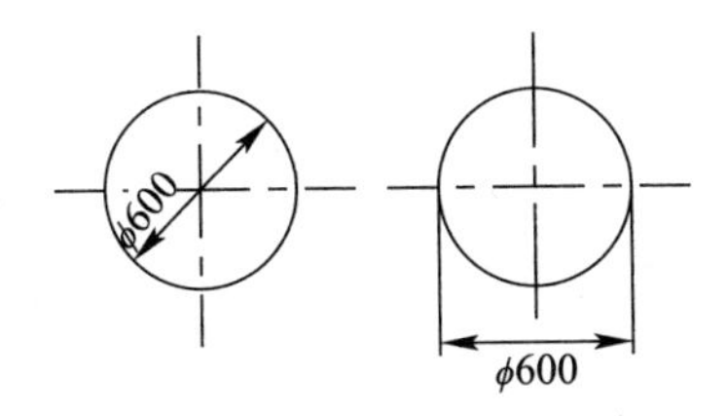

图 2.2-11 圆直径的标注方法

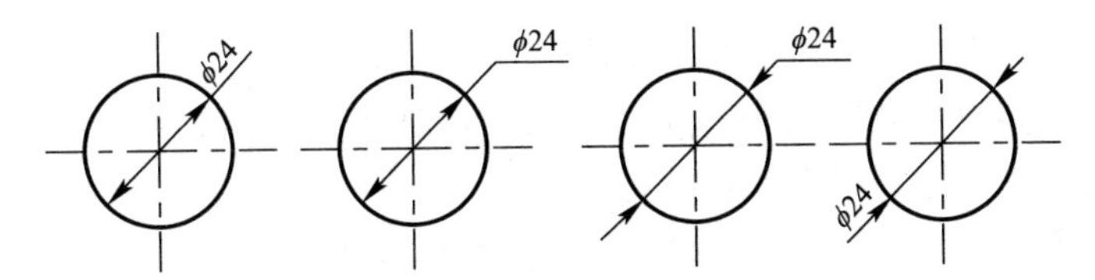

图 2.2-12 小圆直径的标注方法

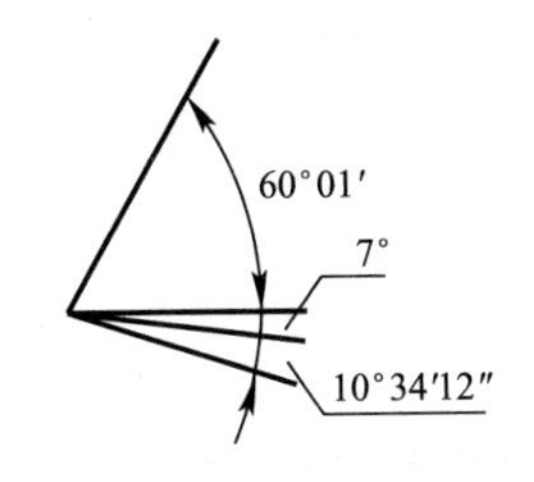

图 2.2-13 角度的标注方法

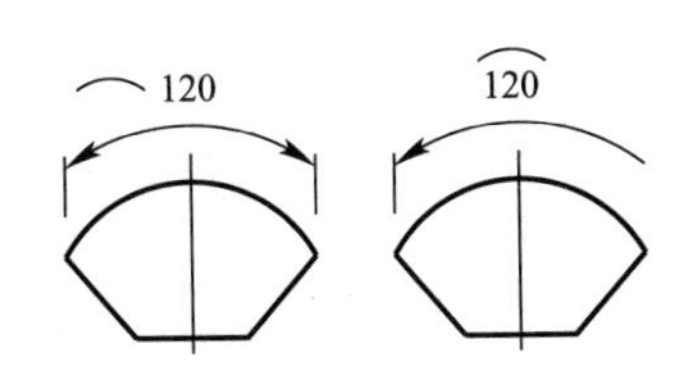

图 2.2-14 弧长的标注方法（一）

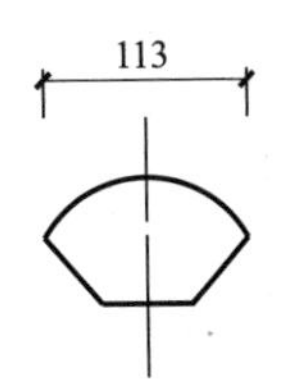

图 2.2-15 弧长的标注方法（二）

2.2.7 标高

标高符号为等腰直角三角形，并应按图 2.2-16（a）所示形式用细实线绘制，如标注位置不够，也可按图 2.2-16（b）所示形式绘制。

总平面图室外地坪标高符号宜采用涂黑的三角形，具体画法如图 2.2-17 所示。

图 2.2-16　标高符号　　　图 2.2-17　总平面图室外地坪标高符号

标高符号的尖端应指至被注高度的位置。尖端宜向下，也可向上。标高数字应注写在标高符号的上侧或下侧（图 2.2-18）。

标高数字应以米为单位，注写到小数点以后第三位。在总平面图中，可注写到小数点以后第二位。

零点标高应注写成±0.000，正数标高不注“+”，负数标高应注“−”，例如 3.000、−0.600。

在图样的同一位置需表示几个不同标高时，标高数字可按图 2.2-19 的形式注写。

图 2.2-18　标高的指向　　图 2.2-19　同一位置注写多个标高数字

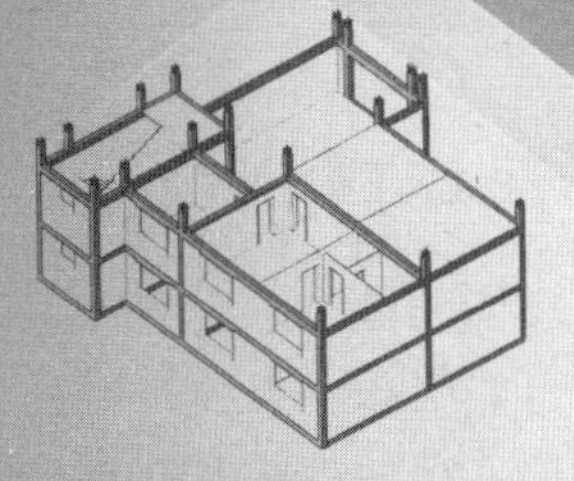

第三章　地基与基础工程

3.1　工程地质勘察

3.1.1　工程地质勘察的目的与任务

工程地质勘察的基本原则是坚持为工程建设服务，因而勘察工作必须结合具体建（构）筑物类型、要求和特点以及当地的自然条件和环境来进行，勘察工作要有明确的目的性和针对性。工程地质勘察的目的是：按勘察阶段的要求，正确反映工程地质条件，提出工程地质评价，为设计、施工提供依据。

工程地质勘察的任务主要有下列几个方面：

（1）查明工程建筑地区的工程地质条件，阐明其特征、成因和控制因素，并指出其有利和不利的方面。

（2）分析研究与工程建筑有关的工程地质问题，作出定性和定量的评价，为建筑物的设计和施工提供可靠的地质资料。

（3）选择工程地质条件相对优越的建筑场地。建筑场地的选择和确定对安全稳定、经济效益影响很大，有时是工程成败的关键所在。在选址工作中要考虑许多方面的因素，但工程地质条件是重要因素之一，选择有利的工程地质条件，避开不利条件，可以降低工程造价，保证工程安全，图 3.1-1 为地质条件不利造成的房屋损坏。

（4）配合工程建筑的设计与施工，据地质条件提出建筑物类型、结构、规模和施工方法的建议。建筑物应适应场地的工程地质条件。

（5）提出改善和防治不良地质条件的措施和建议。

（6）预测工程兴建后对地质环境造成的影响，制定保护地质环境的措施。大型工程的兴建常改变或形成新的地质应力，因而可能引起一系列不良的环境地质问题，如开挖边坡引起滑坡、崩塌；矿产或地下水的开采引起地面沉降或塌陷（图 3.1-2）；修建水库引起浸没、坍岸等，所以保护地质环境也是工程地质勘察的一项重要任务。

图 3.1-1 地质条件不利造成的房屋损坏

图 3.1-2 地面塌陷

3.1.2 工程地质勘察分级与阶段划分

1. 工程地质勘察分级

根据工程重要性等级、场地复杂程度等级和地基复杂程度等级，可将勘察划分为甲、乙、丙三个等级。

2. 工程地质勘察阶段划分及勘察要求

建设工程项目设计一般分为可行性研究、初步设计和施工图设计三个阶段。为了提供各设计阶段所需的工程地质资料，勘察工作也相应地划分为选址勘察（可行性研究勘察）、初步勘察、详细勘察三个阶段。

3.1.3 工程地质勘探

1. 探槽与探井

（1）探槽

探槽一般适用于了解构造线、破碎带宽度、不同地层岩性的分界线、岩脉宽度及其延伸方向等。探槽的挖掘深度较浅，一般在覆盖层小于3m时使用，其长度可根据所了解的地质条件和需求决定，宽度和深度则根据覆盖层的性质和厚度决定。探槽一般用锹、镐挖掘，当遇大块碎石、坚硬土层或风化基岩时，亦可采用爆破辅助开挖或采用动力机械开挖。

（2）探井

通过探井能直接观察地质情况，详细描述岩性和分层，利用探井能取出接近实际的原状结构的土试样。探井根据开口的形状可分为圆形、椭圆形、方形、长方形等。圆形探井在水平方向上能承受较大侧压力，比其他形状的探井安全。

（3）编录要求

探槽编录、探井编录除进行岩土描述外，应以剖面图、展开图等形式全面反映井（槽）壁、底部的岩性、地层分界线、构造特征、取样或原位测试位置，并辅以代表性部位的彩色照片。岩土描述内容同钻孔编录。

2. 钻孔

在岩土工程勘察中，钻孔是应用最广泛的一种勘探手段，可以鉴别描述土层，岩土取样，进行标准贯入试验或波速测试等。

（1）冲击钻进

利用钻具的重力和下冲击力使钻头冲击孔底以破碎岩土。根据使用的工具可分为钻杆冲击钻进和钢绳冲击钻进，但以钢绳冲击钻进更为普遍。对于硬层（基岩、碎石土）一般采用孔底全面冲击钻进，对于土层采用圆筒形钻头的刃口借钻具冲击力切削土层钻进。

（2）回转钻进

利用钻具回转使钻头的切削刃或研磨材料削磨岩土使之破碎。

回转钻进可分为孔底全面钻进和孔底环状钻进（岩芯钻进）。岩芯钻进根据所使用的研磨材料又可分为硬质合金钻进、钻粒钻进和金刚石钻进。

（3）冲击—回转钻进

冲击—回转钻进也称综合钻进。岩石的破碎是在冲击、回转综合作用下发生的，在岩土工程勘察中，冲击—回转钻进应用较广泛。

（4）振动钻进

振动钻进系将机械动力所产生的振动力，通过连接杆及钻具传到圆筒形钻头周围土中。由于振动器高速振动，土的抗剪力急剧降低，这时圆筒钻头依靠钻具和振动器的重力切削土层进行钻进。钻进速度较快，但主要适用于粉土、黏性土层和粒径较小的碎石（卵石）层。

3. 钻探编录

（1）野外记录应由经过专业训练的人员承担；记录应真实及时，按钻进回次逐段记录，严禁事后追记。

（2）钻探现场可采用肉眼鉴别和手触方法，有条件或勘察工作有明确要求时，可采用微型贯入仪等定量化、标准化的工具，如使用标准精度模块区分砂土类别，用孟塞尔（Munsell）色标比色法表示颜色，用微型贯入仪测定土的状态，用点荷载仪判别岩石风化程度和强度等。

（3）钻探成果可用钻孔野外柱状图或分层记录表示；岩土芯样可根据工程要求保存一定期限或长期保存，亦可拍摄岩芯、土芯彩照纳入勘察成果资料。

（4）各类岩土的野外描述内容应包括下列内容。

对碎石土：名称、颗粒级配、颗粒形状、颗粒排列、母岩成分、风化程度、充填物的性质和充填程度、密实度等。

对砂土：名称、颜色、湿度、密实度、矿物组成、颗粒级配、颗粒形状、包含物及含量。

对粉土：名称、颜色、包含物、湿度、密实度、摇振反应、光泽反应、干强度、韧性等。

对黏性土：名称、颜色、状态、包含物、光泽反应、摇振反应、干强度、韧性、土层结构等。

对特殊性土除应描述相应土类规定的内容外，尚应描述其特殊成分和特殊性质，如对淤泥尚需描述臭味，对填土尚需描述物质成分、堆积时间、密实度和均匀性等。对具有互层、夹层、夹薄层特征的土，尚应描述各层的厚度和层理特征。

3.2 土的基本分类

3.2.1 一般土

1. 黏性土

黏性土按塑性指数分类见表 3.2-1；按液性指数分类见表 3.2-2。

黏性土按塑性指数分类 **表 3.2-1**

黏性土的分类名称	黏土	粉质黏土
塑性指数（I_p）	$I_p>17$	$10<I_p\leqslant17$

注：1. 塑性指数由相应 76g 圆锥体沉入土样中深度为 10mm 时测定的液限计算而得；
2. $I_p<10$ 的土，称粉土（少黏性土）；粉土又分黏质粉土（粉粒>0.5mm 不到 50%，$I_p<10$）、砂质粉土（粉粒>0.5mm 占 50%以上，$I_p<10$）。

黏性土的状态按液性指数分类 **表 3.2-2**

塑性状态	坚硬	硬塑	可塑	软塑	流塑
液性指数（I_L）	$I_L\leqslant0$	$0<I_L\leqslant0.25$	$0.25<I_L\leqslant0.75$	$0.75<I_L\leqslant1$	$I_L>1$

2. 砂土

砂土的密实度（密实度是指材料的固体物质部分的体积占总体积的比例）分为松散、稍密、中密、密实，见表 3.2-3；砂土的分类，见表 3.2-4。

砂土的密实度 **表 3.2-3**

松散	稍密	中密	密实
$N\leqslant10$	$10<N\leqslant15$	$10<N\leqslant30$	$N>30$

注：N 为标准贯入锤击数。

砂土的分类表 **表 3.2-4**

土的名称	颗粒级配
砾砂	粒径大于 2mm 的颗粒占全重的 25%～50%
粗砂	粒径大于 0.5mm 的颗粒超过全重的 50%
中砂	粒径大于 0.25mm 的颗粒超过全重的 50%
细砂	粒径大于 0.075mm 的颗粒超过全重的 85%
粉砂	粒径大于 0.075mm 的颗粒不超过全重的 50%

3. 碎石土

碎石土的密实度分为松散、稍密、中密、密实，见表 3.2-5；碎石土分类见表 3.2-6。

碎石土的密实度 **表 3.2-5**

重型圆锥动力触探锤击数 $N_{63.5}$	密实度
$N_{63.5} \leqslant 5$	松散
$5 < N_{63.5} \leqslant 10$	稍密
$10 < N_{63.5} \leqslant 20$	中密
$N_{63.5} > 20$	密实

碎石土分类 **表 3.2-6**

土的名称	颗粒形状	颗粒级配
漂石 块石	圆形及亚圆形为主 棱形为主	粒径大于 200mm 的颗粒超过全重的 50%
卵石 碎石	圆形及亚圆形为主 棱形为主	粒径大于 20mm 的颗粒超过全重的 50%
圆砾 角砾	圆形及亚圆形为主 棱形为主	粒径大于 2mm 的颗粒超过全重的 50%

3.2.2 特殊土

1. 湿陷性黄土

在上覆土的自重应力作用下，或在上覆土自重应力和附加应力共同作用下，受水浸湿后结构迅速被破坏而发生显著附加下沉的黄土，称为湿陷性黄土。

（1）湿陷性黄土的特征

1）在天然状态下，具有肉眼能看见的大孔隙，孔隙比一般大于1，并有生物作用下形成的管状孔隙，天然剖面呈竖直节理。

2）颜色在干燥时呈淡黄色，稍湿时呈黄色，湿润时呈褐黄色。

3）土中含有石英、高岭土成分，含盐量大于0.3%，有时含有石灰质结核（通常称为“疆石”）。

4）透水性较强，土样浸入水中后，很快崩解，同时有气泡冒出水面。

5）土在干燥状态下，有较高的强度和较小的压缩性，土质垂直方向分布的小管道几乎能保持竖立的边坡，但在遇水后，土的结构迅速破坏，发生显著的附加下沉，产生严重湿陷。

湿陷性黄土按湿陷性质又分为非自重湿陷性黄土和自重湿陷性黄土两种。

（2）湿陷性黄土的判定

黄土的湿陷性，应按室内压缩试验在一定压力下测定的湿陷系数来判定。

根据黄土的湿陷系数的大小，可参照表3.2-7确定湿陷性黄土的类别。

黄土的湿陷性判别　　　　**表3.2-7**

类别	非湿陷性黄土	湿陷性黄土
湿陷系数	δ_s＜0.015	δ_s≥0.015

（3）湿陷性黄土场地的自重湿陷性判定

根据计算自重湿陷量Δ_{ZS}值，参照表3.2-8结合场地地质条件确定黄土场地的自重湿陷性类别。

黄土场地的自重湿陷性判别　　　　**表3.2-8**

类别	非自重湿陷性场地	自重湿陷性场地
计算自重湿陷量	Δ_{ZS}≤7cm	Δ_{ZS}＞7cm

（4）湿陷性等级的划分

湿陷性黄土地基的湿陷性等级，可根据基底下各土层累计的总湿陷量Δ_S和计算自重湿陷量Δ_{ZS}的大小等因素，参照表3.2-9判定。

湿陷性黄土地基的湿陷性等级　　表3.2-9

总湿陷量＼湿陷类型	非自重湿陷性场地	自重湿陷性场地	
	$\Delta_{ZS}\leqslant 7cm$	$7<\Delta_{ZS}<35cm$	$\Delta_{ZS}>35cm$
$\Delta_S<30cm$	Ⅰ（轻微）	Ⅱ（中等）	—
$30<\Delta_S<60cm$	Ⅱ（中等）	Ⅱ或Ⅲ	Ⅲ（严重）
$\Delta_S>60cm$	—	Ⅲ（严重）	Ⅳ（很严重）

注：1. 当总湿陷量$30cm<\Delta_S<50cm$，计算自重湿陷量$7cm<\Delta_{ZS}<30cm$时，可判为Ⅱ级；
2. 当总湿陷量$\Delta_S>50cm$，计算自重湿陷量$\Delta_{ZS}>30cm$时，可判为Ⅲ级。

（5）湿陷性黄土地基的防治措施

1）建筑结构措施

① 在山前斜坡地带，建筑物宜沿等高线布置，填方厚度不宜过大；散水坡宜用混凝土浇筑，宽度不宜小于1.5m，其下应设垫层，其宽宜超过散水0.5m，散水每隔6～10m设一条伸缩缝。

② 加强建筑物的整体刚度，如将长宽比控制在3以内，设置沉降缝，增设钢筋混凝土圈梁等。

③ 局部加强构件和砌体强度，底层横墙与纵墙交接处用钢筋拉结，宽大于1m的门窗设钢筋混凝土过梁等，以提高建筑物的整体刚度和抵抗沉降变形的能力，保证正常使用。

2）地基处理

① 垫层法

将基础下的湿陷性土层全部或部分挖出，然后用黄土（灰土），在最优含水量状态下分层回填夯（压）实；垫层厚度为基础宽度的1～2倍，控制干密度不小于$1.6t/m^3$，能改善土的工程性质，增强地基的防水效果，费用较低，适于在地下水位以上进行局部的处理。

② 重锤夯实法

将2～3t重锤提到4～6m高度，自由下落，一夯挨一夯如此重复夯打，使土的密度增加，减小或消除地基的湿陷变形，能消除 1～2m 厚土层的湿陷性，适于对地下水位以上，饱和度 Sr＜60％的湿陷性黄土进行局部或整片的处理。

③ 强夯法

一般在锤重为 10～12t，落距为 10～18m 时，可消除 3～6m 深土层的湿陷性，并提高地基的承载能力，适于对饱和度 Sr＜60％的湿陷性黄土进行深层局部或整片的处理。

④ 挤密法

将钢管打入土中，拔出钢管后在孔内填充素土或灰土，分层夯实，要求密实度不低于 0.95。通过桩的挤密作用改善桩周土的物理力学性能，可消除桩深度范围内黄土的湿陷性。处理深度一般可达 5～10m，适于在地下水位以上局部或整片的处理。

⑤ 灌注（预制）桩基础

将桩穿透厚度较大的湿陷性黄土层，使桩尖（头）落于承载力较高的非湿陷性黄土层上，桩的长度和入土深度以及桩的承载力，应通过荷载试验或根据当地经验确定，处理深度在 30m 以内。

3）防水措施

① 做好总体的平面和竖向设计及屋面排水和地坪防洪设施，保证场地排水畅通。

② 保证水池或管道与建筑物有足够的防护距离，防止管网和水池、生活用水渗漏。

4）施工措施

① 合理安排施工程序，先地下后地上；对体型复杂的建筑物，先施工深、重、高的部分，后施工浅、轻、低的部分；敷设管道时，先施工防洪、排水管道，并保证其畅通。

② 临时防洪沟、水池、洗料场等应距建筑物外墙不小于 12m，自重湿陷性黄土距建筑物外墙不小于 25m。

③ 基础施工完毕，应及时分层回填夯实，至散水垫层底面或室内地坪垫层底面止。

④ 屋面施工完毕，应及时安装天沟、水落管和雨水管道等，将雨水引至室外排水系统。

2. 膨胀土

1）膨胀土的特征和判别

① 多出现于河谷阶地、垅岗、山梁、斜坡、山前丘陵和盆池边缘等坡度平缓地区。

② 在自然条件下，土的结构致密，多呈硬塑或坚硬状态；具有黄红、褐、棕红、灰白或灰绿等色；裂隙较发育，隙面光滑，裂隙中常充填灰绿灰白色黏土，土被浸湿后裂隙回缩变窄或闭合。

③ 自由膨胀率不低于40%；天然含水量接近塑限，塑性指数大于17，多数在22～35之间；液性指数小于0；天然孔隙比变化范围在0.5～0.8之间。

④ 含有较多亲水性强的蒙脱石、多水高岭土、伊利石等，在空气中易干缩龟裂。

⑤ 导致低层建筑物成群开裂，常见于角端及横隔墙上，并随季节变化而变化或闭合。

2）膨胀土地基的膨胀潜势和胀缩等级

① 膨胀土地基的膨胀潜势

膨胀土地基的膨胀潜势，可按表3.2-10分为3类。

膨胀土地基的膨胀潜势　　表3.2-10

自由膨胀率/%	膨胀潜势
$40<\delta_{ef}<65$	弱
$65\leqslant\delta_{ef}<90$	中
$\delta_{ef}\geqslant 90$	强

注：自由膨胀率（δ_{ef}）根据人工制备的烘干土在水中增加的体积与原体积之比按下式计算：

$$\delta_{ef}=(V_w-V_0)/V_0$$

式中：V_w——土样在水中膨胀稳定后的体积（mL）；

V_0——土样原有体积（mL）。

② 膨胀土地基的胀缩等级

根据地基的膨胀、收缩变形对砖混房屋的影响程度，地基的胀缩等级按表3.2-11分为3级。

膨胀土地基的胀缩等级　　　　表 3.2-11

地基分级变形量 S_c/mm	级别	破坏程度
$15<S_c<35$	Ⅰ	轻微
$35<S_c<70$	Ⅱ	中等
$S_c>70$	Ⅲ	严重

③ 膨胀土对建筑物的危害

膨胀土有受水浸湿后膨胀，失水后收缩的特性，在其上的建筑物随季节变化而反复产生不均匀沉降，沉降可高达 10cm，使建筑物产生大量竖向裂缝、端部斜向裂缝和窗台下水平裂缝等；地坪上出现纵向长条和网格状裂缝，使建筑物开裂或损坏。成群出现，对房屋带来极大的危害，往往不易修复。

④ 膨胀土地基的防治措施

a. 建筑措施

选择没有陡坎、地裂，冲沟不发育，地质分层均匀的有利地段设置建（构）筑物。

建筑物体型力求简单，不要过长，并尽可能依山就势平行于等高线布置，保持自然地形。

b. 结构措施

基础适当埋深（>1m）或设置地下室，减少膨胀土层厚度，使作用于土层的压力大于膨胀土的上举力，或采用墩式基础以增加基础附加荷重，或采用灌注桩穿透膨胀土层，并抵抗膨胀力。

加强上部结构刚度，如设置地梁、圈梁，在角端和内外墙连接处设置水平钢筋加强连接等。

c. 地基处理措施

采用换土、砂土垫层、土性改良等方法。采用非膨胀土或灰土置换膨胀土。平坦场地上Ⅰ、Ⅱ级膨胀土的地基处理宜采用砂、碎石垫层，垫层厚度不应小于 300mm。

d. 防水保湿措施

在建筑物周围作好地表渗、排水沟等防水、排水设施，沟底作防渗处理，散水坡适当加宽，其下作砂或炉渣垫层，并设隔水层，防止地表水向地基渗透。

e. 施工措施

合理安排施工程序，先施工室外道路、排水沟、截水沟等工程，疏通现场排水。

3. 软土

软土是承载力低的软塑到流塑状态的饱和黏性土，包括淤泥、淤泥质土、泥炭、泥炭质土等。

(1) 软土的特征

天然含水量高，一般大于液限 ω_L(40%～90%)；天然孔隙比 e 一般大于或等于1；压缩性高，压缩系数 $a_{1\sim2}$ 大于 0.5MPa^{-1}；强度低，不排水抗剪强度小于30kPa，长期强度更低；渗透系数小，$k=1\times10^{-6}\sim1\times10^{-8}$cm/s；黏度系数低，$\eta=10^{9}\sim10^{12}$Pa·s。

(2) 软土的工程性质

1) 触变性

软土在未破坏时，具有固态特征，一经扰动或破坏，即转变为稀释流动状态。

2) 高压缩性

压缩系数大，大部分压缩变形发生在垂直压力为0.1MPa左右时，造成建筑物沉降量大。

3) 低透水性

软土的透水性很低，软土的排水固结需要很长的时间，常在数年至10年以上。

4) 不均匀性

软土土质不均匀，荷载不均匀常使建筑物产生较大的差异沉降，造成建筑物裂缝或损坏。

5) 流变性

在一定剪应力作用下，土发生缓慢长期变形。因流变产生的沉降持续时间可达几十年。

(3) 软土地基的防治措施

1) 建筑措施

建筑设计力求荷载均匀、体型复杂的建筑，应设置必要的沉降缝或在中间用连接框架隔开。

选用轻型结构，如框架轻板体系、钢结构，以及选用轻质墙体材料。

2）结构措施

采用浅基础，利用软土上部硬壳层作持力层，避免室内填土过厚。

选用筏形基础或箱形基础，提高基础刚度，减小不均匀沉降。

增强建筑物的整体刚度，如控制建筑物的长高比，合理布置纵横墙，墙上设置圈梁等。

3）地基处理措施

采用置换及拌入法，用砂、碎石等材料置换软弱土体，或用振冲置换法、生石灰桩法、深层搅拌法、高压喷浆法、CFG法等进行加固，形成复合地基。

对大面积厚层软土地基，采用砂井预压、真空预压、堆载预压等措施，加速地基排水固结。

4）施工措施

合理安排施工顺序，先施工高度大、重量大的部分，在施工期内先完成部分沉降。

4. 盐渍土

含有石膏、芒硝、岩盐等易溶盐，含量大于0.5%，且所在的自然环境具有溶陷、盐胀等特性的土称为盐渍土。盐渍土多分布在气候干燥、年雨量较少、地势低洼、地下水位高的地区，地表呈一层白色盐霜或盐壳，厚度为数厘米至数十厘米。

（1）盐渍土的分类

1）根据含盐性质分为氯盐渍土、亚氯盐渍土、亚硫酸盐渍土、硫酸盐渍土、碱性盐渍土。

2）根据含盐量分为弱盐渍土、中盐渍土、强盐渍土和超强盐渍土。

（2）盐渍土对地基的影响

1）含盐量小于0.5%时，对土的物理力学性能影响很小；大于0.5%时，有一定影响；大于3%时，土的物理力学性能主要取决于盐分和含盐的种类，土本身的颗粒组成将居其次。含盐量越多，则土的液限、塑限越低，在含水量较小时，土就会达到液性状态，失去强度。

2）盐渍土在干燥时呈结晶状态，此时地基具有较高的强度，但盐渍土在遇水后易崩解，造成土体失稳。

（3）盐渍土地基的防治处理措施

1）防水措施

做好场地的竖向设计，避免降水、洪水、生活用水及施工用水浸入地基或其附近场地，防止引起盐分向建筑场地及土中聚集，造成建筑材料被腐蚀及盐胀。

2）防腐措施

采用耐腐蚀的建筑材料，不宜用盐渍土本身作防护层；在弱、中盐渍土区不得采用砖砌基础，管沟、踏步等应采用毛石或混凝土基础；对于强盐渍土区，地面以上 1.2m 墙体亦应采用浆砌毛石。

3）防盐膨胀措施

清除地基含盐量超过规定的土层，以非盐渍土层或含盐类型单一和含盐量低的土层作为地基持力层，以非盐渍土类的粗颗粒土层替代含盐多的盐渍土，隔断有害毛细水的上升。

4）地基处理措施

采用垫层、重锤击实及强夯法处理浅部土层，提高其密实度及承载力，阻隔盐水向上运移。

5）施工措施

作好现场排水、防洪等，各种用水点均应保持在基础 10m 以上；先施工埋置较深、荷重较大或需处理的基础；尽快进行基础施工，及时回填，认真夯实填土。

采用防腐蚀性较好的矿渣水泥或抗硫酸盐水泥配制混凝土、砂浆；不使用 pH 值≤4 的酸性水和硫酸盐含量超过 1.0%的水。

5. 冻土

温度等于或小于 0℃，含有固态冰，当温度条件改变时，其物理力学性质随之改变，并可产生冻胀、融陷、热融、滑塌等现象的土称为冻土。

（1）冻土的分类

冻土按冬夏季是否冻融交替分为季节性冻土和多年冻土两大类。

（2）冻土地基的冻胀性特征与判定

根据地基土的种类、含水量和地下水位情况、地基土冻胀性大小及其对建筑物的危害程度，按融陷性特征对多年冻土进行分类，分类见表 3.2-12。

地基土冻胀性特征及对建筑物的危害　　表 3.2-12

冻胀类别	冻胀率 η	特征	对建筑物的危害性
不冻胀土（或称Ⅰ类土）	$\eta \leqslant 1\%$	冻结时无水分转移，在天然情况下，有时地面呈现冻缩现象	对一般浅埋基础均无危害
弱冻胀土（或称Ⅱ类土）	$1\% < \eta \leqslant 3.5\%$	冻结时水分转移极少，冻土中的冰一般呈晶粒状。地表或散水无明显隆起，道路无翻浆现象	一般无危害，在最不利条件下建筑物可能出现细微裂缝，但不影响建筑物安全和正常使用
冻胀土（或称Ⅲ类土）	$3.5\% < \eta \leqslant 6\%$	冻结时水分转移，并形成冰夹层，地面和散水明显隆起，道路有翻浆现象	基础埋置较浅的情况下，建筑物将产生裂缝。在冻深较大地区，非采暖建筑物因基础侧面受切向冻胀力而遭到破坏
强冻胀土（或称Ⅳ类土）	$\eta > 6\%$	冻结时有大量水分转移，形成较厚或较密的冰夹层。道路严重翻浆	浅埋基础的建筑物将产生严重破坏。在冻深较大地区，即使基础埋深超过冻深，也会因切向冻胀力而使建筑物遭到破坏

注：冻胀率 $\eta = \triangle h / \triangle H$。式中，$\triangle h$ 为地表最大冻胀量（cm）；$\triangle H$ 为最大冻结深度（cm）。

（3）地基冻胀对建筑物的危害

基础埋深超过冻深时，基础侧面承受切向冻胀力；基础埋深浅于冻深时，除基础侧面承受切向冻胀力外，基础底面承受法向冻胀力。当基础自身及其上荷载不足以平衡法向和切向冻胀力时，基础就要隆起；融化时，基础产生沉陷。当房屋结构不同时，房屋周边会产生周期性的不均匀冻胀和沉陷，使墙身开裂，顶棚抬起，门口、台阶隆起，散水坡冻裂，严重时使建筑物倾斜或倾倒。

（4）冻害的防治措施

1）建筑场地应尽量选择地势高、地下水位低、地表排水良好的地段。

2）设计前查明土质和地下水情况，正确判定土的冻胀类别、冻深，以便合理地确定基础埋深，当冻深和土的冻胀性较大时，宜采用设置独立基础、桩基或砂垫层等措施，使基础埋设在冻结线以下。

3）对低洼场地，宜在沿建筑物四周向外一倍冻深范围内，使室外地坪至少高出自然地面 300mm。

4）为避免施工和使用期间的雨水、地表水、生产废水和生活污水等浸入地基，应做好排水设施。需做好截水沟及暗沟，以排走地表水和潜水，避免因基础堵水而造成冻害。

5）对建在标准冻深大于 2m、基底以上为强冻胀土上的采暖建筑物，及标准冻深大于 1.5m、基底以上为冻胀土和强冻胀土上的非采暖建筑物，为防止冻切力对基础侧面的作用，可在基础侧面回填粗砂、中砂、炉渣等非冻胀性材料或其他保温材料。

6）冬期开挖，随挖、随砌、随回填，严防地基受冻。对跨年度工程，采取过冬保温措施。

3.3 岩石的基本分类

3.3.1 岩石按坚硬程度分类

岩石按坚硬程度分类见表 3.3-1。

岩石按坚硬程度分类　　表 3.3-1

类别		饱和单轴抗压强度标准值 f_{rk}/MPa	定性鉴定	代表性岩石
硬质岩	坚硬岩	$f_{rk}>60$	锤击声清脆，击后有回弹，振手，难击碎；基本无吸水反应	未风化～微风化的花岗岩、闪长岩、辉绿岩、玄武岩、安山岩、石英岩、硅质砾岩、石英砂岩、硅质石灰岩等
	软硬岩	$60\geqslant f_{rk}>30$	锤击声较清脆，击后有轻微回弹，稍振手，较难击碎；有轻微吸水反应	微风化的坚硬岩；未风化～微风化的大理岩、板岩、石灰岩、钙质砂岩等
软质岩	较软岩	$30\geqslant f_{rk}>15$	锤击声不清脆，击后无回弹，较易击碎；指甲可刻出印痕	中风化的坚硬岩和较硬岩；未风化～微风化的凝灰岩、千枚岩、砂质泥岩、泥灰岩等
	软岩	$15\geqslant f_{rk}>5$	锤击声哑，击后无回弹，易击碎；浸水后可捏成团	强风化的坚硬岩和较硬岩；中风化的较软岩；未风化～微风化的泥质砂岩、泥岩等
极软岩		$f_{rk}\leqslant 5$	锤击声哑，击后无回弹，有较深凹痕，手可捏碎；浸水后可捏成团	风化软岩；全风化的各类岩石；各种半成岩

3.3.2　岩石按完整程度分类

岩石按完整程度分类见表 3.3-2。

岩石按完整程度分类　　表 3.3-2

类别	完整指数	结构面组数	控制性结构面平均间距/m	代表性结构类型
完整	>0.75	1～2	>1.0	整体结构
较完整	0.75～0.55	2～3	0.4～1.0	块状结构

续表

类别	完整指数	结构面组数	控制性结构面平均间距/m	代表性结构类型
较破碎	0.55～0.35	>3	0.2～0.4	镶嵌状结构
破碎	0.35～0.15	>3	<0.2	碎裂状结构
极破碎	<0.15	无序	—	散体状结构

注：完整性指数为岩体纵波波速与同一岩体的岩石纵波波速之比的二次方。选定岩体、岩石测定波速时应有代表性。

3.3.3 岩石按风化程度分类

岩石按风化程度分类见表3.3-3。

岩石按风化程度分类　　表3.3-3

风化程度	野外特征
未风化	岩质新鲜，偶见风化痕迹
微风化	结构基本未变，仅节理面有渲染或略有变色，有少量风化裂隙
中等风化	结构部分破坏，沿节理面有次生矿物、风化裂隙发育，岩体被切割成岩块。用镐难挖，岩芯钻方可钻进
强风化	结构大部分破坏，矿物成分显著变化，风化裂隙很发育，岩体破碎，用镐可挖，干钻不易钻进
全风化	结构基本破坏，但尚可辨认，有残余结构强度，可用镐挖，干钻可钻进
残积土	组织结构全部破坏，已风化成土状，锹镐易挖掘，干钻易钻进，具有可塑性

3.3.4 岩石按结构类型分类

岩石按结构类型分类见表3.3-4。

岩石按结构类型分类　　表 3.3-4

岩体结构类型	岩体地质类型	主要结构体形状	结构面发育情况	岩土工程特征	可能发生的岩土工程问题
整体状结构	巨块状岩浆岩、变质岩、巨厚层沉积岩	巨块状	以层面和原生构造节理为主，多呈闭合形，结构面间距大于 1.5m，一般为 1～2 组，无危险结构面组成的落石、掉块	整体性强度高，岩体稳定，在变形特征上可视为均质弹性各向同性体	要注意由结构面组合而成的不稳定结构体的局部滑动或坍塌，深埋洞室要注意岩爆
块状结构	厚层状沉积岩、块状岩浆岩、变质岩	块状柱状	只具有少量贯穿性较好节理裂隙，结构面间距为 0.7～1.5m，一般为 2～3 组，有少量分离体	整体强度较高，结构面互相牵制，岩体基本稳定，在变形特征上接近弹性各向同性体	
层状结构	多韵律的薄层及中厚层状沉积岩、副变质岩	层状板状	层理、片理、节理裂隙，但以风化裂隙为主，常有层间错动面	岩体接近均一的各向异性体，其变形及强度特征受层面控制，可视为弹塑性体，稳定性较差	可沿结构面滑塌，可产生塑性变形

续表

岩体结构类型	岩体地质类型	主要结构体形状	结构面发育情况	岩土工程特征	可能发生的岩土工程问题
破裂状结构	构造影响严重的破碎岩层	碎块状	层理及层间结构面较发育，结构面间距为0.25～0.50m，一般在3组以上，有许多分离体	完整性受到破坏较大，整体强度很低，并受软弱结构面控制，多呈弹塑性体，稳定性很差	易引起规模较大的岩块失稳，地下水加剧岩体失稳
散体状结构	断层破碎带、强风化及全风化	碎屑状	构造及风化裂隙密集，结构面错综复杂，并多充填黏性土，形成无序小块和碎屑	完整性遭到极大破坏，稳定性极差，岩体属性接近松散体介质	

3.4　土石方施工

3.4.1　工程场地平整

1. 场地平整的程序

场地平整的一般施工工艺程序如下：

现场勘察→清除地面障碍物→标定整平范围→设置水准基点→设置方格网，测量标高→计算土石方挖填工程量→平整土石方→场地碾压→验收。

2. 场地平整的要点

施工人员应到现场进行勘察，了解地形、地貌和周围环境，确定现场平整场地的大致范围。

平整前把场地内的障碍物清理干净，然后根据总图要求的标高，从水准基点引进基准标高，作为确定土方量计算的基点。

应用方格网法和横断面法，计算出该场地按设计要求平整需挖掘和回填的土石方量，做好土石方平衡调配，减少重复挖运，以节约运费。

大面积平整土石方宜采用推土机、平地机等机械进行，大量挖方用挖掘机，用压路机压实，平整后的场地如图 3.4-1 所示。

图 3.4-1　平整后的场地

平整场地应作好地面排水。平整场地的表面坡度应符合设计要求，一般应向排水沟方向作成不小于 0.2%的坡度。

3.4.2 土石方开挖

1. 开挖的一般要求

建筑场地足够大时，开挖时可以采用台阶式开挖或者以小于土壤的静止角的角度放坡开挖，开挖过程中不需要支撑结构，如图 3.4-2 所示。

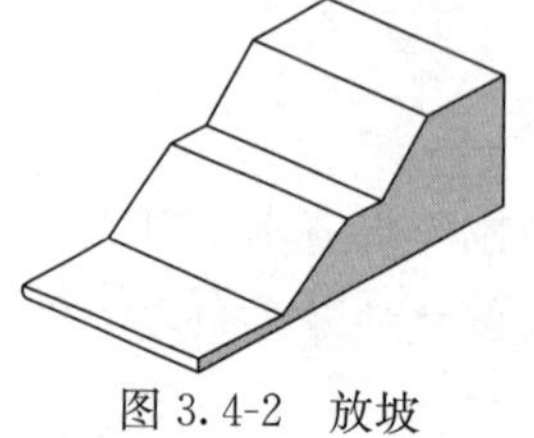

图 3.4-2 放坡

边坡稳定，地质条件良好，土质均匀，高度在 10m 内的边坡，其坡度值按表 3.4-1 选取；永久性场地，坡度无设计规定时，按表 3.4-2 选取；对岩石边坡，根据其岩石类别、坡度，坡度值按表 3.4-3 选取。

土质边坡坡度允许值 **表 3.4-1**

土的类别	密实度或状态	坡度允许值（高宽比）	
		坡高在 5m 以下	坡高为 5～10m
碎石土	密实	1∶0.35～1∶0.50	1∶0.50～1∶0.75
	中密	1∶0.50～1∶0.75	1∶0.75～1∶1.00
	稍密	1∶0.75～1∶1.00	1∶1.00～1∶1.25
黏性土	坚硬	1∶0.75～1∶1.00	1∶1.00～1∶1.25
	硬塑	1∶1.00～1∶1.25	1∶1.25～1∶1.50

永久性土工构筑物挖方边坡坡度 **表 3.4-2**

项次	挖土性质	边坡坡度（高宽比）
1	天然湿度、层理均匀、不易膨胀的黏土、粉质黏土和砂土（不包括细砂、粉砂），内深度不超过 3m	1∶1.00～1∶1.25
2	土质同上，深度为 3～12m	1∶1.25～1∶1.50
3	干燥地区内结构未经破坏的干燥黄土及类黄土，深度不超过 12m	1∶0.10～1∶1.25
4	碎石土和泥灰岩土，深度不超过 12m，根据土的性质、层理特性确定	1∶0.50～1∶1.50
5	在风化岩内的挖方，根据岩石性质、风化程度、层理特性确定	1∶0.20～1∶1.50

续表

项次	挖土性质	边坡坡度（高宽比）
6	在微风化岩石内的挖方，岩石无裂缝且无倾向挖方坡脚的岩层	1∶0.10
7	在未风化的完整岩石的挖方	直立的

岩石边坡坡度允许值　　表 3.4-3

岩石类土	风化程度	坡度允许值（高宽比）		
		坡高在 8m 以下	坡高为 8～15m	坡高为 15～30m
硬质岩石	微风化	1∶0.10～1∶0.20	1∶0.20～1∶0.35	1∶0.30～1∶0.50
	中等风化	1∶0.20～1∶0.35	1∶0.35～1∶0.50	1∶0.50～1∶0.75
	强风化	1∶0.35～1∶0.50	1∶0.50～1∶0.75	1∶0.75～1∶1.00
软质岩石	微风化	1∶0.35～1∶0.50	1∶0.50～1∶0.75	1∶0.75～1∶1.00
	中等风化	1∶0.50～1∶0.75	1∶0.75～1∶1.00	1∶1.00～1∶1.50
	强风化	1∶0.75～1∶1.00	1∶1.00～1∶1.25	—

2. 浅基坑（槽）和管沟开挖

（1）浅基坑（槽）开挖，应先进行测量定位，抄平放线，定出开挖长度，根据土质和水文情况，在四侧或两侧直立开挖或放坡，以保证施工操作安全。

当土质具有天然湿度、构造均匀、水文地质条件良好且无地下水时，基坑开挖时根据开挖深度，参考表 3.4-4、表 3.4-5 中的数值进行施工操作。

基坑（槽）和管沟不加支撑时的容许深度　　表 3.4-4

项次	土的类别	容许深度/m
1	密实、中密的砂子和碎石类土（充填物为砂土）	1.00
2	硬塑、可塑的粉质黏土及粉土	1.25
3	硬塑、可塑的黏土和碎石类土（充填物为黏性土）	1.50
4	坚硬的黏土	2.00

临时性挖方边坡值　　表 3.4-5

土的类别	边坡值（高∶宽）
砂土（不包括细砂、粉砂）	1∶1.25～1∶1.50

续表

土的类别		边坡值（高：宽）
一般黏性土	硬	1：0.75～1：1.00
	硬塑	1：1.00～1：1.25
	软	1：1.50或更小
碎石类土	充填坚硬、硬塑黏性土	1：0.50～1：1.00
	充填砂土	1：1.00～1：1.50

(2) 当开挖基坑（槽）的土体含水量大，或基坑较深，或受到场地限制需用较陡的边坡或直立开挖而土质较差时，应采用临时性支撑加固结构。

(3) 基坑（槽）开挖时尽量减少对地基土的扰动。人工挖土，基坑（槽）挖好后不能立即进行下道工序时，应预留15～30cm土不挖，待下道工序开始再挖至设计标高。采用机械开挖基坑时，应在基底标高以上预留20～30cm土层，由人工挖掘修整。

(4) 雨期施工时，基坑（槽）应分段开挖，挖好一段浇筑一段垫层，并在基坑（槽）两侧围以土堤或挖排水沟，以防地面雨水流入基坑（槽），同时应经常检查边坡和支撑情况，以防止坑壁受水浸泡造成塌方。

(5) 基坑应进行验槽，作好记录，发现地基土质与勘探、设计不符时，应与有关人员研究并及时处理。

3. 土石方开挖和支撑施工注意事项

(1) 大型挖土及降低地下水位时，注意观察附近已有建（构）筑物、管线有无沉降和移位。

(2) 发现文物或古迹，妥善保护并及时报请当地有关部门处理，妥善处理后，方可继续施工。

(3) 挖掘发现地下管线时应及时通知有关部门来处理。如发现测量用的永久性标桩或地质、地震部门设置的观测孔等亦应加以保护或事先取得原设置或保管单位的书面同意。

(4) 应挖一层支撑好一层，并严密顶紧、支撑牢固，严禁一次性将土挖好后再支撑。

(5) 挡土板与坑壁间的填土要分层回填夯实，使之严密接触。

（6）经常检查支撑和观测邻近建筑物的情况，如发现支撑有松动、变形、位移等情况，应及时加固或更换，换支撑时，应先加新支撑，再拆旧支撑。

（7）支撑的拆除应按回填顺序依次进行，多层支撑应自下而上逐层拆除，边拆除，边回填，拆除支撑时，应注意防止使附近建（构）筑物产生沉降或对其造成破坏，必要时采取加固措施。

（8）基坑（槽）验收

由施工单位（承包方）、建房户、有关人民政府（街道办事处）等共同进行验槽，用表面检查验槽法，必要时采用钎探检查，检查合格，填写基坑（槽）验收记录，办理交接手续。

3.5 地基基础的计算

基础主要荷载是上部结构在竖直方向上产生的由恒载和活载形成的组合荷载，另外，基础还具有固定上部结构的作用，使建筑能够抵抗风力作用引起的滑移、倾覆和上浮，能够承受地震作用引起的地面运动以及能够抵抗土体和地下水在基础墙上的压力。持力层地基承受的荷载是随土体深度增加而慢慢减小，到一定深度后土体承受的荷载可忽略不计，这时的下层土体被称为下卧层（图 3.5-1）。

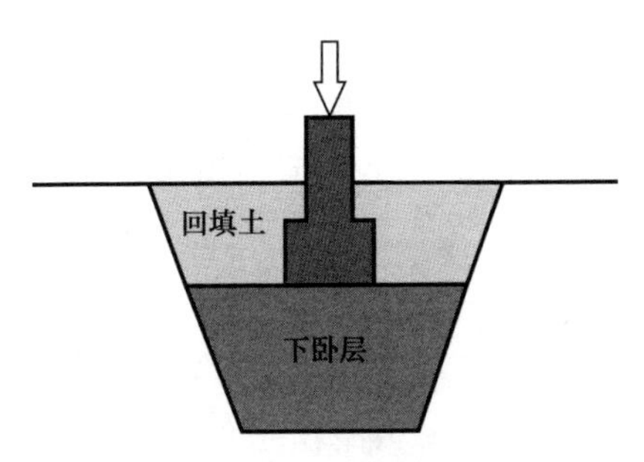

图 3.5-1 基础荷载

基础梁板承受地基反力，地面上梁板承受竖向荷载，二者方向相反。基础梁板可看作倒置的楼面梁板，钢筋混凝土柔性基础也可看作类似倒扣的无梁楼盖的柱帽（图 3.5-2）。

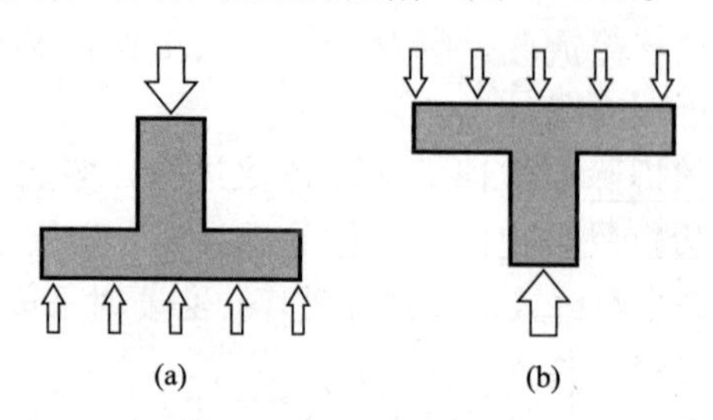

图 3.5-2　基础和梁板的比较

(a) 基础；(b) 梁板

3.5.1　地基基础的计算用表

1. 基础宽度和埋深的地基承载力修正系数

基础宽度和埋深的地基承载力修正系数见表 3.5-1（表中 η_b 和 η_d 分别表示基础宽度和埋深的地基承载力修正系数）。

基础宽度和埋深的承载力修正系数　　表 3.5-1

<table>
<tr><th colspan="2">土的类别</th><th>η_b</th><th>η_d</th></tr>
<tr><td colspan="2">淤泥和淤泥质土</td><td>0</td><td>1.0</td></tr>
<tr><td colspan="2">人工填土</td><td rowspan="2">0</td><td rowspan="2">1.0</td></tr>
<tr><td colspan="2">e 或 $I_L \geqslant 0.85$ 的黏性土</td></tr>
<tr><td rowspan="2">红黏土</td><td>含水比 $\alpha_\omega > 0.8$</td><td>0</td><td>1.2</td></tr>
<tr><td>含水比 $\alpha_\omega \leqslant 0.8$</td><td>0.15</td><td>1.4</td></tr>
<tr><td rowspan="2">大面积压实填土</td><td>压实系数大于 0.95，黏粒含量 $\rho_c \geqslant 10\%$ 的粉土</td><td>0</td><td>1.5</td></tr>
<tr><td>最大干密度大于 $2.1t/m^3$ 的级配砂石</td><td>0</td><td>2.0</td></tr>
<tr><td rowspan="2">粉土</td><td>黏粒含量 $\rho_c \geqslant 10\%$ 的粉土</td><td>0.3</td><td>1.5</td></tr>
<tr><td>黏粒含量 $\rho_c < 10\%$ 的粉土</td><td>0.5</td><td>2.0</td></tr>
<tr><td colspan="2">e 及 $I_L < 0.85$ 的黏性土</td><td>0.3</td><td>1.6</td></tr>
<tr><td colspan="2">粉砂、细砂（不包括很湿与饱和时的稍密状态）</td><td>2.0</td><td>3.0</td></tr>
<tr><td colspan="2">中砂、粗砂、砾砂和碎石土</td><td>3.0</td><td>4.4</td></tr>
</table>

注：强风化和全风化的岩石，可参照所风化成的相应土类取值，其他状态下的岩石不修正。

2. 建筑物的地基变形允许值

建筑物的地基变形允许值见表 3.5-2。

建筑物的地基变形允许值 **表 3.5-2**

变形特征		地基土类别	
		中、低压缩性土	高压缩性土
砌体承重结构基础的局部倾斜		0.002	0.003
工业与民用建筑相邻柱基的沉降差	框架结构	0.002l	0.003l
	砌体墙填充的边排柱	0.0007l	0.001l
	当基础不均匀沉降时不产生附加应力的结构	0.005l	0.005l
单层排架结构（柱距为 6m）柱基的沉降量（mm）		(120)	200
桥式吊车轨面的倾斜（按不调整轨道考虑）	纵向	0.004	
	横向	0.003	
多层和高层建筑的整体倾斜	$H_g \leqslant 24$	0.004	
	$24 < H_g \leqslant 60$	0.003	
	$60 < H_g \leqslant 100$	0.0025	
	$H_g > 100$	0.002	
体型简单的高层建筑基础的平均沉降量（mm）		200	
高耸结构基础的倾斜	$H_g \leqslant 20$	0.008	
	$20 < H_g \leqslant 50$	0.006	
	$50 < H_g \leqslant 100$	0.005	
	$100 < H_g \leqslant 150$	0.004	
	$150 < H_g \leqslant 200$	0.003	
	$200 < H_g \leqslant 250$	0.002	
高耸结构基础的沉降量（mm）	$H_g \leqslant 100$	400	
	$100 < H_g \leqslant 200$	300	
	$200 < H_g \leqslant 250$	200	

注：1. 本表数值为建筑物地基实际最终变形允许值；
2. 有括号者仅适用于中压缩性土；
3. l 为相邻柱基的中心距离（mm），H_g 为自室外地面起算的建筑物高度（m）；
4. 倾斜指基础倾斜方向两端点的沉降差与其距离的比值；
5. 局部倾斜指砌体承重结构沿纵向 6～10m 内基础两点的沉降差与其距离的比值。

3. 房屋沉降缝的宽度和相邻建筑物基础间的净距

房屋沉降缝的宽度见表 3.5-3。

相邻建筑物基础间的净距见表 3.5-4。

房屋沉降缝的宽度　　表 3.5-3

房屋层数	沉降缝宽度/mm
2～3	50～80
4～5	80～120
>5	≥120

相邻建筑物基础间的净距　　表 3.5-4

被影响建筑的长高比 / 被影响建筑的预估平均沉降量 s/mm	$2.0 \leqslant L/H_f < 3.0$	$3.0 \leqslant L/H_f < 5.0$
70～150	2～3	3～6
160～250	3～6	6～9
260～400	6～9	9～12
>400	9～12	≥12

注：1. 表中 L 为建筑物长度或沉降缝分隔的单元长度（m），H_f 为自基础底面标高算起的建筑物高度（m）；

2. 当被影响建筑的长高比为 $1.5 < L/H_f < 2.0$ 时，其间净距可适当缩小。

4. 无筋扩展基础台阶宽高比的允许值

无筋扩展基础台阶宽高比的允许值见表 3.5-5。

3.5.2 基础的埋置深度

基础埋置深度一般是指基础底面到室外设计地面的距离，简称基础埋深（图 3.5-3）。

无筋扩展基础台阶宽高比的允许值　　表 3.5-5

基础材料	质量要求	台阶宽高比的允许值		
		$p_k \leqslant 100$	$100 < p_k \leqslant 200$	$200 < p_k \leqslant 300$
混凝土基础	C20 混凝土	1∶1.00	1∶1.00	1∶1.25
毛石混凝土基础	C20 混凝土	1∶1.00	1∶1.25	1∶1.50
砖基础	砖不低于 MU10、砂浆不低于 M5	1∶1.50	1∶1.50	1∶1.50
毛石基础	砂浆不低于 M5	1∶1.25	1∶1.50	—

续表

基础材料	质量要求	台阶宽高比的允许值		
		$p_k \leqslant 100$	$100 < p_k \leqslant 200$	$200 < p_k \leqslant 300$
灰土基础	体积比为3∶7或2∶8的灰土，其最小干密度：粉土1.55t/m^3，粉质黏土1.50t/m^3，黏土1.45t/m^3	1∶1.25	1∶1.50	—
三合土基础	体积比1∶2∶4～1∶3∶6（石灰∶砂∶骨料），每层约虚铺220mm，夯至150mm	1∶1.50	1∶2.00	—

注：1. p_k 为荷载效应标准组合时基础底面处的平均压力值（kPa）；
2. 阶梯形毛石基础的每阶伸出宽度，不宜大于200mm；
3. 当基础由不同材料叠合组成时，应对接触部分作抗压验算；
4. 底面处的平均压力值超过300kPa的混凝土基础，尚应进行抗剪验算。

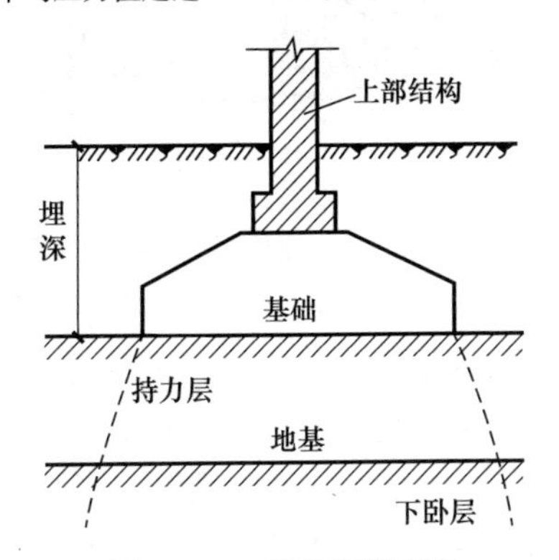

图3.5-3　基础埋深示意

1. 基础的埋置深度，应按下列条件确定：

（1）建筑物的用途，有无地下室、设备基础和地下设施，基础的形式和构造；

（2）作用在地基上的荷载大小和性质；

（3）工程地质和水文地质条件；

（4）相邻建筑物的基础埋深，

（5）地基土冻胀和融陷的影响。

2. 在满足地基稳定和变形要求的前提下，基础宜浅埋，当上层地基的承载力大于下层土时，宜利用上层土作持力层。除岩石地基处，基础埋深不宜小于 0.5m，如图 3.5-4 所示。

图 3.5-4　开挖好的地基

3. 高层建筑筏形和箱形基础的埋置深度应满足地基承载力、变形和稳定性要求。在抗震设防区，除岩石地基外，天然地基上的箱形和筏形基础的埋置深度不宜小于建筑物高度的 1/15；桩箱或桩筏基础的埋置深度（不计桩长）不宜小于建筑物高度的 1/18。位于岩石地基上的高层建筑，其基础埋深应满足抗滑要求。

4. 当存在相邻建筑物时，新建建筑物的基础埋深不宜大于原有建筑基础。当埋深大于原有建筑基础时，两基础间应保持一定净距，其数值应根据原有建筑荷载大小、基础形式和土质情况确定，一般不小于相邻两基础底面高差的 1～2 倍（图 3.5-5）。当上述要求不能满足时，应采取分段施工、设临时加固支撑、打板桩、构筑地下连续墙等施工措施，或加固原有建筑物地基。

5. 确定基础埋深尚应考虑地基的冻胀性，冻土地区基础埋置深度宜大于场地冻结深度。否则，冬天土层的冻胀力会将房屋拱起，产生变形；天气转暖，冻土解冻时又会产生陷落，如图 3.5-6 所示。

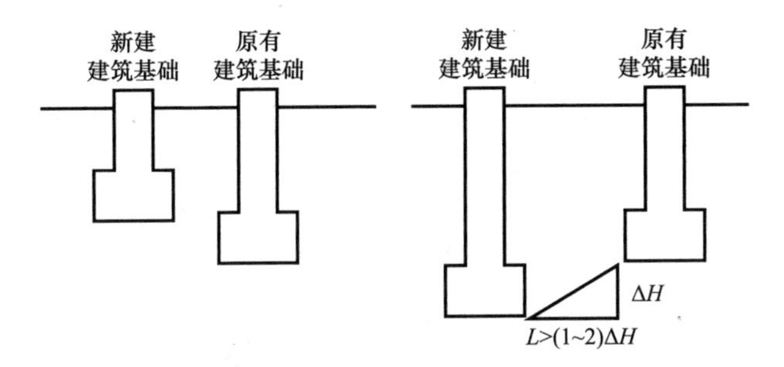

图 3.5-5　不同埋深的相邻基础

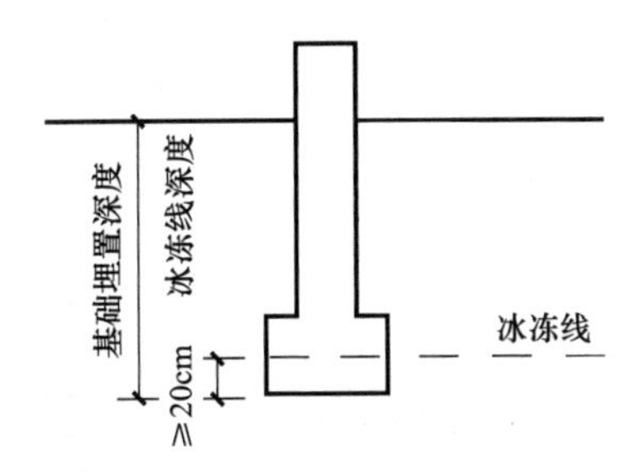

图 3.5-6　季节性冻土

3.5.3　地基的计算

地基计算见表 3.5-6。

地 基 计 算　　　　**表 3.5-6**

计算内容	计算公式
承载力计算	1. 基础底面压力，应符合下式要求。 当轴心荷载作用时： $$p_k \leqslant f_a$$ 当偏心荷载作用时，除符合上式要求外，尚应符合： $$p_{kmax} \leqslant 1.2f_a$$ 式中：p_k——相应于荷载效应标准组合时，基础底面处的平均压力值； f_a——修正后的地基承载力特征值； p_{kmax}——相应于荷载效应标准组合时，基础底面边缘的最大压力值。 2. 基础底面压力，可按下列公式确定。 （1）当轴心荷载作用时： $$p_k = \frac{F_k + G_k}{A}$$

续表

计算内容	计算公式
承载力计算	式中：F_k——相应于荷载效应标准组合时，上部结构传至基础顶面的竖向力值； G_k——基础自重和基础上的土重； A——基础底面面积。 (2) 当偏心荷载作用时： $$p_{kmax}=\frac{F_k+G_k}{A}+\frac{M_k}{W}$$ $$p_{kmin}=\frac{F_k+G_k}{A}-\frac{M_k}{W}$$ 式中：M_k——相应于荷载效应标准组合时，作用于基础底面的力矩值； W——基础底面的抵抗矩； p_{kmin}——相应于荷载效应标准组合时，基础底面边缘的最小压力值。 3. 当基础宽度大于 3m 或埋置深度大于 0.5m 时，f_a 值应按下式修正： $$f_a=f_{ak}+\eta_b\gamma(b-3)+\eta_d\gamma_m(d-0.5)$$ 式中：f_a——修正后的地基承载力特征值； f_{ak}——地基承载力特征值； η_b、η_d——基础宽度和埋深的地基承载力修正系数； γ——基础底面以下土的重度，地下水位以下取浮重度； b——基础底面宽度，小于 3m 时按 3m 取值，大于 6m 时按 6m 取值； γ_m——基础底面以上土的加权平均重度，地下水位以下取浮重度； d——基础埋置深度，一般从自室外地面标高算起

3.5.4 基础的计算

基础计算见表 3.5-7。

基础计算 **表 3.5-7**

计算内容	计算公式
无筋扩展基础（砖、毛石、混凝土或毛石混凝土、灰土和三合土等材料组成的墙下条形基础或柱下独立基础）	基础高度应符合下式要求： $$H_0\geqslant\frac{b-b_0}{z\tan\alpha}$$ 式中：H_0——基础高度； b——基础底面宽度； b_0——基础顶面的墙体宽度或柱脚宽度； $\tan\alpha$——基础台阶宽高比

3.6　地基处理

3.6.1　地基处理的目的

地基处理的目的是采取各种地基处理方法以改善地基条件，这些措施包括以下五个方面内容：

①改善剪切特性；②改善压缩特性；③改善透水特性；④改善动力特性；⑤改善特殊土的不良地基特性。

3.6.2　地基处理方法分类及适用范围

地基处理方法，可以按地基处理原理、地基处理的目的、处理地基的性质、地基处理的时效、地基处理的动机等不同角度进行分类。一般多采用根据地基处理原理进行分类的方法，将地基处理方法分为换土垫层处理（图 3.6-1）、预压（排水固结）处理、机械压实法（图 3.6-2）、深层挤密（密实）处理、化学加固处理、加筋处理、热学处理等。

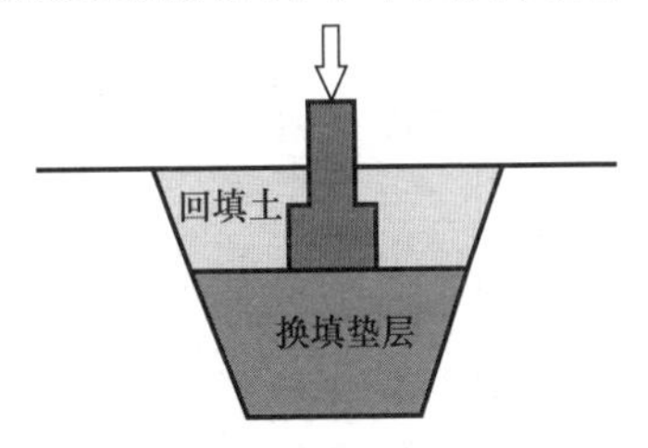

图 3.6-1　换土垫层处理

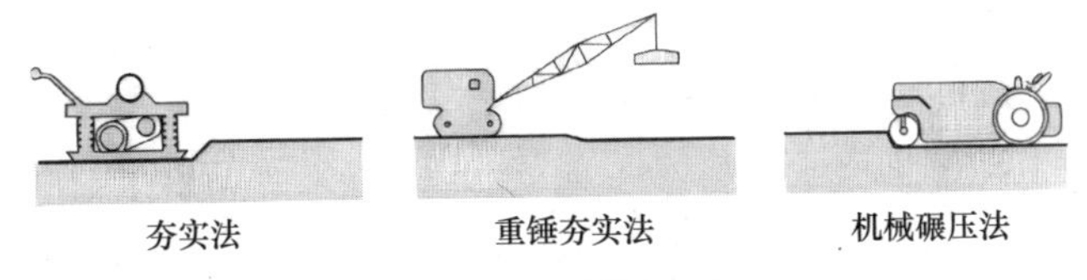

图 3.6-2　机械压实法

将地基处理方法进行严格分类是很困难的，不少地基处理方法具有几种不同的作用。例如：振冲法具有置换作用，还有挤密作用；各种挤密法，同时也有置换作用。此外，还有一些地基处理方法的加固机理、计算方法目前还不是十分明确，尚需进一步探讨。随着地基处理技术的不断发展，分类也变得更加困难，因此下述分类仅供读者参考。在介绍地基处理方法分类的同时，将扼要介绍各种地基处理方法的适用范围（表 3.6-1）。

地基处理方法分类及适用范围一览表

表 3.6-1

分类	处理方法	原理及作用	适用范围
换填垫层法	灰土垫层	挖除浅层软弱土或不良土，回填灰土、砂、石等材料再分层碾压或夯实。它可以提高持力层的承载力，减少变形量，消除或部分消除土的湿陷性和胀缩性，防止土的冻胀作用以及改善土的抗液化性，提高地基的稳定性	一般适用于处理浅层软弱地基、不均匀地基、湿陷性黄土地基、膨胀土地基、季节性冻土地基、素填土和杂填土地基
	砂和砂石垫层		
	粉煤灰垫层		
预压（排水固结）法	堆载预压法	通过布置垂直排水竖井、排水垫层等，改善地基的排水条件，采取加载、抽气等措施，以加速地基土的固结，增大地基土强度，提高地基土的稳定性，并使地基变形提前完成	适用于处理厚度较大的、透水性低的饱和淤泥质土、淤泥和软黏土地基，但堆载预压法需要有预压的荷载和时间条件。对泥炭土等有机质沉积物地基不适用
	真空预压法		
夯实法	强夯法	强夯法系利用强大的夯击能，迫使深层土压密，以提高地基承载力，降低其压缩性	适用于处理碎石土、砂土、低饱和度的粉土与黏性土、湿陷性黄土、素填土和杂填土等地基
	强夯置换法	采用边强夯，边填块石、砂砾、碎石，边挤淤的方法，在地基中形成碎石墩体，以提高地基承载力和减小地基变形	适用于高饱和度的粉土与软塑～流塑的黏性土等地基上对变形控制要求不严的工程

3.6.3　地基处理效果检验

地基必须满足有关工程对地基土的强度和变形要求，因此必须对地基处理效果进行检验。对地基处理效果的检验，应在地基处理施工结束经一定时间的休止恢复后再进行。效果检验的方法有钻孔取样、静力触探试验、轻便触探试验、标准贯入试验、载荷试验、取芯试验等措施。有时需要采用多种手段进行检验，以便综合评价地基处理效果。

3.7　基础施工

3.7.1　砖基础

砖基础的下部为大放脚、上部为基础墙。大放脚有等高式和间隔式两种。等高式大放脚是每砌两皮砖，两边各收进 1/4 砖长（60mm）；间隔式大放脚是每砌两皮砖及一皮砖，轮流两边各收进 1/4 砖长（60mm），最下面应为两皮砖（图 3.7-1）。

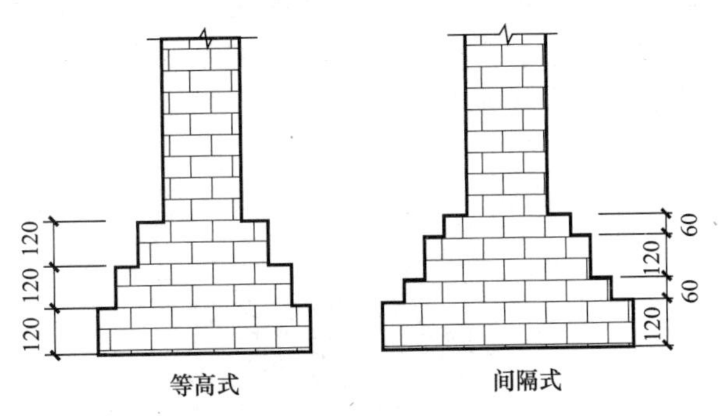

图 3.7-1　砖基础大放脚形式

砖基础大放脚一般采用一顺一丁砌筑形式，即一皮顺砖与一皮丁砖相间，上下皮垂直灰缝相互错开 60mm。

砖基础的转角处、交接处，为错缝需要应加砌配砖（3/4 砖、半砖或 1/4 砖）。

图 3.7-2 所示的是底宽为 2 砖半等高式砖基础大放脚转角处分

皮砌法。

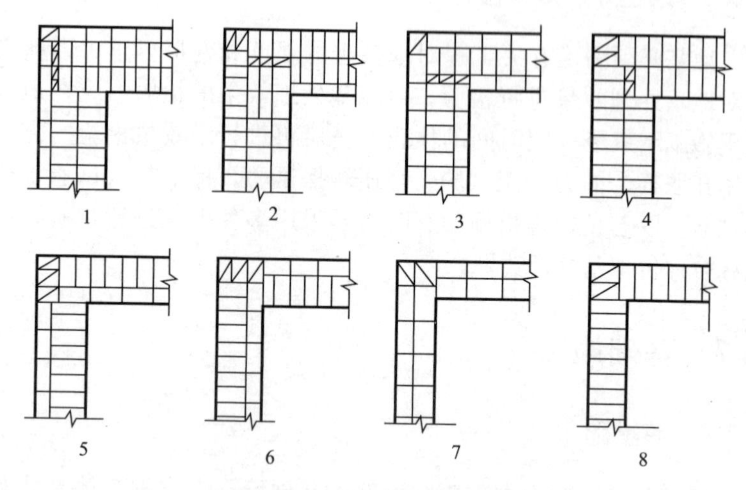

图 3.7-2　大放脚转角处分皮砌法

砖基础的水平灰缝厚度和垂直灰缝宽度宜为 10mm。水平灰缝的砂浆饱满度不得小于 80%。

砖基础底标高不同时，应从低处砌起，并应由高处向低处搭砌。当设计无要求时，搭砌长度 L 不应小于砖基础底的高差 H，搭接长度范围内下层基础应扩大砌筑（图 3.7-3）。

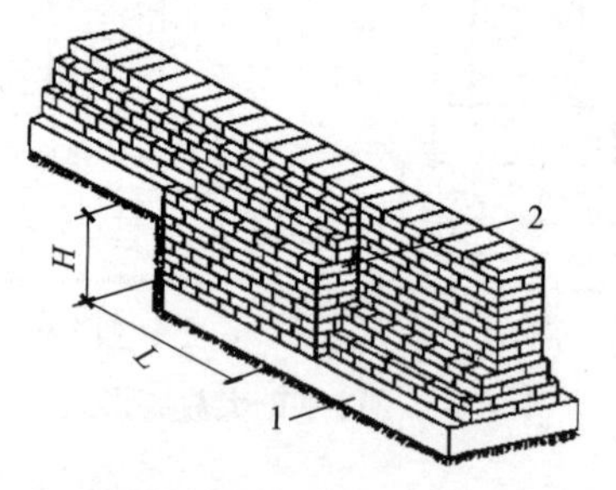

图 3.7-3　基底标高不同时的搭砌示意图（条形基础）

1—混凝土垫层；2—基础扩大部分

砖基础的转角处和交接处应同时砌筑，当不能同时砌筑时，应留置斜槎。

基础墙的防潮层，当设计无具体要求，宜用 1∶2 水泥砂浆加适量防水剂铺设，其厚度宜为 20mm。防潮层位置宜在室内地面标高以下一皮砖处。

图 3.7-4 所示的是不正确的砖基础做法，未按标准做大放脚。

图 3.7-4　不正确的砖基础做法

3.7.2　毛石基础

砌筑毛石基础的第一皮石块应坐浆，石块的大面朝下。毛石基础的第一皮及转角处、交接处应用较大的平毛石砌筑。基础的最上一皮，宜选用较大的毛石砌筑。

毛石基础的扩大部分，如作成阶梯形，上级阶梯的石块应至少压砌下级阶梯石块的 1/2，相邻阶梯的毛石应相互错缝搭砌（图 3.7-5）。

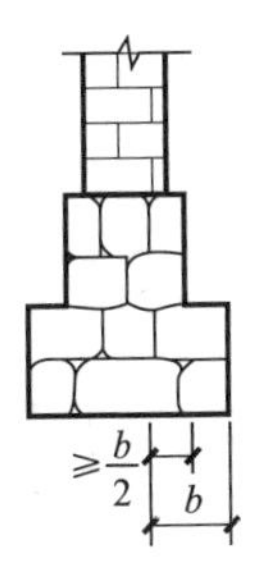

图 3.7-5　阶梯形毛石基础

毛石基础必须设置拉结石。拉结石应均匀分布，毛石基础同皮内每隔 2m 左右设置一块拉结石。拉结石长度：如基础宽度等于或小于 400mm，应与基础宽度相等；如基础宽度大于 400mm，可用两块拉结石内外搭接，搭接长度不应小于 150mm，且其中一块拉结石长度不应小于基础宽度的 2/3。

3.7.3 钢筋混凝土扩展基础

扩展基础如图 3.7-6 所示，其构造应符合下列规定：

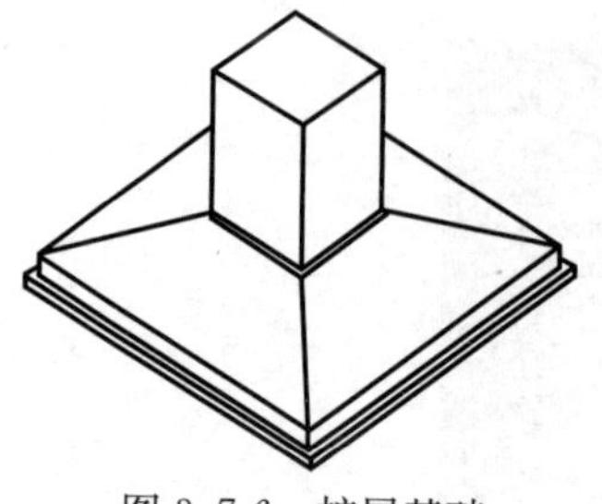

图 3.7-6 扩展基础

（1）锥形基础的边缘高度不宜小于 200mm，且两个方向的坡度不宜大于 1∶3；阶梯形基础的每阶高度宜为 300～500mm。

（2）垫层的厚度不宜小于 70mm，垫层混凝土强度等级不宜低于 C20。

（3）扩展基础受力钢筋最小配筋率不应小于 0.15%，底板受力钢筋的最小直径不应小于 10mm，间距不应大于 200mm，也不应小于 100mm。墙下钢筋混凝土条形基础纵向分布钢筋的直径不应小于 8mm，间距不应大于 300mm，每延米分布钢筋的面积不应小于受力钢筋面积的 15%。当有垫层时钢筋保护层的厚度不应小于 40mm，无垫层时不应小于 70mm。

（4）混凝土强度等级不应低于 C20。

（5）当柱下钢筋混凝土独立基础的边长和墙下钢筋混凝土条形基础的宽度大于或等于 2.5m 时，底板受力钢筋的长度可取边长或宽度的 0.9 倍，并宜交错布置（图 3.7-7）。

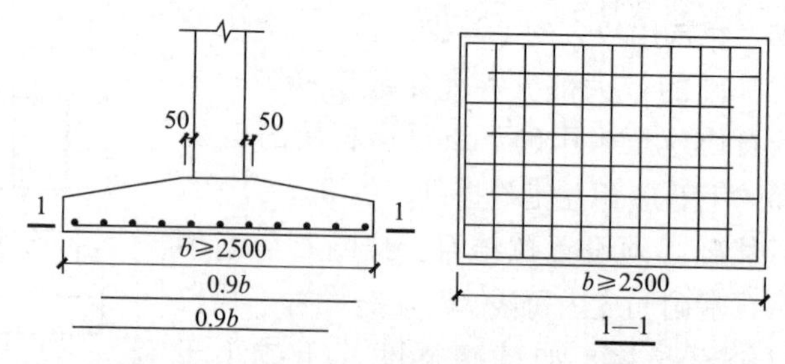

图 3.7-7 柱下独立基础底板受力钢筋布置

（6）钢筋混凝土条形基础底板在 T 形及十字形交接处，底板横向受力钢筋仅沿一个主要受力方向通长布置，另一方向的横向受力钢筋可布置到主要受力方向底板宽度 1/4 处（图 3.7-8）。在拐角处底板横向受力钢筋应沿两个方向布置。

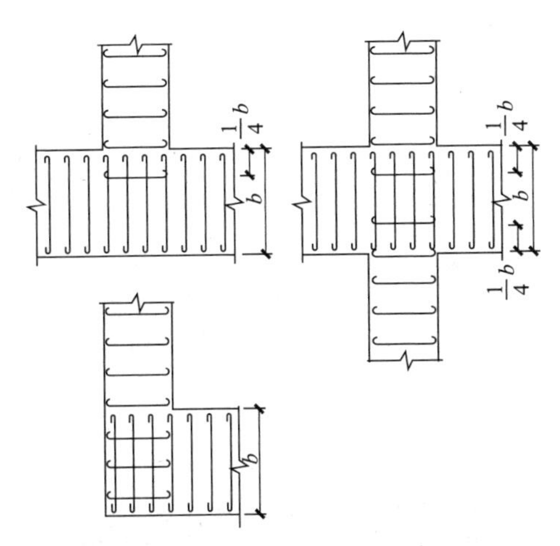

图 3.7-8　墙下条形基础纵横交叉处底板受力钢筋布置

3.7.4　筏形基础施工

筏形基础分为平板式（图 3.7-9）和梁板式（图 3.7-10）两种类型，其选型应根据工程具体条件确定。与梁板式筏形基础相比，平板式筏形基础具有抗冲切及抗剪切能力强的特点，且构造简单，施工便捷，经大量工程实践检验和对部分工程事故进行分析发现，平板式筏形基础具有更好的适应性。

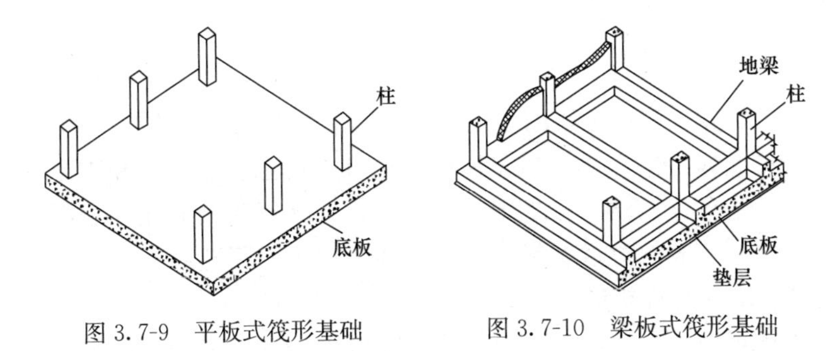

图 3.7-9　平板式筏形基础　　图 3.7-10　梁板式筏形基础

（1）筏形基础的混凝土强度等级不应低于 C30，当有地下室时应采用防水混凝土。防水混凝土的抗渗等级应根据表 3.7-1 确定。

防水混凝土抗渗等级　　表 3.7-1

埋置深度 d/m	设计抗渗等级	埋置深度 d/m	设计抗渗等级
$d<10$	P6	$20<d<30$	P10
$10<d<20$	P8	$30<d$	P12

（2）筏形基础必须配置双层钢筋，如图 3.7-11 所示。

图 3.7-11　筏形基础钢筋绑扎示意

3.7.5　人工挖孔灌注桩

1. 适用范围

人工挖孔灌注桩宜用于地下水位以上的黏性土、粉土、填土、中等密实以上的砂土、风化岩层，也可在黄土、膨胀土和冻土中使用，适应性较强。在地下水位较高，有承压水的砂土层、滞水层、厚度较大的流塑状淤泥、淤泥质土层中不得选用人工挖孔灌注桩。人工挖孔桩的孔径（不含护壁）不得小于 0.8m，且不宜大于 2.5m；孔深不宜大于 30m。当桩净距小于 2.5m 时，应采用间隔开挖。相邻排桩跳挖的最小施工净距不得小于 4.5m。

2. 工艺原理

人工挖孔灌注桩是指在桩位采用人工挖掘方法成孔（或端部扩大），然后安放钢筋笼、灌注混凝土而成桩。

3. 施工工艺

（1）施工机具

人工挖孔桩的机具比较简单，主要有：

1）吊架。可由木头或钢架构成。

2）电动葫芦（或手摇辘）和提土筒。用于材料和弃土的垂直运输以及施工工人上下。

3）短柄铁锹、镐、锤、钎等挖土工具。

4）护壁钢模板。

5）鼓风机和送风机。用于向桩孔中强制送入新鲜空气。当桩孔开挖深度超过 10m 时，应有专门向井下送风的设备，风量不宜小于 25L/s。

6）应急软爬梯。桩孔内必须设置应急软爬梯供人员上下。

7）潜水泵。用于抽出桩孔中的积水。其绝缘性应完好，电缆不应漏电，检查是否被划破。有地下水时应配潜水泵及胶皮软管等。

8）混凝土浇筑机具、小直径插入式振动器、串筒等。当水下浇筑混凝土时，尚应配导管、吊斗、混凝土储料斗、提升装置（卷扬机或起重机等）、浇筑架、测锤。

（2）主要施工方法

1）混凝土护壁施工

混凝土护壁的施工是人工挖孔灌注桩成孔的关键，大量人工挖孔桩事故，大多是在灌注护壁混凝土时发生的，顺利地将护壁混凝土灌注完成，人工挖孔桩的成孔也就完成了。人工挖孔桩混凝土护壁的厚度不应小于 100mm，混凝土强度等级不应低于桩身混凝土强度等级，并应振捣密实；护壁应配置直径不小于 8mm 的构造钢筋，竖向筋应上下搭接或拉结。

孔圈护壁施工应符合下列规定：

① 护壁的厚度、拉结钢筋、配筋、混凝土强度等级均应符合设计要求。

② 上下节护壁的搭接长度不得小于 50mm。

③ 每节护壁均应在当日连续施工完毕。

④ 护壁混凝土必须保证振捣密实，应根据土层渗水情况使用速凝剂。

⑤ 护壁模板的拆除应在灌注混凝土 24h 之后。

⑥ 发现护壁有蜂窝、漏水现象时，应及时补强。

⑦ 同一水平面上的孔圈任意直径的极差不得大于 50mm。

⑧ 当遇有局部或厚度不大于 1.5m 的流动性淤泥和可能出现涌土涌砂时，护壁施工可按下列方法处理：

a. 将每节护壁的高度减小到 300～500mm，并随挖、随验、随灌注混凝土；

b. 采用钢护筒或采取有效的降水措施。

2）桩体混凝土灌注

挖至设计标高，终孔后应清除护壁上的泥土和孔底残渣、积水，并应进行隐蔽工程验收。验收合格后，应立即封底和灌注桩身混凝土。灌注桩身混凝土时，混凝土必须通过溜槽；当落距超过 3m 时，应采用串筒，串筒末端距孔底高度不宜大于 2m，也可采用导管泵送；混凝土宜采用插入式振捣器振实。当渗水量过大时，应采取场地截水、降水或水下灌注混凝土等有效措施。严禁在桩孔中边抽水边开挖边灌注，包括相邻桩的灌注。

（3）安全措施

1）孔口四周必须设置护栏，护栏高度宜为 0.8m。

2）挖出的土石方应及时运离孔口，不得堆放在孔口周边 1m 范围内，机动车辆的通行不得对井壁的安全造成影响。

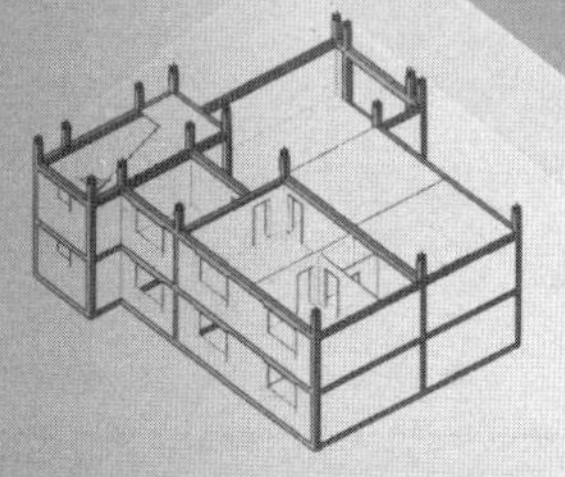

第四章 砌体工程

4.1 砌体结构的设计计算

4.1.1 砌体结构的设计基本规定

砌体和砂浆的强度等级，应按下列规定采用。

烧结普通砖、烧结多孔砖等的强度等级：MU30、MU25、MU20、MU15和MU10。蒸压灰砂普通砖、蒸压粉煤灰普通砖的强度等级：MU25、MU20和MU15。砌块的强度等级：MU20、MU15、MU10、MU7.5和MU5。

石材的强度等级：MU100、MU80、MU60、MU50、MU40、MU30和MU20。

砂浆的强度等级：M15、M10、M7.5、M5和M2.5。

4.1.2 砌体结构的设计计算用表

1. 各类砌体的抗压强度设计值（表4.1-1～表4.1-3）

烧结普通砖和烧结多孔砖砌体的抗压强度设计值（MPa） **表4.1-1**

砖强度等级	砂浆强度等级					砂浆强度
	M15	M10	M7.5	M5	M2.5	0
MU30	3.94	3.27	2.93	2.59	2.26	1.15
MU25	3.6	2.98	2.68	2.37	2.06	1.05
MU20	3.22	2.67	2.39	2.12	1.84	0.94
MU15	2.79	231	2.07	1.83	1.6	0.82
MU10	—	1.89	1.69	1.5	1.3	0.67

单排孔混凝土砌块和轻骨料混凝土砌块对孔筑砌体的抗压强度设计值（MPa）　　**表 4.1-2**

砌块强度等级	砂浆强度等级					砂浆强度
	Mb20	Mb15	Mb10	Mb7.5	Mb5	0
MU20	6.3	5.68	4.95	4.44	3.94	2.33
MU15	0	4.61	4.02	3.61	3.2	1.89
MU10	—	—	2.79	2.5	2.22	1.31
MU7.5	—	—	—	1.93	1.71	1.01
MU5	—	—	—	—	1.19	0.7

注：1. 对独立柱或厚度为双排组砌的砌块砌体，应按表中数值乘以 0.7；
2. 对 T 形截面砌体，应按表中数值乘以 0.85。

毛石砌体的抗压强度设计值（MPa）　　**表 4.1-3**

毛石强度等级	砂浆强度等级			砂浆强度
	M7.5	M5	M2.5	0
MU100	1.27	1.12	0.98	0.34
MU80	1.13	1	0.87	0.3
MU60	0.98	0.87	0.76	0.26
MU50	0.9	0.8	0.69	0.23
MU40	0.8	0.71	0.62	0.21
MU30	0.69	0.61	0.53	0.18
MU20	0.56	0.51	0.44	0.15

2. 各类砌体的轴心抗拉强度设计值、弯曲抗拉强度设计值和抗剪强度设计值（表 4.1-4）

沿砌体灰缝截面破坏时砌体的轴心抗拉强度设计值、弯曲抗拉强度设计值和抗剪强度设计值（MPa）　　**表 4.1-4**

强度类别	破坏特征及砌体种类		砂浆强度等级			
			≥M10	M7.5	M5	M25
轴心抗拉	沿齿缝	混凝土和轻骨料混凝土砌块	0.19	0.16	0.13	0.09
		混凝土普通砖、混凝土多孔砖	0.19	0.16	0.13	—
		蒸压灰砂普通砖、蒸压粉煤灰普通砖	0.12	0.10	0.08	—

续表

强度类别	破坏特征及砌体种类		砂浆强度等级			
			≥M10	M7.5	M5	M25
轴心抗拉	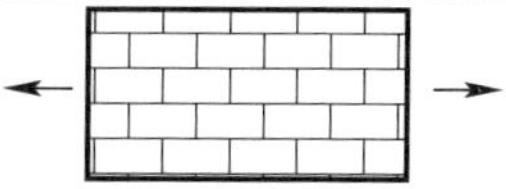 沿齿缝	烧结普通砖、烧结多孔砖	0.09	0.08	0.07	—
		毛石	—	0.07	0.06	0.04
弯曲抗拉	 沿齿缝	混凝土和轻骨料混凝土砌块	0.33	0.29	0.23	0.17
		混凝土普通砖、混凝土多孔砖	0.33	0.29	0.23	—
		蒸压灰砂普通砖、蒸压粉煤灰普通砖	0.24	0.20	0.16	0.12
		烧结普通砖、烧结多孔砖	0.11	0.09	0.08	—
		毛石	—	0.11	0.09	0.07
	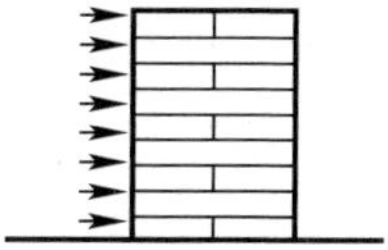 沿通缝	烧结普通砖、烧结多孔砖	0.17	0.14	0.11	0.08
		混凝土普通砖、混凝土多孔砖	0.17	014	0.11	—
		蒸压灰砂普通砖、蒸压粉煤灰普通砖	0.12	0.10	0.08	0.06
		混凝土和轻集料混凝土砌块	0.08	0.06	0.05	—
抗剪	烧结普通砖、烧结多孔砖		0.17	0.14	11	0.08
	混凝土普通砖、混凝土多孔砖		0.17	0.14	0.11	—
	蒸压灰砂普通砖、蒸压粉煤灰普通砖		0.12	0.1	0.08	—
	混凝土和轻集料混凝土砌块		0.09	0.08	0.06	—
	毛石		—	0.19	0.16	0.11

注：1. 对于用形状规则的块体砌筑的砌体，当搭接长度与块体高度的比值小于1时，其轴心抗拉强度设计值 f_t 和弯曲抗拉强度设计值 f_{tm} 应按表中数值乘以搭接长度与块体高度比值后采用；

2. 表中数值是依据普通砂浆砌筑的砌体确定，采用经研究性试验且通过技术鉴定的专用砂浆砌筑的蒸压灰砂普通砖、蒸压粉煤灰普通砖砌体，其抗剪强度设计值按相应普通砂浆强度等级砌筑的烧结普通砖砌体采用；

3. 对混凝土普通砖、混凝土多孔砖、混凝土和轻集料混凝土砌块砌体，表中的砂浆强度等级分别为≥Mb10、Mb7.5及Mb5。

3. 房屋的静力计算方案

房屋的静力计算，根据房屋的空间工作性能分为刚性方案、刚弹性方案和弹性方案。设计时，可根据表 4.1-5 确定静力计算方案。

房屋的静力计算方案 **表 4.1-5**

	屋盖或楼盖类别	刚性方案	刚弹性方案	弹性方案
1	整体式、装配整体和装配式无檩体系钢筋混凝土屋盖或钢筋混凝土楼盖	$s<32$	$32\leqslant s\leqslant 72$	$s>72$
2	装配式有檩体系钢筋混凝土屋盖、轻钢屋盖和有密铺网板的木屋盖或木楼盖	$s<20$	$20\leqslant s\leqslant 48$	$s>48$
3	瓦材屋面的木屋盖和轻钢屋盖	$s<16$	$16\leqslant s\leqslant 36$	$s>36$

注：1. 表中 s 为房屋横墙间距，其长度单位为 m；
2. 当屋盖、楼盖类别不同或横墙间距不同时，可按现行国家标准《砌体结构设计规范》GB 50003 的相关规定确定房屋的静力计算方案；
3. 对无山墙或伸缩缝处无横墙的房屋，应按弹性方案考虑。

4. 计算影响系数 φ 时，受压构件的高厚比 β 应按下式确定。

对矩形截面：

$$\beta=\gamma_{\beta}\frac{H_0}{h}$$

对 T 形截面：

$$\beta=\gamma_{\beta}\frac{H_0}{h_T}$$

式中：γ_{β}——不同砌体材料的高厚比修正系数，根据表 4.1-6 确定；

H_0——受压构件的计算高度，根据表 4.1-7 确定；

h——矩形截面轴向力偏心方向的边长，当轴心受压时为截面较小边长；

h_T——T 形截面的折算厚度，可近似按 $3.5i$ 计算；

i——截面回转半径。

高厚比修正系数　　　　**表 4.1-6**

砌体材料类别	γ_β
烧结普通砖、烧结多孔砖	1
混凝土及轻骨料混凝土砌块	1.1
蒸压灰砂砖、蒸压粉煤灰砖、细料石、半细料石	1.2
粗料石、毛石	1.5

注：对灌孔混凝土砌块，γ_β 取 1.0。

受压构件的计算高度 H_0　　　　**表 4.1-7**

房屋类别			柱		带壁柱墙或周边拉结的墙		
			排架方向	垂直排架方向	$s>2H$	$2H \geqslant s>H$	$s \leqslant H$
无吊车的单层和多层房屋	单跨	弹性方案	$1.5H$	$1.0H$	$1.5H$		
		刚弹性方案	$1.2H$	$1.0H$	$1.2H$		
	多跨	弹性方案	$1.25H$	$1.0H$	$1.25H$		
		刚弹性方案	$1.10H$	$1.0H$	$1.1H$		
	刚性方案		$1.0H$	$1.0H$	$1.0H$	$0.4s+0.2H$	$0.6s$

注：1. 对于上端为自由端的构件，$H_0=2H$；
2. 独立砖柱，当无柱间支撑时，柱在垂直排架方向的 H_0 应根据表中数值乘以 1.25 后的值确定；
3. s 为房屋横墙间距；
4. 自承重墙的计算高度应根据周边支承或拉接条件确定。

5. 墙、柱的允许高厚比

墙、柱的高厚比应按下式验算：

$$\beta=\frac{H_0}{h} \leqslant \mu_1\mu_2[\beta]$$

式中：H_0——墙、柱的计算高度；

h——墙厚或矩形柱与 H_0 相对应的边长；

μ_1——自承重墙允许高厚比的修正系数；

μ_2——有门窗洞口墙允许高厚比的修正系数；

$[\beta]$——墙、柱的允许高厚比。

注：1. 当与墙连接的相邻两横墙间的距离 $s \leqslant \mu_1\mu_2[\beta]h$ 时，墙的高度可不受上式限制；

2. 变截面柱的高厚比可按上、下截面分别验算，其计算高度按现行国家标准《砌体结构设计规范》GB 50003 的相关规定采用，验算上柱的高厚比时，墙、柱的允许高厚比可根据表 4.1-8 的数值乘以 1.3 后的值确定。

厚度 $h \leqslant 240mm$ 的自承重墙，允许高厚比修正系数 μ_1 应按下列规定采用：

（1）$h=240mm$　　$\mu_1=1.2$；

（2）$h=90mm$　　$\mu_1=1.5$；

（3）$90mm<h<240mm$　　μ_1 可按插入法取值。

注：1. 上端为自由端墙的允许高厚比，除按上述规定提高外，尚可提高 30%；

2. 对厚度小于 90mm 的墙，当双面用不低于 M10 的水泥砂浆抹面，包括抹面层的墙厚不小于 90mm 时，可按墙厚等于 90mm 验算高厚比。

对有门窗洞口的墙，允许高厚比修正系数 μ_2 应按下式计算：

$$\mu_2 = 1 - 0.4\frac{b_3}{s}$$

式中：b——在宽度 s 范围内的门窗洞口总宽度；

s——相邻窗间墙或壁柱之间的距离。

当按上式算得 μ_2 的值小于 0.7 时，取 $\mu_2=0.7$；当洞口高度等于或小于墙高的 1/5 时，可取 $\mu_2=1.0$。

墙、柱的允许高厚比见表 4.1-8。

墙、柱的允许高厚比　　**表 4.1-8**

砌体类型	砂浆强度等级	墙	柱
无筋砌体	M2.5	22	15
	M5.0 或 Mb5.0、Ms5.0	24	16
	≥M7.5 或 Mb7.5、Ms7.5	26	17
配筋砌块砌体	—	30	21

注：1. 毛石墙、柱的允许高厚比，应根据表中数值降低 20%确定；

2. 组合砖砌体构件的允许高厚比，可根据表中数值提高 20%确定，但不得大于 28；

3. 验算施工阶段砂浆尚未硬化的新砌砌体高厚比时，墙的允许高厚比取 14，柱的允许高厚比取 11。

6. 砌体房屋伸缩缝的最大间距（表 4.1-9）

砌体房屋伸缩缝的最大间距　　表 4.1-9

屋盖或楼盖类别		间距/m
整体式或装配整体式钢筋混凝土结构	有保温层或隔热层的屋盖、楼盖	50
	无保温层或隔热层的屋盖	40
装配式无檩体系钢筋混凝土结构	有保温层或隔热层的屋盖、楼盖	60
	无保湿层或隔热层的屋盖	50
装配式有檩体系钢筋混凝土结构	有保温层或隔热层的屋盖	75
	无保温层或隔热层的屋盖	60
瓦材屋盖、木屋盖或楼盖、轻钢屋盖		100

注：1. 对烧结普通砖、多孔砖、配筋砌块砌体房屋取表中数值；对石砌体、蒸压灰砂砖、蒸压粉煤灰砖和混凝土砌块房屋取表中数值乘以 0.8 的系数，当有实践经验并采取有效措施时，可不遵守本表规定；
2. 在钢筋混凝土屋面上挂瓦的屋盖应根据钢筋混凝土屋盖确定间距；
3. 按本表设置的墙体伸缩缝，一般不能同时防止由于钢筋混凝土屋盖的温度变形和砌体干缩变形引起的墙体局部裂缝；
4. 层高大于 5m 的烧结普通砖、多孔砖、配筋砌块砌体结构单层房屋，其伸缩缝间距可根据表中数值乘以 1.3 确定；
5. 温差较大且变化频繁地区和严寒地区不采暖的房屋及构筑物墙体的伸缩缝的最大间距，应根据表中数值予以适当减小后的值确定；
6. 墙体的伸缩缝应与结构的其他变形缝相重合，在进行立面处理时，必须保证缝隙的伸缩作用。

4.1.3　砌体结构的设计计算公式

砌体结构计算公式见表 4.1-10。

砌体结构计算　　表 4.1-10

构件受力特征	计算公式	备注
受压构件（无筋砌体）	$N \leqslant \varphi f A$	当 $\beta \leqslant 3$ 时，$\varphi = \dfrac{1}{1+12\left(\dfrac{e}{h}\right)^2}$； 当 $\beta > 3$ 时， $\varphi = \dfrac{1}{1+12\left[\dfrac{e}{h}+\sqrt{\dfrac{1}{12}\left(\dfrac{1}{\varphi_0}-1\right)}\right]^2}$， $\varphi_0 = \dfrac{1}{1+ab^2}$

续表

构件受力特征	计算公式	备注
受压构件（无筋砌体）	$N \leqslant \varphi f A$	对矩截面 $\beta=\gamma_{\beta}\dfrac{H_0}{h}$； 对 T 形截面 $b=\gamma_{\beta}\dfrac{H_0}{h_T}$
受剪构件（无筋砌体）	$V \leqslant (f_v + a\mu\omega_0)A$	当 $\gamma_G=1.20$ 时，$\mu=0.26-0.082\dfrac{S_0}{f}$； 当 $\gamma_G=1.35$ 时，$\mu=0.23-0.065\dfrac{S_0}{f}$

注：N 为轴向力设计值；φ 为用于计算受压构件时为高厚比 β 和轴向力偏心距 e 对受压构件承载力的影响系数，用于计算梁端设有刚性垫块的砌体局部受压时为垫块上 N_0 及 N_1 合力的影响系数，此时，取 $\beta \leqslant 3$ 时的 φ 值；f 为砌体抗压强度设计值；A 为截面面积，按砌体毛截面计算；e 为轴向力的偏心距；h 为矩形截面轴向力偏心方向的边长，当轴心受压时为截面较小边长；α 为与砂浆强度等级有关的系数，当砂浆强度等级大于或等于 M5 时，$\alpha=0.0015$，当砂浆强度等级等于 M2.5 时，$\alpha=0.002$，当砂浆强度等级 $f_2=0$ 时，$\alpha=0.009$；β 为构件的高厚比，计算 T 形截面受压构件时，应以折算厚度 h_T 代替 h_0，$h_T=3.5i$，i 为 T 形截面回转半径；γ_{β} 为不同砌体材料的高厚比修正系数；H_0 为受压构件的计算高度；h_T 为 T 形截面的折算厚度；N_1 为局部受压面积上的轴向力设计值；γ 为砌体局部抗压强度提高系数；S 为截面面积矩。

4.2 砌体结构的材料

构成砌体结构的材料主要包括块材、砂浆，必要时尚需要混凝土和钢筋。

4.2.1 块材

砌体结构块材包括天然的石材和人工制造的砖及砌块。目前常用的有烧结普通砖、烧结多孔砖、蒸压灰砂砖、蒸压粉煤灰砖、普通混凝土小型空心砌块、轻骨料混凝土小型空心砌块、毛石和料石等。

烧结普通砖（图 4.2-1）和烧结多孔砖（图 4.2-2）一般是以黏土、页岩、煤矸石为主要原料，经焙烧而成的承重普通砖和多孔砖，其中烧结多孔砖孔洞率均小于 30%。

图 4.2-1　烧结普通砖

图 4.2-2　烧结多孔砖

混凝土小型空心砌块以主规格为 190mm×190mm×390mm 的单排孔和多排孔普通混凝土砌块为主。

轻骨料混凝土小型空心砌块材料常为水泥煤渣混凝土、煤矸石混凝土、陶粒混凝土、火山灰混凝土和浮石混凝土等，承重多排孔轻骨料砌块应用的限制条件为孔洞率不大于 35%。

石材根据其形状和加工程度分为毛石和料石（六面体）两大类，料石又分为细料石、半细料石、粗料石和毛料石。

1. 烧结普通砖

烧结普通砖按主要原料分为黏土砖、页岩砖、煤矸石砖和粉煤灰砖。

烧结普通砖根据抗压强度分为 MU30、MU25、MU20、MU15、MU10 五个强度等级。

烧结普通砖根据尺寸偏差、外观质量、泛霜和石灰爆裂分为优等品、一等品、合格品三个质量等级。优等品适用于清水墙，一等品、合格品可用于混水墙。

烧结普通砖的外形为直角六面体，其公称尺寸为长 240mm、宽 115mm、高 53mm，如图 4.2-3 所示。配砖规格为 175mm×115mm×53mm。

2. 烧结多孔砖

烧结多孔砖是以黏土、页岩、煤矸石等为主要原料，经焙烧而成的多孔砖。烧结多孔砖的外形为矩形体，其长度、宽度、高度尺寸应符合下列要求：

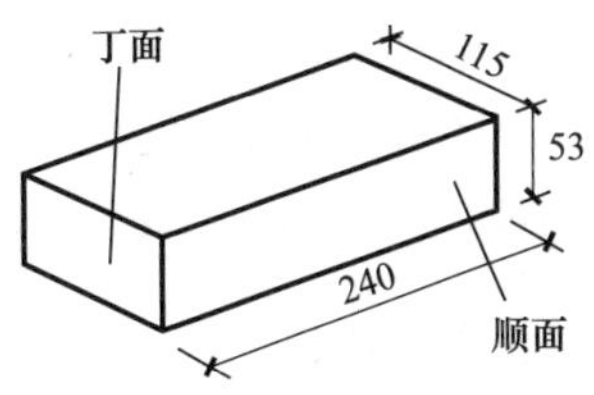

图 4.2-3　标准砖尺寸示意

（1）长度：290mm、240mm、180mm；

（2）宽度：240mm、190mm、180mm、175mm、140mm、115mm；

（3）高度：90mm。

烧结多孔砖的孔洞尺寸应符合表 4.2-1 的规定。

烧结多孔砖孔洞尺寸规定　　表 4.2-1

圆孔直径	非圆孔内切圆直径	手抓孔
≤22mm	≤15mm	30～40m×75～85mm

烧结多孔砖根据抗压强度、变异系数分为 MU30、MU25、MU20、MU15、MU10 五个强度等级。

3. 普通混凝土小型空心砌块

普通混凝土小型空心砌块是用水泥、砂、碎石或卵石、水等预制成的。

普通混凝土小型空心砌块主规格尺寸为 390mm×190mm×190mm，有两个方形孔，最小外壁厚应不小于 30mm，最小肋厚应不小于 25mm，空心率应不小于 25%（图 4.2-4）。

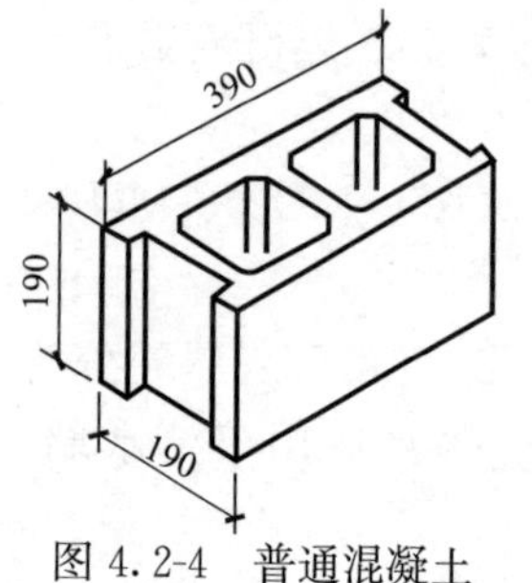

图 4.2-4　普通混凝土小型空心砌块

普通混凝土小型空心砌块按其强度分为 MU3.5、MU5、MU7.5、MU10、MU15、MU20 六个强度等级。

砌筑用石有毛石和料石两类。

毛石分为乱毛石和平毛石。乱毛石是指形状不规则的石块。平毛石是指形状不规则但有两个平面大致平行的石块。平毛石呈块状，其中部厚度不应小于 200mm。

料石按其加工面的平整程度分为细料石、粗料石和毛料石三种。

石材的强度等级：MU100、MU80、MU60、MU50、MU40、MU30、MU20、MU15 和 MU10。

4.2.2 砂浆

砌体结构常用的砂浆种类按配合比分有：水泥砂浆（水泥和

砂)、混合砂浆（水泥、石灰和砂）、石灰砂浆（石灰和砂）、石膏砂浆等。目前我国已开始推广应用专用的砌筑砂浆和干拌砂浆。砌筑砂浆由水泥、砂、水以及根据需要掺入的掺合料和外加剂等按一定比例，采用机械拌合制成；干拌砂浆由水泥、钙质消石灰、砂、掺合料以及外加剂按一定比例混合制成。干拌砂浆在施工现场加水经机械拌合后即成为砌筑砂浆。

1. 水泥

水泥宜采用普通硅酸盐水泥或矿渣硅酸盐水泥，并应有出厂合格证或试验报告。砌筑砂浆用水泥的强度等级应根据设计要求进行选择。砂浆中采用的水泥，其强度等级不小于 32.5 级，宜采用 42.5 级。

2. 砂

砂宜用过筛中砂，其中毛石砌体宜用粗砂。砂浆用砂不得含有有害物质。砂的含泥量：水泥砂浆和强度等级不小于 M5 的水泥混合砂浆不应超过 5%；强度等级小于 M5 的水泥混合砂浆，不应超过 10%；人工砂、山砂及特细砂，应经试配能满足砌筑砂浆技术条件要求。

3. 石灰膏

建筑生石灰、建筑生石灰粉熟化成石灰膏，其熟化时间分别不得少于 7d 和 2d。对于沉淀池中储存的石灰膏，应防止其干燥、冻结和污染。配制水泥石灰砂浆时，不得采用脱水硬化的石灰膏。建筑生石灰粉、消石灰粉不得替代石灰膏配制水泥石灰砂浆。

4. 水

水质应符合现行行业标准《混凝土用水标准》JGJ 63 的有关规定。

砌筑砂浆的强度等级宜采用 M20、M15、M10、M7.5、M5、M2.5。

每立方米水泥砂浆材料用量可根据表 4.2-2 确定。

5. 砂浆的拌制与使用

（1）配制砌筑砂浆时，各组分材料应采用质量计量，水泥及各种外加剂配料的允许偏差为±2%；砂、粉煤灰、石灰膏等配料的允许偏差为±5%。

每立方米水泥砂浆材料用量　　表 4.2-2

砂浆强度等级	每立方米砂浆水泥用量/kg	每立方米砂浆砂用量/kg	每立方米砂浆用水量/kg
M2.5、M5	200～230	$1m^3$ 砂的堆积密度值	270～330
M7.5、M10	220～280		
M15	280～340		
M20	340～400		

注：1. 此表水泥强度等级为 32.5 级，大于 32.5 级水泥用量宜取下限；
2. 根据施工水平合理选择水泥用量；
3. 当采用细砂或粗砂时，用水量分别取上限或下限；
4. 稠度小于 70mm 时，用水量可小于下限；
5. 施工现场气候炎热或干燥季节，可酌量增加用水量。

（2）砌筑砂浆应采用机械搅拌，搅拌时间自投料完起算，应符合下列规定：

1）水泥砂浆和水泥混合砂浆不得少于 120s；

2）水泥粉煤灰砂浆和掺用外加剂的砂浆不得少于 180s。

（3）现场拌制的砂浆应随拌随用，拌制的砂浆应在 3h 内使用完毕；当施工期间最高气温超过 30℃时，应在 2h 内使用完毕。

（4）砌体结构工程使用的湿拌砂浆，除直接使用外必须储存在不吸水的专用容器内，并根据气候条件采取遮阳、保温、防雨雪等措施，砂浆在储存过程中严禁随意加水。

普通硅酸盐水泥拌制的砂浆强度增长关系见表 4.2-3（仅作参考）。

用 42.5 级普通硅酸盐水泥拌制的砂浆强度增长关系　　表 4.2-3

龄期/d	不同温度下的砂浆强度/%（以在 20℃时养护 28d 的强度为 100%）							
	1℃	5℃	10℃	15℃	20℃	25℃	30℃	35℃
1	4	6	8	11	15	19	23	25
3	18	25	30	36	43	48	54	60
7	38	46	54	62	89	73	78	82

续表

龄期/d	不同温度下的砂浆强度/% (以在20℃时养护28d的强度为100%)							
	1℃	5℃	10℃	15℃	20℃	25℃	30℃	35℃
10	46	55	64	71	78	84	88	92
14	50	61	71	78	85	90	94	98
21	55	67	76	85	93	96	102	104
28	59	71	81	92	100	104	—	—

矿渣硅酸盐水泥拌制的砂浆强度增长关系见表4.2-4、表4.2-5(仅作参考)。

用32.5级矿渣硅酸盐水泥拌制的砂浆强度增长关系　　表4.2-4

龄期/d	不同强度下的砂浆强度/% (以在20℃时养护28d的强度为100%)							
	1℃	5℃	10℃	15℃	20℃	25℃	30℃	35℃
1	3	4	5	6	8	11	15	18
3	8	10	13	19	30	40	47	52
7	19	25	33	45	59	64	69	74
10	26	34	44	57	69	75	81	88
14	32	43	54	66	79	87	93	98
21	39	48	60	74	90	96	100	102
28	44	53	65	83	100	104	—	—

用42.5级矿渣硅酸盐水泥拌制的砂浆强度增长关系　　表4.2-5

龄期/d	不同强度下的砂浆强度/% (以在20℃时养护28d的强度为100%)							
	1℃	5℃	10℃	15℃	20℃	25℃	30℃	35℃
1	3	4	6	8	11	15	19	22
3	12	18	24	31	39	45	50	56
7	28	37	45	54	61	68	73	77

续表

龄期/d	不同强度下的砂浆强度/%（以在20℃时养护28d的强度为100%）							
	1℃	5℃	10℃	15℃	20℃	25℃	30℃	35℃
10	39	47	54	63	72	77	82	86
14	46	55	62	72	82	87	91	95
21	51	61	70	82	92	96	100	104
28	55	66	75	89	100	104	—	—

4.3 砌体结构的构造措施

4.3.1 墙柱高度的控制

1. 高厚比

高厚比系指砌体墙、柱的计算高度 H_0 与墙厚或柱边长的比值，即 $\beta=H_0/h$。砌体墙、柱的允许高厚比［β］系指墙、柱高厚比的允许限值，是保证砌体结构稳定性的重要构造措施之一。一般墙、柱的允许高厚比见表4.3-1。

墙、柱的允许高厚比 **表4.3-1**

砂浆等级	墙	柱
M2.5	22	15
M5	24	16
≥M7.5	26	17

注：1. 毛石墙、柱允许高厚比，应按表中数值降低20%；
2. 组合砖砌体构件的允许高厚比，可按表中数值提高20%，但不得大于28；
3. 验算施工阶段砂浆尚未硬化的新砌体高厚比时，允许高厚比对墙取14，对柱取11。

2. 砌筑高度的限制

（1）砌体施工过程中，墙体工作段通常设在伸缩缝、沉降缝、防震缝、构造柱等部位。相邻工作段的高度差不得超过一个楼层，也不宜大于4m。砌体临时间断处的高度差不得超过一步脚手架的高度。

(2) 为了减少墙体因灰缝变形而引起的沉降，一般每日砌筑高度不超过 1.8m 为宜。雨天施工时，每日砌筑高度不宜超过 1.2m。砖柱每日砌筑高度不宜超过 1.8m，独立砖柱不得采用先砌四周后填心的包心法砌筑。

(3) 施工阶段尚未施工楼板或屋面的墙或柱，当可能遇到大风时，其允许自由高度不得超过表 4.3-2 的规定。如超过表中限值，必须采用临时支撑等有效措施。

墙、柱的允许自由高度　　　　**表 4.3-2**

墙（柱）厚/mm	砌体密度＞1600kg/m^3			砌体密度 1300～1600kg/m^3		
	风荷载/（kN/m^2）			风荷载/（kN/m^2）		
	0.3（约7级风）	0.4（约8级风）	0.5（约9级风）	0.3（约7级风）	0.4（约8级风）	0.5（约9级风）
190	—	—	—	1.4	1.1	0.7
240	2.8	21	1.4	2.2	1.7	1.1
370	5.2	3.9	2.6	4.2	3.2	2.1
490	8.6	6.5	4.3	7	5.2	3.5
620	14	10.5	7	11.4	8.6	5.7

注：1. 本表适用于施工处相对标高 H 在 10m 范围内的情况，如 10m＜H≤15m，15m＜H≤20m 时，表中的允许自由高度应分别乘以 0.9、0.8 的系数，如 H＞20m 时，应通过抗倾覆验算确定其允许自由高度；
2. 当所砌筑的墙有横墙或其他结构与其连接，而且间距小于表中墙、柱的自由高度的 2 倍时，砌筑高度可不受本表的限制；
3. 当砌体密度小于 1300kg/m^2 时，墙和柱的允许自由高度应另行验算确定。

4.3.2　一般构造要求

1. 耐久性措施

(1) 五层及五层以上房屋的外墙、潮湿房间墙，以及受振动或层高大于 6m 的墙、柱所用材料的最低强度等级如下：

1) 砖采用 MU10；

2) 砌块采用 MU7.5；

3) 石材采用 MU30；

4) 砂浆采用 M5。

对安全等级为一级或设计使用年限大于 50 年的房屋，墙、柱所使用材料应按上述强度等级要求至少提高一级。

（2）对地面以下或防潮层以下、潮湿房间的砌体，其所用材料的最低强度等级应符合表 4.3-3 的规定。

地面以下或防潮层以下、潮湿房间所有砌体材料最低强度等级 **表 4.3-3**

基土的潮湿程度	烧结普通砖、蒸压灰砂砖		混凝土砌块	石材	砂浆
	严寒地区	一般地区			
稍潮湿的	MU10	MU10	MU7.5	MU30	M5
很潮湿的	MU15	MU10	MU7.5	MU30	M7.5
含水饱和的	MU20	MU15	MU10	MU40	M10

（3）地面以下或防潮层以下的砌体，不宜采用多孔砖，特别是在冻胀地区，如采用必须用水泥砂浆灌实。当采用混凝土小型空心砌块砌体时，其孔洞应采用强度等级不低于 Cb20 的混凝土灌实。

2. 整体性措施

（1）承重的独立砖柱，截面尺寸不应小于 240mm×370mm。

（2）砌块砌体应分皮错缝搭砌，上下皮搭砌长度不得小于 90mm，搭砌长度不满足上述要求时，应在水平灰缝内设置不少于 2ϕ4 的焊接钢筋网片（横向钢筋的间距不应大于 200mm），网片每端均应超过该垂直缝，其长度不得小于 300mm。

（3）墙体转角处、纵横墙的交接处应错缝搭砌，以保证墙体的整体性。对不能同时砌筑而又必须留置的临时间断处，应砌成斜槎，斜槎长度不宜小于其高度的 2/3。若受到条件限制，留成斜槎困难时，也可作成直槎，但应在墙体内加设拉结钢筋，每 120mm 墙厚内不得少于 1ϕ6，且每层不少于 2 根，沿墙高的间距不得超过 50mm，埋入长度从墙的留槎处算起，每边均不小于 500mm，末端作成弯钩。

（4）砌块墙与后砌隔墙交接处，应沿墙高每 400mm 在水平灰缝内设置不少于 2ϕ4、横筋间距不应大于 200mm 的焊接钢筋网片。

（5）跨度大于 6m 的屋架和跨度大于 4.8m 的梁，其支承面下的砖砌体，应设置混凝土或钢筋混凝土垫块（当墙中设有圈梁时，垫块与圈梁宜浇成整体）。

（6）对厚度小于或等于 240mm 的砖砌体墙，当大梁跨度大于或等于 6m 时，其支承处宜加设山墙壁柱，或采取其他加强措施。

（7）预制钢筋混凝土板的支承长度，在墙上不宜小于 100mm，在钢筋混凝土圈梁上不宜小于 80mm；预制钢筋混凝土梁在墙上的支承长度不宜小于 240mm。

（8）支承在墙、柱上的屋架和吊车梁或搁置在砖砌体上跨度大于或等于 9m 的预制梁端部，应采用锚固件与墙、柱上的垫块锚固。

（9）山墙处的壁柱宜砌至山墙顶部，檩条或屋面板应与山墙可靠连接。采用砖封檐的屋檐，檐挑出的长度不宜超过墙体厚度的 1/2，每皮砖排出长度应小于或等于一块砖长的 1/4～1/3.

4.3.3 设计构造措施

根据现行国家标准《砌体结构设计规范》GB 50003 的要求，设计应考虑防止或减轻墙体开裂的措施。一般来说，主要是基于“防”“放”“抗”三个原则来采取构造措施。

1. 基于“防”的措施

主要指进行适当的屋面构造处理以减少屋盖与墙体的温差，减少屋盖与墙体的变形。

2. 基于“放”的措施

主要指在屋面或墙体设置伸缩缝、滑动层和在墙体设置控制缝等措施，有效降低温度或干缩变形应力。

（1）伸缩缝的设置

砌体房屋伸缩缝的最大间距，见表 4.3-4。

砌体房屋伸缩缝的最大间距　　表 4.3-4

屋盖或楼盖类别		间距/m
整体式或装配整体式钢筋混凝土结构	有保温层或隔热层的屋盖、楼盖	50
	无保温层或隔热层的屋盖	40

续表

屋盖或楼盖类别		间距/m
装配式无檩体系钢筋混凝土结构	有保温层或隔热层的屋盖、楼盖	60
	无保温层或隔热层的屋盖	50
装配式有檩体系钢筋混凝土结构	有保温层或隔热层的屋盖	75
	无保温层或隔热层的屋盖	60
瓦材屋盖、木屋盖或楼盖、轻钢屋盖		100

注：1. 对烧结普通砖、多孔砖、配筋砌块砌体房屋取表中数值，对石砌体、蒸压灰砂砖、蒸压粉煤灰砖和混凝土砌块房屋取表中数值乘以 0.8 的系数，当有实践经验并采取有效措施时，可不遵守本表规定；

2. 在钢筋混凝土屋面上挂瓦的屋盖应按钢筋混凝土屋盖采用；

3. 按本表设置的墙体伸缩缝，一般不能同时防止由于钢筋混凝土屋盖的温度变形和砌体干缩变形引起的墙局部裂缝；

4. 温差较大且变化频繁地区和严寒地区不采暖的房屋及构筑物墙体的伸缩缝的最大间距，应按表中数值予以适当减小；

5. 层高大于 5m 的烧结普通砖、多孔砖、配筋砌块砌体结构单层房屋，其伸缩缝间距可按表中数值乘以 1.3；

6. 墙体的伸缩缝应与结构的其他变形缝相重合，在进行立面处理时，必须保证缝隙的伸缩作用。

（2）控制缝的设置

对于干缩性较大的块材墙体，设置适当的控制缝，把较长的砌体房屋的墙体划分为若干较小的区段，可以有效减小干缩、温度变形引起的裂缝。

3. 基于“抗”的措施

主要指通过构造措施，如设置圈梁、构造柱、芯柱，提高砌体强度，加强墙体的整体性和抗裂能力，以减少墙体变形，减少裂缝，是砌体房屋普遍采用的抗裂构造措施。

4.3.4 抗震构造措施

1. 多层砌体房屋的局部尺寸限值见表 4.3-5。

多层砌体房屋的局部尺寸限值　　表 4.3-5

墙段部位	6 度	7 度	8 度	9 度
承重窗间墙最小宽度/m	1	1	1.2	1.5

续表

墙段部位	6度	7度	8度	9度
承重外墙尽端至门窗洞边的最小距离/m	1	1	1.2	1.5
非承重外墙尽端至门窗洞边的最小距离/m	1	1	1	1
内墙阳角至门窗洞边的最小距离/m	1	1	1.5	2
无锚固女儿墙（非出入口处）的最大高度/m	0.5	0.5	0.5	0

2. 防震缝的设置

多层砌体房屋遇有下列情况之一时，应设置防震缝分割。防震缝可结合沉降缝、伸缩缝一并设置，但缝宽应符合防震缝要求，即50～100mm。

（1）相邻房屋高差在6m以上或两层时；

（2）房屋有较大错层；

（3）结构的各部分刚度、质量或材料截然不同时。

3. 圈梁和构造柱

圈梁与构造柱共同工作，可以把砖砌体分割包围，当砌体开裂时能使裂缝在所包围的范围之内，而不至于进一步扩展，如图4.3-1所示。

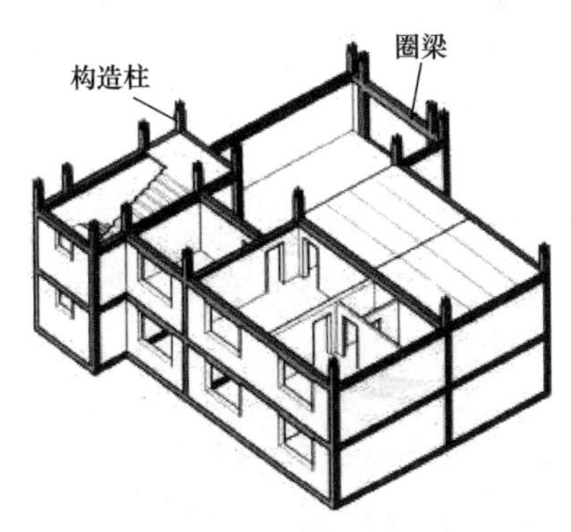

图4.3-1　圈梁与构造柱位置示意

（1）圈梁

1）在基础顶面、楼层处和屋顶处设置连续封闭的钢筋混凝土圈梁，当圈梁被门窗洞口截断时，应在洞口上部增设相同截面的附加圈梁。附加圈梁与圈梁的搭接长度不应小于其中到中垂直距离的 2 倍，且不得小于 1m。图 4.3-2 所示为圈梁未封闭的错误做法。

图 4.3-2　圈梁未封闭

2）圈梁宽度宜与墙厚一致，高度不应小于 120mm，当地基承载力较差时，圈梁高度不宜小于 180mm。

3）采用现浇楼板和屋面板时，可不设置圈梁，但楼板沿抗震墙体周边均应加强配筋并应与相应的构造柱钢筋可靠连接。

4）圈梁纵向配筋不应少于 4ϕ12，箍筋为 ϕ6，箍筋间距不应大于 200mm。

（2）构造柱

1）应在房屋四角、楼梯间四角以及较大洞口（宽度大于 2.1m）两侧墙体内，自基础顶或地基圈梁到屋面设置现浇钢筋混凝土构造柱。

2）构造柱与墙体连接处应砌成马牙槎，马牙槎应先退后进。沿墙高每隔 500mm 设置 2ϕ6 拉结钢筋，每边伸入墙内不宜小于 1000mm，应先砌墙后浇筑构造柱。

3）构造柱截面宜为 240mm×240mm（墙厚 190mm 时为 190mm×190mm），构造柱纵向钢筋不宜少于 4ϕ12；箍筋可采用 ϕ6，间距 250mm，在柱的上、下端箍筋（各 500mm 高度范围内）宜加密为间距 100mm。

4）构造柱伸入室外地面下 500mm 或与埋深小于 500mm 的基础圈梁相连接。

4.3.5　过梁及挑梁

1. 过梁

（1）对有较大振动荷载或可能产生不均匀沉降的房屋，应采用混凝土过梁。对于单层房屋，当过梁的跨度不大于 1.5m 时，可采用钢筋砖过梁；不大于 1.2m 时，可采用砖砌平拱过梁。

（2）过梁的荷载，应按下列规定确定：

1）对砖和砌块砌体，当梁、板下的墙体高度 h_w 小于过梁的净跨 l_n 时，过梁应计入梁、板传来的荷载，否则可不考虑梁、板荷载；

2）对砖砌体，当过梁上的墙体高度 h_w 小于 $l_n/3$ 时，墙体荷载应根据墙体的均布自重确定，否则应根据高度为 $l_n/3$ 的墙体的均布自重确定；

3）对砌块砌体，当过梁上的墙体高度 h_w 小于 $l_n/2$ 时，墙体荷载应根据墙体的均布自重确定，否则应根据高度为 $l_n/2$ 的墙体的均布自重确定。

（3）砖砌过梁的构造，应符合下列规定：

1）砖砌过梁截面计算高度内的砂浆不宜低于 M5（Mb5、Ms5）；

2）砖砌平拱用竖砖砌筑部分的高度不应小于 240mm；

3）钢筋砖过梁底面砂浆层处的钢筋，其直径不应小于 5mm，间距不宜大于 120mm，钢筋伸入支座砌体内的长度不宜小于 240mm，砂浆层的厚度不宜小于 30mm。

2. 挑梁

（1）砌体墙中混凝土挑梁的抗倾覆，应按下列公式进行验算：

$$M_{ov} \leqslant M_r$$

式中：M_{ov}——挑梁的荷载设计值对计算倾覆点产生的倾覆力矩；

M_r——挑梁的抗倾覆力矩设计值。

（2）挑梁计算倾覆点至墙外边缘的距离可根据下列规定确定：

1）当 l_1 不小于 $2.2h_b$ 时（l_1 为挑梁埋入砌体墙中的长度，h_b 为挑梁的截面高度），梁计算倾覆点到墙外边缘的距离可按下式计算，其结果不应大于 $0.13l_1$：

$$x_0 = 0.3h_b$$

式中：x_0——计算倾覆点至墙外边缘的距离（mm）。

2）当 l_1 小于 $2.2h_b$ 时，梁计算倾覆点到墙外边缘的距离可按下式计算：

$$x_0 = 0.13l_1$$

3）当挑梁下有混凝土构造柱或垫梁时，计算倾覆点到墙外边缘的距离可取 $0.5x_0$。

（3）挑梁的抗倾覆力矩设计值，可按下式计算：

$$M_r = 0.8G_r(l_2 - x_0)$$

式中：G_r——挑梁的抗倾覆荷载，为挑梁尾端上部45°扩展角的阴影范围（其水平长度为 l_3）内本层的砌体与楼面恒荷载标准值之和（图4.3-3），当上部楼层无挑梁时，抗倾覆荷载中可计及上部楼层的楼面永久荷载；

l_2——G_r 作用点至墙外边缘的距离。

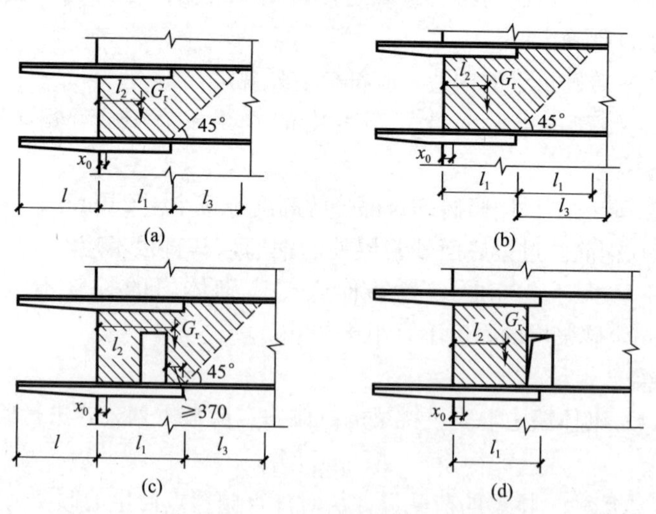

图4.3-3　挑梁的抗倾覆荷载

(a) $l_3 \leqslant l_1$ 时；(b) $l_3 > l_1$ 时；(c) 洞在 l_1 之内；(d) 洞在 l_1 之外

（4）挑梁下砌体的局部受压承载力，可按下式验算：

$$N_1 \leqslant \eta\gamma f A_1$$

式中：N_1——挑梁下的支承压力，可取 $N_1=2R$，R 为挑梁的倾覆荷载设计值；

η——梁端底面压应力图形的完整系数，可取 0.7；

γ——砌体局部抗压强度提高系数，对图 4.3-4（a），可取 1.25，对图 4.3-4（b），可取 1.5；

A_1——挑梁下砌体局部受压面积，可取 $A_1=1.2bh_b$，b 为挑梁的截面宽度，h_b 为挑梁的截面高度。

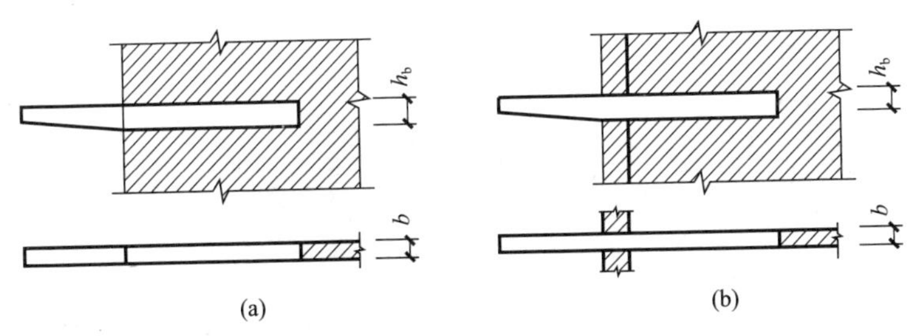

图 4.3-4　挑梁下砌体局部受压

（a）挑梁支承在一字墙；（b）挑梁支承在丁字墙

（5）挑梁的最大弯矩设计值 M_{max} 与最大剪力设计值 V_{max}，可按下列公式计算：

$$M_{max}=M_0$$

$$V_{max}=V_0$$

式中：M_0——挑梁的荷载设计值对计算倾覆点截面产生的弯矩；

V_0——挑梁的荷载设计值在挑梁墙外边缘处截面产生的剪力。

（6）挑梁设计除应符合现行国家标准《混凝土结构设计规范》GB 50010 的有关规定外，尚应满足下列要求：

1）纵向受力钢筋至少应有 1/2 的钢筋面积伸入梁尾端，且不少于 $2l_2$。其余钢筋伸入支座的长度不应小于 $2l_1/3$；

2）挑梁埋入砌体长度 l_1 与挑出长度 l 之比宜大于 1.2；当挑梁上无砌体时，l_1 与 l 之比宜大于 2。

4.4 砖砌体施工

4.4.1 烧结普通砖

1. 砌筑前准备

(1) 选砖：用于清水墙、柱表面的砖，应边角整齐，色泽均匀。

(2) 砖浇水：砖应提前1～2d浇水湿润，烧结普通砖含水率宜为10%～15%。

(3) 校核放线尺寸：砌筑基础前，应用钢尺校核放线尺寸，允许偏差应符合表4.4-1的规定。

放线尺寸允许偏差　　表4.4-1

长度 L、宽度 B/m	允许偏差/mm	长度 L、宽度 B/m	允许偏差/mm
L（或 B）≤30	±5	60<L(或 B)≤90	±15
30<L(或 B)≤60	±10	L(或 B)>90	±20

(4) 选择砌筑方法：宜采用“三一”砌筑法，即一铲灰、一块砖、一揉压的砌筑方法，当采用铺浆法砌筑时，铺浆长度不得超过750mm，施工期间气温超过30℃时，铺浆长度不得超过500mm。

(5) 设置皮数杆：在砖砌体转角处、交接处应设置皮数杆，皮数杆上标明砖皮数、灰缝厚度以及竖向构造的变化部位，皮数杆间距不应大于15m，在相对两皮数杆的砖上边线处拉准线。

(6) 清理：清除砌筑部位处残存的砂浆、杂物等。

根据砖墙厚度，砌筑时可采用全顺、两平一侧、全丁、一顺一丁、梅花丁或三顺一丁的砌筑形式（图4.4-1）。

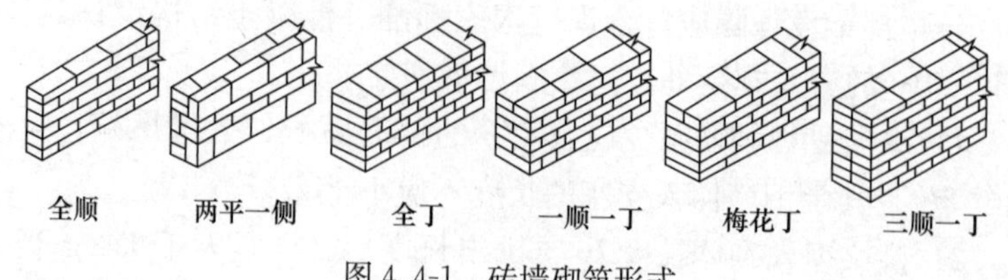

图4.4-1　砖墙砌筑形式

全顺：各皮砖均顺砌，上下皮垂直灰缝相互错开半砖长（120mm），适合砌半砖厚（115mm）墙，不适用于承重墙，承重墙最少为一砖厚（240mm）墙，图 4.4-2 所示为错误做法。

图 4.4-2　错误做法：半砖墙承重

两平一侧：两皮顺砖与一皮侧砖相间，上下皮垂直灰缝相互错开 1/4 砖长（60mm）以上，适合砌 3/4 砖厚（178mm）墙。

全丁：各皮砖均丁砌，上下皮垂直灰缝相互错开 1/4 砖长，适合砌一砖厚墙。

一顺一丁：一皮顺砖与一皮丁砖相间，上下皮垂直灰缝相互错开 1/4 砖长，适合砌一砖及一砖以上厚墙。

梅花丁：同皮中顺砖与丁砖相间，丁砖的上下均为顺砖，并位于顺砖中间，上下皮垂直灰缝相互错开 1/4 砖长，适合砌一砖厚墙。

三顺一丁：三皮顺砖与一皮丁砖相间，顺砖与顺砖上下皮垂直灰缝相互错开半砖长；顺砖与丁砖上下皮垂直灰缝相互错开 1/4 砖长，适合砌一砖及一砖以上厚墙。

一砖厚承重墙的每层墙的最上一皮砖、砖墙的阶台水平面及挑出层，应整砖丁砌。

砖墙的转角处、交接处，为错缝需要加砌配砖。

图 4.4-3 所示的是一砖厚墙一顺一丁转角处分皮砌法，配砖为

3/4 砖，位于墙外角。图 4.4-4 所示的是一砖厚墙一顺一丁交接处分皮砌法，配砖为 3/4 砖，位于墙交接处外面，仅在丁砌层设置。

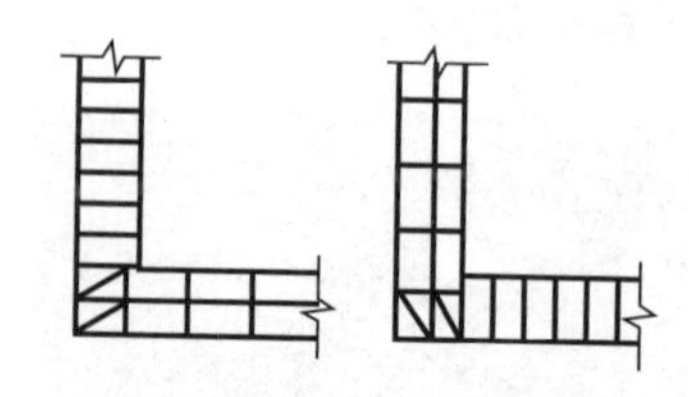

图 4.4-3　一砖厚墙一顺一丁转角处分皮砌法

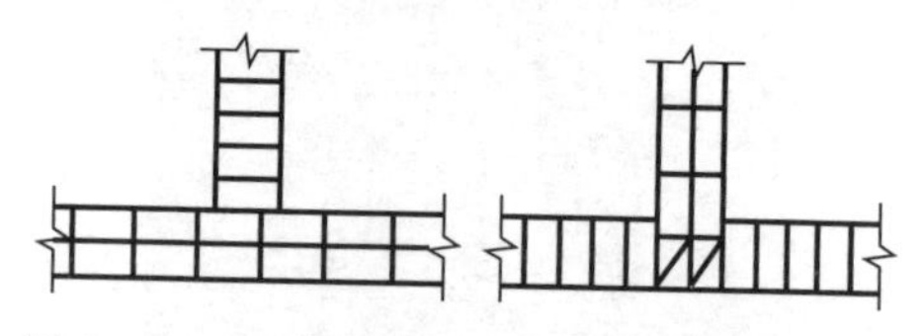

图 4.4-4　一砖厚墙一顺一丁交接处分皮砌法

砖墙的水平灰缝砂浆饱满度不得小于 80%；垂直灰缝宜采用挤浆或加浆方法，不得出现透明缝、瞎缝和假缝。

2. 在墙上留置临时施工洞口，其侧边离交接处墙面不应小于 500mm，洞口净宽度不应超过 1m。临时施工洞口时应做好补砌。

不得在下列墙体或部位设置脚手眼：

（1）120mm 厚墙；

（2）过梁上与过梁成 60°角的三角形范围及过梁净跨度 1/2 的高度范围内；

（3）宽度小于 1m 的窗间墙；

（4）墙体门窗洞口两侧 200mm 和转角处 450mm 范围内；

（5）梁或梁垫下及其左右 500mm 范围内；

（6）设计不允许设置脚手眼的部位。

砌体结构各墙体名称如图 4.4-5 所示。

施工脚手眼补砌时，应清除脚手眼内掉落的砂浆、灰尘；脚手眼处砖及填塞用砖应湿润，并应对脚手眼填实砂浆。

设计要求的洞口、管道、沟槽应于砌筑时正确留出或预埋，未经设计方同意，不得打凿墙体和在墙体上开凿水平沟槽。宽度超过 300mm 的洞口上部，应设置钢筋混凝土过梁。不应在截面长边小于 500mm 的承重墙体、独立柱内埋设管线。

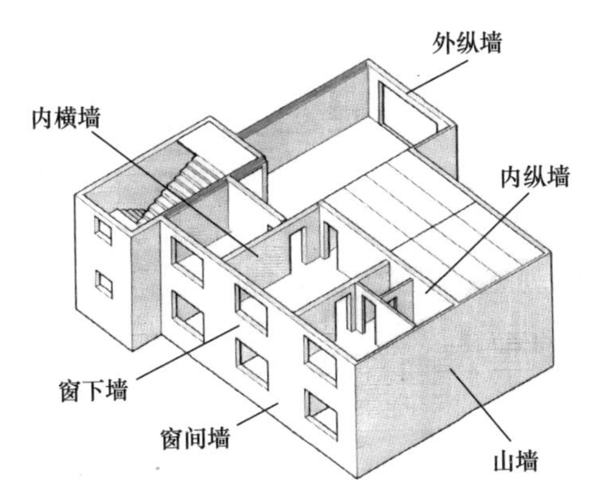

图 4.4-5　砌体结构墙体名称

正常施工条件下，砖砌体每日砌筑高度宜控制在 1.5m 或一步脚手架高度内。砖墙工作段的分段位置，宜设在变形缝、构造柱或门窗洞口处；相邻工作段的砌筑高度不得超过一个楼层高度，也不宜大于 4m。

3. 砖柱

砖柱应选用整砖砌筑。

砖柱断面宜为方形或矩形，最小断面尺寸为 240mm×365mm。

砖柱砌筑应保证砖柱外表面上下皮垂直灰缝相互错开 1/4 砖长，砖柱内部少通缝，为满足错缝需要应加砌配砖，不得采用包心砌法。

图 4.4-6 所示的是几种断面的砖柱分皮砌法。

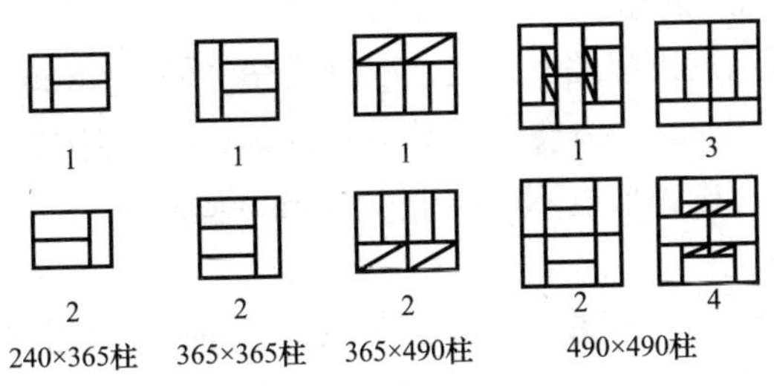

图 4.4-6　不同断面砖柱分皮砌法

砖柱的水平灰缝厚度和垂直灰缝宽度宜为10mm，但不应小于8mm，也不应大于12mm。

砖柱水平灰缝的砂浆饱满度不得小于80%。

成排同断面砖柱，宜先砌成两端的砖柱，以此为准，拉准线砌中间部分砖柱，这样可保证各砖柱皮数相同，水平灰缝厚度相同。

砖柱中不得留脚手眼。

砖柱每日砌筑高度不得超过1.8m。

4.4.2 普通混凝土小型空心砌块

1. 一般构造要求

（1）混凝土小型空心砌块砌体所用的材料，除满足强度计算要求外，尚应符合下列要求：

1）室内地面以下的砌体，应采用普通混凝土小砌块和不低于M5的水泥砂浆；

2）五层及五层以上民用建筑的底层墙体，应采用不低于MU5的混凝土小砌块和M5的砌筑砂浆。

（2）在墙体的下列部位，应采用强度等级不低于C20（或Cb20）的混凝土灌实小砌块的孔洞：

1）底层室内地面以下或防潮层以下的砌体；

2）无圈梁的楼板支承面下的一皮砌块；

3）没有设置混凝土垫块的屋架、梁等构件支承面下，高度不应小于600mm，长度不应小于600mm的砌体；

4）挑梁支承面下，距墙中心线每边不应小于300mm，高度不应小于600mm的砌体。

砌块墙与后砌隔墙交接处，应沿墙高每隔400mm在水平灰缝内设置不少于2ϕ4、横筋间距不大于200mm的焊接钢筋网片，钢筋网片伸入后砌隔墙内不应小于600mm（图4.4-7）。

2. 夹心墙构造

混凝土砌块夹心墙由内叶墙、外叶墙及其间拉结件组成（图4.4-8）。内、外叶墙间设保温层。

内叶墙采用主规格混凝土小型空心砌块，外叶墙采用辅助规格（390mm×90mm×190mm）混凝土小型空心砌块。拉结件采用环形拉结件、Z形拉结件或钢筋网片。砌块强度等级不应低于MU10。

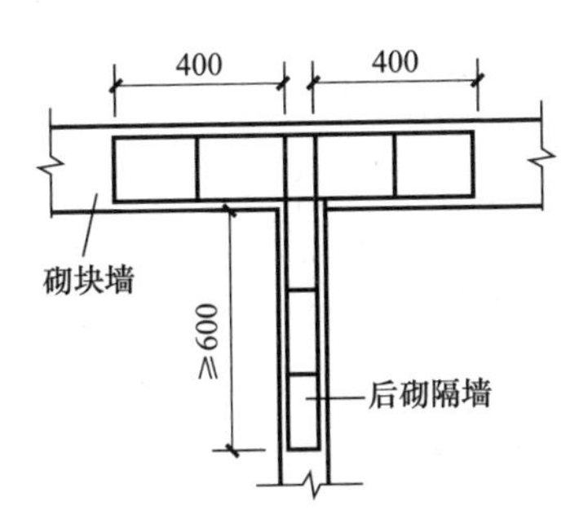

图 4.4-7　砌块墙与后砌隔墙交接处钢筋网片

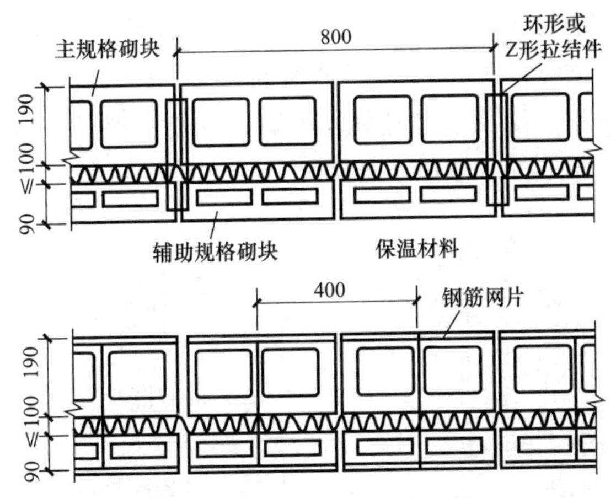

图 4.4-8　混凝土砌块夹心墙

当采用环形拉结件时，钢筋直径不应小于4mm；当采用Z形拉结件时，钢筋直径不应小于6mm。拉结件应沿竖向呈梅花形布置，拉结件的水平和竖向最大间距分别不宜大于800mm和600mm；当有振动或有抗震设防要求时，其水平和竖向最大间距分别不宜大于800mm和400mm。

当采用钢筋网片作拉结件，网片横向钢筋的直径不应小于4mm，其间距不应大于400mm；网片的竖向间距不宜大于600mm，当有振动或有抗震设防要求时，不宜大于 400mm。

拉结件在叶墙上的搁置长度，不应小于叶墙厚度的 2/3，并不应小于 60mm。

3. 芯柱设置

墙体的下列部位宜设置芯柱：

（1）在外墙转角、楼梯间四角的纵横墙交接处的三个孔洞，宜设置素混凝土芯柱；

（2）五层及五层以上的房屋，应在上述部位设置钢筋混凝土芯柱。

芯柱的构造要求如下：

（1）芯柱截面不宜小于 120mm×120mm，宜用不低于 C20 的细石混凝土浇灌；

（2）钢筋混凝土芯柱每孔内插竖筋不应小于 1ϕ10，底部应伸入室内地面下 500mm 或与基础圈梁锚固，顶部与屋盖圈梁锚固；

（3）在钢筋混凝土芯柱处，沿墙高每隔 600mm 应设 ϕ4 钢筋网片拉结，每边伸入墙体不小于 600mm（图 4.4-9）

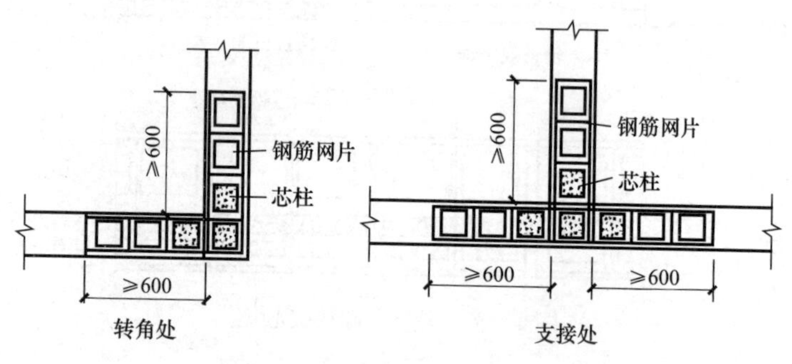

图 4.4-9 钢筋混凝土芯柱处拉筋

（4）芯柱应沿房屋的全高贯通，并与各层圈梁整体现浇，可采用图 4.4-10 所示的做法。

芯柱竖向插筋应贯通墙身且与圈梁连接；插筋不应小于 1ϕ12。芯柱应伸入室外地下 500mm 或锚入浅于 500mm 的基础圈梁内。芯柱混凝土应贯通楼板，当采用装配式钢筋混凝土楼板时，可采用图 4.4-11 所示的方式实施贯通措施。

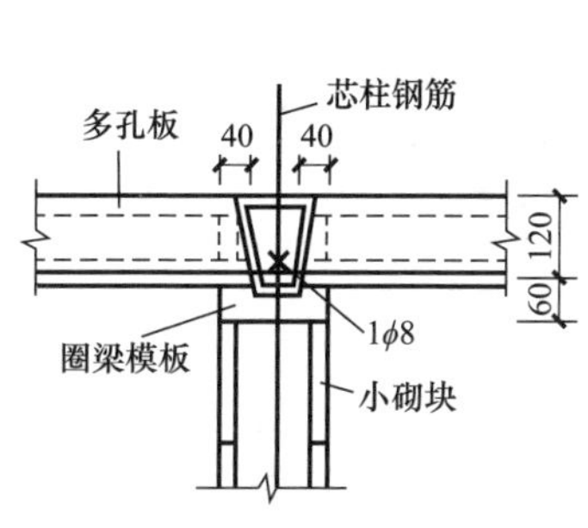

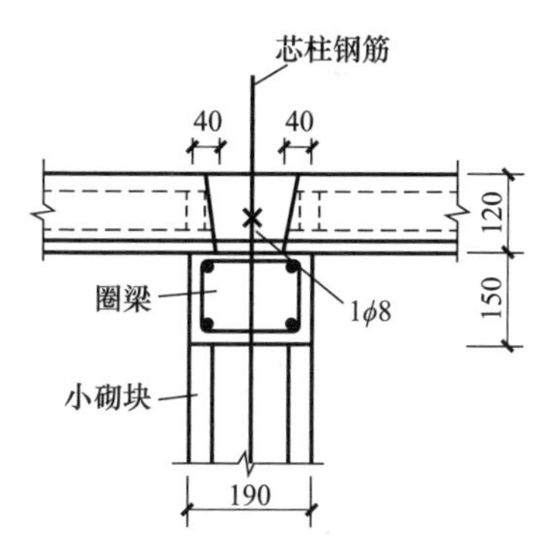

图 4.4-10　芯柱贯穿楼板的构造　　图 4.4-11　芯柱贯通楼板措施

抗震设防地区芯柱与墙体连接处，应设置 ϕ4 钢筋网片拉结，钢筋网片每边伸入墙内不宜小于 1m，且沿墙高间隔 600mm 设置。

图 4.4-12 所示为错误做法，应设置芯柱的部位作成了构造柱。

图 4.4-12　芯柱的错误做法

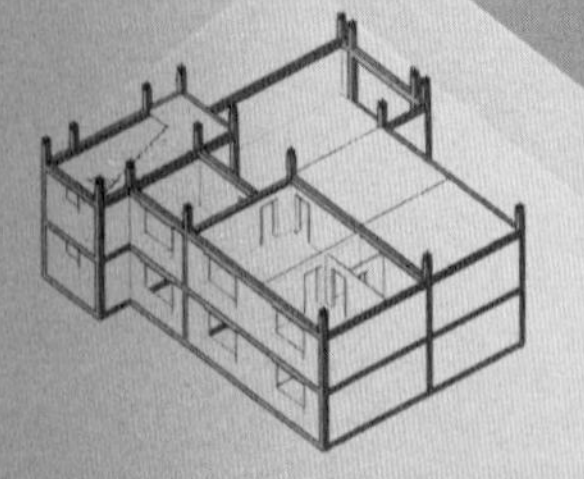

第五章 钢筋工程

5.1 材料

5.1.1 钢筋品种与规格

钢筋混凝土用钢筋主要有热轧光圆钢筋、热轧带肋钢筋、余热处理钢筋、冷轧带肋钢筋、冷轧扭钢筋、冷拔螺旋钢筋、冷拔低碳钢丝等。常用钢筋的强度标准值应具有不小于95%的保证率。钢筋屈服强度、抗拉强度的标准值及极限应变应满足表5.1-1的要求。

钢筋强度标准值及极限应变　　表5.1-1

钢筋种类	抗拉强度设计值 f_y、抗压强度设计值 f'_y/(N/mm²)	屈服强度 f_{yk} /(N/mm²)	抗拉强度 f_{stk} /(N/mm²)	极限变形 ε_{su}/%
HPB300	270	300	420	不小于10.0
HRE400、HRBF400	360	400	540	不小于7.5
HRB400E、HRBF400E	360	400	540	不小于9.0
RRB400	360	400	540	不小于7.5
HRB500、HRBF500	435	500	630	不小于7.5
HRB500E、HRBF500E	435	500	630	不小于9.0
RRB500	435	500	630	不小于7.5

注：表中屈服强度的符号 f_{yk} 在相关钢筋产品标准中表达为 R_{el}，抗拉强度的符号 f_{stk} 在相关钢筋产品标准中表达为 R_m。

热轧光圆钢筋是经热轧成型，横截面通常为圆形，表面光滑的成品钢筋。

热轧带肋钢筋是经热轧成型，横截面通常为圆形，且表面带肋的混凝土结构用钢材，包括普通热轧钢筋和细晶粒热轧钢筋。

1. 牌号及化学成分

（1）热轧钢筋的牌号

热轧钢筋的牌号构成及其含义见表 5.1-2。

热轧钢筋牌号构成及其含义 **表 5.1-2**

产品名称	牌号	牌号构成	英文字母含义
热轧光圆钢筋	HPB300	由 HPB+屈服强度的特征值构成	HPB 为热轧光圆钢筋的英文 Hot Rolled Plain Bars 的缩写
普通热轧带肋钢筋	HRB400	由 HRB+屈服强度的特征值构成、由 HRB+屈服强度的特征值+E 构成	HRB 为热轧带肋钢筋的英文 Hot Rolled Ribbed Bars 的缩写，有较高抗震要求的钢筋在已有牌号后加 E
	HRB500		
	HRB400E		
	HRB500E		
	HRBF500		
	HRBF400E		
	HRBF500E		

（2）热轧钢筋的化学成分

热轧钢筋的化学成分见表 5.1-3。

热轧钢筋化学成分表 **表 5.1-3**

牌号	化学成分（质量分数，不大于表中数值）/%					
	C	Si	Mn	P	S	Ceg
HPB300	0.25	0.55	1.50	0.045	0.050	—
HRB400、HRB400E、HRBF400、HRBF400E	0.25	0.80	1.60	0.045	0.045	0.54
HRB500、HRB500E、HRBF500、HRBF500E						0.55

2. 尺寸、外形、重量及允许偏差

（1）公称直径范围及推荐直径

钢筋的公称直径范围为 6～50mm，现行标准《钢筋混凝土用钢》

GB/T 1499 推荐的钢筋公称直径为 6mm、8mm、10mm、12mm、16mm、20mm、25mm、32mm、40mm、50mm。

(2) 公称横截面面积与理论重量

钢筋公称截面面积与理论重量的允许偏差见表 5.1-4。

钢筋公称截面面积与理论重量的允许偏差　　表 5.1-4

公称直径/mm	公称截面面积/mm²	理论重量/(kg/m)
6 (6.5)	28.27 (33.18)	0.222 (0.260)
8	50.27	0.395
10	78.54	0.617
12	113.1	0.888
14	153.9	1.21
16	201.1	1.58
18	254.5	2.00
20	314.2	2.47
22	380.1	2.98
25	490.9	3.85
28	615.8	4.83
32	804.2	6.31
36	1018	7.99
40	1257	9.87
50	1964	15.42

注：表中的理论重量按密度 7.85g/cm³ 计算。公称直径 6.5mm 的产品为过渡性产品。

(3) 钢筋的表面形状及允许偏差

1) 光圆钢筋的截面形状为圆形。

2) 带有纵肋的月牙肋钢筋，其外形如图 5.1-1 所示。

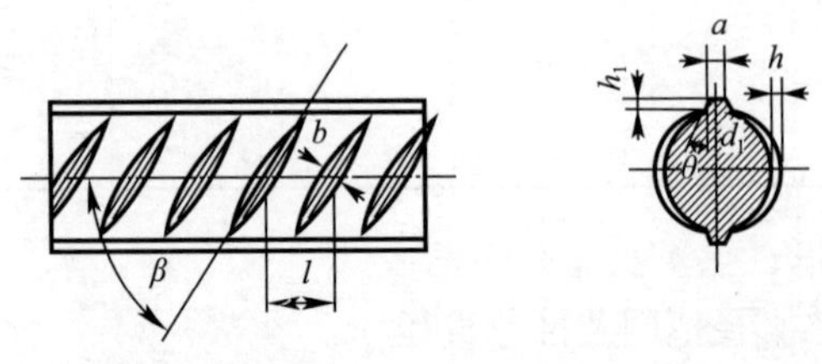

图 5.1-1　月牙肋钢筋（带纵肋）表面及截面形状（一）

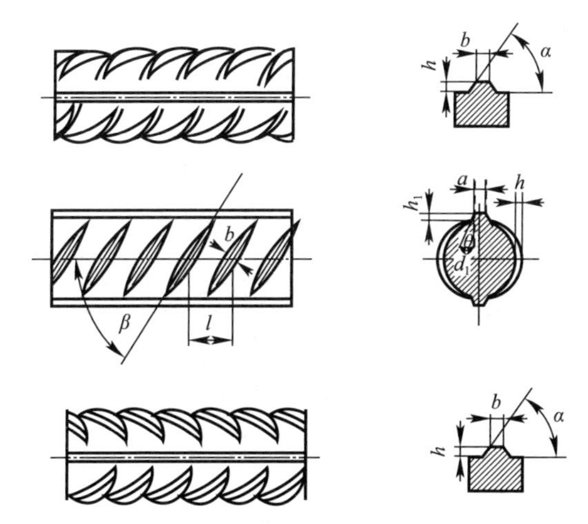

图 5.1-1　月牙肋钢筋（带纵肋）表面及截面形状（二）

d_1—钢筋内径；α—横肋斜角；h—横肋高度；β—横肋与轴线夹角；

h_1—纵肋高度；θ—纵肋斜角；a—纵肋顶宽；l—横肋间距；b—横肋顶宽

3）光圆钢筋的直径允许偏差和不圆度应符合表 5.1-5 的规定，钢筋实际重量与理论重量的允许偏差符合表 5.1-6 规定时，钢筋直径允许偏差不作为交货条件。

光圆钢筋直径允许偏差和不圆度　　　表 5.1-5

<table>
<tr><th>公称直径/mm</th><th>允许偏差/mm</th><th>不圆度/mm</th></tr>
<tr><td>6（6.5）
8
10
12</td><td>±0.3</td><td rowspan="2">≤0.4</td></tr>
<tr><td>14
16
18
20
22</td><td>±0.4</td></tr>
</table>

钢筋实际重量与理论重量的允许偏差　　　表 5.1-6

公称直径/mm	实际重量与理论重量的允许偏差/%
6～12	±7
14～22	±5

5.1.2 钢筋性能

1. 钢筋力学性能

(1) 热轧钢筋的屈服强度 R_{eL}、抗拉强度 R_m、断后伸长率 A、最大力总伸长率 A_{gt} 等力学性能特征值应符合表 5.1-7 的规定。

热轧钢筋力学性能　　表 5.1-7

牌号	R_{eL}/MPa	R_m/MPa	A/%	A_g/%
	不小于			
HPB300	300	420	25.0	10.0
HRB400 HRBF400	400	540	16.0	7.5
HRB400E HRBF400E	400	540	16.0	9.0
HRB500 HRBF500	500	630	15.0	7.5
HRB500E HRBF500E	500	630	15.0	9.0

(2) 有抗震要求的结构，其纵向受力钢筋的性能应满足设计要求；当设计无具体要求时，按一、二、三级抗震等级设计的框架中的纵向受力钢筋应采用 HRB400E、HRB500E、HRBF400E、HRBF500E 钢筋（现行国家标准《钢筋混凝土用钢　第 2 部分：热压带肋钢筋》GB 1499.2 规定，对有较高要求的抗震结构，其适用的钢筋牌号为已有带肋钢筋牌号后加 E）。

(3) 除采用冷拉方法调直钢筋外，带肋钢筋不得经过冷拉后使用。

(4) 施工中发现存在钢筋脆断、焊接性能不良或力学性能显著不正常等现象时，应停止使用该批钢筋，并应对该批钢筋进行化学成分检验或其他专项检验。

2. 钢筋的冷弯性能

(1) 热轧钢筋按表 5.1-8 规定的弯芯直径弯曲 180°后，钢筋受弯曲部位表面不得产生裂纹。

钢筋弯芯直径 **表 5.1-8**

牌号	公称直径 d/mm	弯芯直径
HPB300	6～22	d
HRB400 HRBA00E HRBF400 HRBF400E	6～25	$4d$
	28～40	$5d$
	>40～50	$6d$
HRB500 HRB500E HRBF500 HRBF500E	6～25	$6d$
	28～40	$7d$
	>40～50	$8d$

（2）根据需方要求，钢筋可进行反向弯曲性能试验。

1）反向弯曲试验的弯芯直径比弯曲试验相应增加一个钢筋公称直径。

2）反向弯曲试验：先正向弯曲 90°后再反向弯曲 20°，两个弯曲角度均应在去载之前测量。经反向弯曲试验后，钢筋受弯曲部位表面不得产生裂纹。

5.2 配筋构造

5.2.1 一般规定

1. 混凝土保护层

（1）混凝土结构的环境类别

混凝土建筑结构暴露的环境类别应按表 5.2-1 进行划分。

混凝土结构的环境类别 **表 5.2-1**

环境类别	条件
一	室内干燥环境；无侵蚀性静水浸没环境
二 a	室内潮湿环境；非严寒和非寒冷地区的露天环境；非严寒和非寒冷地区与无侵蚀性的水或土壤直接接触的环境；严寒和寒冷地区的冰冻线以下与无侵蚀性的水或土壤直接接触的环境

续表

环境类别	条件
二 b	干湿交替环境；水位频繁变动环境；严寒和寒冷地区的露天环境；严寒和寒冷地区冰冻线以上与无侵蚀性的水或土壤直接接触的环境
三 a	严寒和寒冷地区冬季水位变动区环境；受除冰盐影响环境；海风环境
三 b	盐渍土环境；受除冰盐作用环境；海岸环境
四	海水环境
五	受人为或自然的侵蚀性物质影响的环境

注：1. 室内潮湿环境是指构件表面经常处于结露或湿润状态的环境；
2. 严寒和寒冷地区的划分应符合现行国家标准《民用建筑热工设计规范》GB 50176 的有关规定；
3. 海岸环境和海风环境宜根据当地情况，考虑主导风向及结构所处迎风、背风部位等因素的影响，由调查研究和工程经验确定；
4. 受除冰盐影响环境指受到除冰盐盐雾影响的环境，受除冰盐作用环境指被除冰盐溶液溅射的环境以及使用除冰盐地区的洗车房、停车楼等建筑；
5. 暴露的环境是指混凝土结构表面所处的环境。

（2）混凝土保护层的最小厚度

构件中受力钢筋的保护层厚度（钢筋外边缘至构件表面的距离）不应小于钢筋的公称直径。设计使用年限为 50 年的混凝土结构，最外层钢筋的保护层厚度应符合表 5.2-2 的规定。

纵向受力钢筋的混凝土保护层最小厚度　　表 5.2-2

环境类别	一 a	二 a	二 b	三 a	三 b
板、墙、壳/mm	15	20	25	30	40
梁、柱、杆/mm	20	25	35	40	50

注：1. 混凝土强度等级不大于 C25 时，表中保护层厚度数值增加 5mm；
2. 钢筋混凝土基础宜设置混凝土垫层，基础中钢筋的保护层厚度应从垫层顶面算起，且不应小于 40mm。

2. 钢筋锚固

（1）受拉钢筋的锚固长度不应小于表 5.2-3 规定的数值，且不应小于 200mm。

（2）当纵向受拉普通钢筋末端采用弯钩或机械锚固措施时（图 5.2-1），表 5.2-3 的锚固长度可进行 0.60 修正。

受拉钢筋的最小锚固长度 l_a　　　　表 5.2-3

混凝土强度＼钢筋直径＼钢筋类型＼钢筋规格		HPB300	HRB400		HRB500	
		普通钢筋	普通钢筋	环氧树脂涂层钢筋	普通钢筋	环氧树脂涂层钢筋
C20	$d \leqslant 25$mm	39d	—	—	—	—
	$d > 25$mm	39d	—	—	—	—
C25	$d \leqslant 25$mm	34d	40d	50d	48d	60d
	$d > 25$mm	34d	44d	55d	53d	66d
C30	$d \leqslant 25$mm	30d	33d	44d	43d	54d
	$d > 25$mm	30d	39d	48d	47d	59d
C35	$d \leqslant 25$mm	28d	33d	40d	39d	49d
	$d > 25$mm	28d	36d	44d	43d	54d
C40	$d \leqslant 25$mm	25d	29d	37d	36d	49d
	$d > 25$mm	25d	33d	41d	40d	50d
	$d > 25$mm	21d	28d	34d	33d	41d

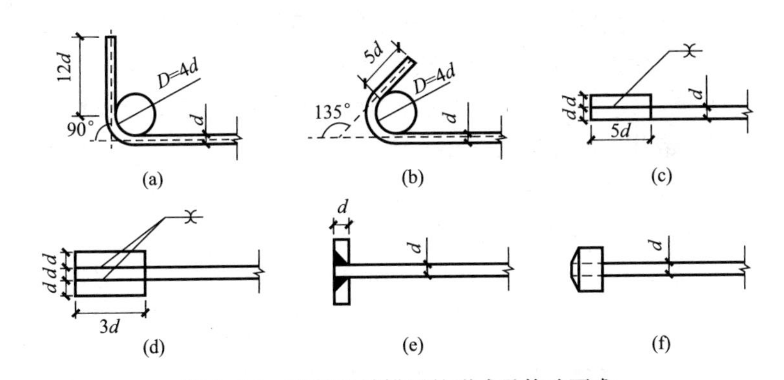

图 5.2-1　钢筋机械锚固的形式及构造要求

(a) 90°弯钩；(b) 135°弯钩；(c) 一侧贴焊锚筋；

(d) 两侧贴焊锚筋；(e) 穿孔塞焊锚板；(f) 螺栓锚头

采用机械锚固措施时，焊缝和螺纹长度应满足承载力要求，螺栓锚头和焊接锚板的承压净面积不应小于锚固钢筋截面积的4倍；螺栓锚头的规格应符合标准的要求；螺栓锚头和焊接锚板的钢筋净间距不宜小于 $4d$，否则应考虑群锚效应对锚固的不利影响；截面角部的弯钩和一侧贴焊锚筋的布筋方向宜向截面内侧偏置。

3. 钢筋连接

（1）接头使用规定

1）绑扎搭接宜用于受拉钢筋直径不大于 25mm 以及受压钢筋直径不大于 28mm 的连接；轴心受拉及小偏心受拉杆件（如桁架和拱的拉杆）的纵向受力钢筋不得采用绑扎搭接。

2）直径大于 28mm 的带肋钢筋，其焊接应经试验确定；余热处理钢筋不宜焊接。

3）直接承受动力荷载的结构构件中，其纵向受拉钢筋不得采用绑扎搭接接头，也不宜采用焊接接头，除端部锚固外钢筋上不得焊有附件。当直接承受吊车荷载的钢筋混凝土吊车梁、屋面梁及屋架下弦的纵向受拉钢筋采用焊接接头时，可采用电弧焊、电渣压力焊或气压焊，并去掉接头的毛刺及卷边。

4）混凝土结构中受力钢筋的连接接头宜设置在受力较小处；在同一根受力钢筋上宜少设接头。在结构的重要构件和关键传力部位，纵向受力钢筋不宜设置连接接头。

5）同一构件中相邻纵向受力钢筋的绑扎搭接接头或机械连接接头宜相互错开，焊接接头应相互错开。

（2）接头面积允许百分率

1）钢筋绑扎搭接接头连接区段的长度为 $1.3l_l$（l_l 为搭接长度），凡搭接接头中点位于该连接区段长度内的搭接接头均属于同一连接区段（图 5.2-2）。

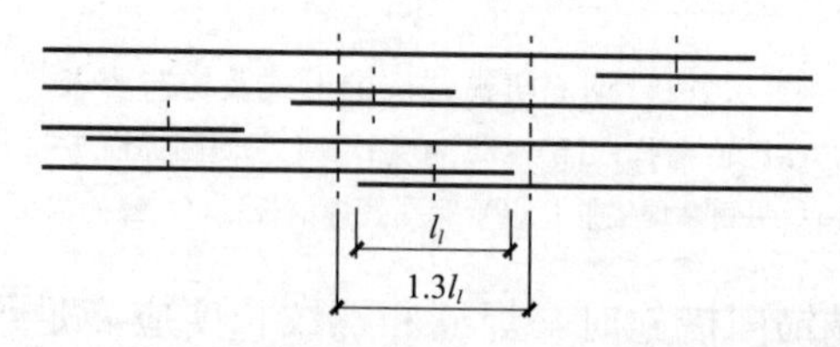

图 5.2-2　同一连接区段内的纵向受拉钢筋绑扎搭接接头

同一连接区段内的纵向受拉钢筋搭接接头面积百分率应符合设计要求；当设计无具体要求时，应符合下列规定：

① 梁类、板类及墙类构件，不宜大于25%；

② 柱类构件，不宜大于50%；

③ 当工程中确有必要增大接头面积百分率时，梁类构件的接头面积百分率不应大于50%；板、墙、柱及预制构件的拼接处，接头面积百分率可根据实际情况放宽；

④ 纵向受压钢筋搭接接头面积百分率，不宜大于50%。

2）钢筋机械连接接头连接区段的长度为35d（d为连接钢筋的较小直径）。凡接头中点位于该连接区段长度内的机械连接接头均属于同一连接区段。

同一连接区段内，纵向受力钢筋的接头面积百分率应符合设计要求，当设计无具体要求时，应符合下列规定：

① 纵向受拉钢筋接头面积百分率不宜大于50%，但对板、墙、柱及预制构件的拼接处，接头面积百分率可根据实际情况放宽，纵向受压钢筋的接头百分率不受限制；

② 设置在有抗震设防要求的框架梁端、柱端的箍筋加密区的机械连接接头，其接头面积百分率不应大于50%；

③ 直接承受动力荷载的结构构件，当采用机械连接接头时，其接头面积百分率不应大于50%。

（3）绑扎接头搭接长度

1）纵向受拉钢筋绑扎搭接接头的搭接长度，应根据位于同一连接区段内的钢筋搭接接头面积百分率，按表5.2-4中的公式计算，且不应小于300mm。

纵向受拉钢筋绑扎搭接长度计算表　　表5.2-4

<table>
<tr><td colspan="2">纵向受拉钢筋绑扎搭接长度</td><td rowspan="3">注：
1. 当不同直径钢筋搭接时，其值按较小的直径计算；
2. 并筋中钢筋的搭接长度应按单筋分别计算；
3. 式中为搭接长度修正系数，按表5.2-5取值，中间值按内插取值</td></tr>
<tr><td>抗震</td><td>非抗震</td></tr>
<tr><td>$l_{lE}=\xi_l l_{aE}$</td><td>$l_l=\xi_l l_a$</td></tr>
</table>

纵向受拉钢筋搭接长度修正系数　　表5.2-5

纵向钢筋搭接接头面积百分率/%	≤25	50	100
ξ_1	1.2	1.4	1.6

2）当构件中的纵向受压钢筋采用搭接连接时，其受压搭接长度不应小于纵向受拉钢筋搭接长度的0.7倍，且不应小于200mm。

3）在梁、柱类构件的纵向受力钢筋搭接长度范围内应按设计要求配置横向构造钢筋。

5.2.2 板

1. 受力钢筋

（1）采用绑扎钢筋配筋时，板中受力钢筋的直径取值见表5.2-6。

板中受力钢筋的直径 **表5.2-6**

项目	支撑板			悬臂板	
	板厚/mm			悬挑长度/mm	
	$h<100$	$100\leqslant h\leqslant 150$	$h>150$	$l\leqslant 500$	$l>500$
钢筋直径/mm	6～8	8～12	12～16	8～10	8～12

（2）板中受力钢筋的间距要求见表5.2-7。

板中受力钢筋的间距 **表5.2-7**

序号	项目/mm		最大钢筋间距/mm	最小钢筋间距/mm
1	中跨	板厚 $h\leqslant 150$	200	70
		1000>板厚 $h>150$	$\leqslant 1.5h$ 且 $\leqslant 250$	70
		板厚 $h\geqslant 1000$	$h/3$ 且 $\leqslant 500$	70
2	座支	下部	400	70
		上部	200	70

简支板或连续板下部纵向受力钢筋伸入支座的锚固长度不应小于钢筋直径的5倍，且宜伸过支座中心线。当连续板内温度、收缩应力较大时，伸入支座的长度宜适当增加。对与边梁整浇的板，支座负弯矩钢筋的锚固长度应不小于l_a，如图5.2-3所示。

（3）在双向板的纵横两个方向上均需配置受力钢筋。承受弯矩较大方向的受力钢筋，应布置在受力较小钢筋的外层。

（4）板与墙或梁整体浇筑或连续板下部纵向受力钢筋各跨单独配置时，伸入支座内的锚固长度l_{as}，宜伸至墙或梁中心线且不应小于$5d$（图5.2-4），当连续板内温度、收缩应力较大时，伸入支座的锚固长度宜适当增加。

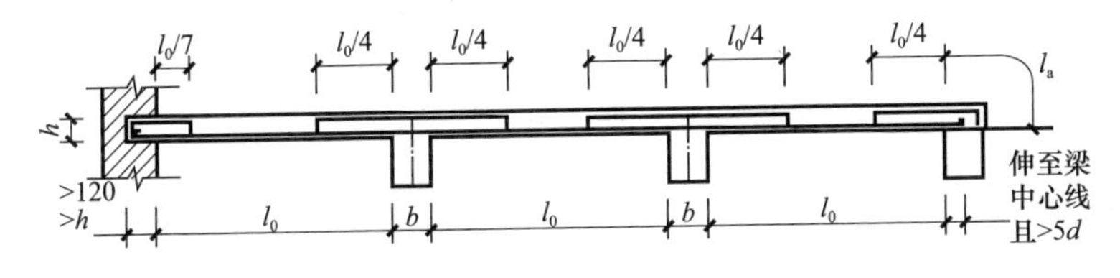

图 5.2-3　连续板的分离式配筋

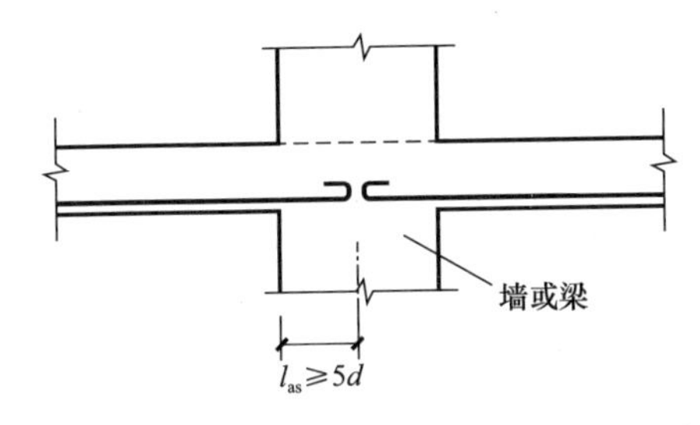

图 5.2-4　板与墙或梁整体现浇时下部受力钢筋的锚固长度

2. 分布钢筋

（1）单向板中单位长度上分布钢筋的截面面积不宜小于单位宽度上受力钢筋截面面积的 15%，且不宜小于该方向板截面面积的 0.15%；分布钢筋的间距不宜大于 250mm，直径不宜小于 6mm。

（2）分布钢筋应配置在受力钢筋的转折处及直线段，在梁截面范围可不配置。

3. 构造钢筋

（1）对与梁、墙整体浇筑或嵌固在承重砌体墙内的现浇混凝土板，应沿支承周边配置上部构造钢筋，其直径不宜小于 8mm，间距不宜大于 200mm，并应符合下列规定：

1）单位宽度内的配筋面积不宜小于跨中相应方向板底钢筋截面面积的 1/3。与混凝土梁或混凝土墙整体浇筑单向板的非受力方向，钢筋截面面积尚不宜小于板跨中相应方向纵向钢筋截面面积的 1/3。

2）构造钢筋自梁边、柱边、墙边伸入板内的长度不宜小于 $l_0/4$，砌体墙支座处钢筋伸入板边的长度不宜小于 $l_0/7$，其中计算

跨度 l_0 对单向板按受力方向考虑，对双向板按短边方向考虑。

3）在楼板角部，宜沿两个方向正交、斜向平行或放射状布置附加钢筋。

4）钢筋应在梁内、墙内或柱内可靠锚固。

（2）挑檐转角处应配置放射性构造钢筋（图 5.2-5）。钢筋间距沿 $l/2$ 处不宜大于 200mm（l 为挑檐长度）；钢筋埋入长度不应小于挑檐宽度，即 $l_a \geqslant l$。构造钢筋的直径与边跨支座的负弯矩筋直径相同且不宜小于 8mm。阴角处挑檐，当挑檐因故未按要求设置伸缩缝（间距≤12m），且挑檐长度 $l \geqslant 1.2$m 时，宜在板上下面各设置 3 根 $\phi10 \sim \phi14$ 的构造钢筋（图 5.2-6）。

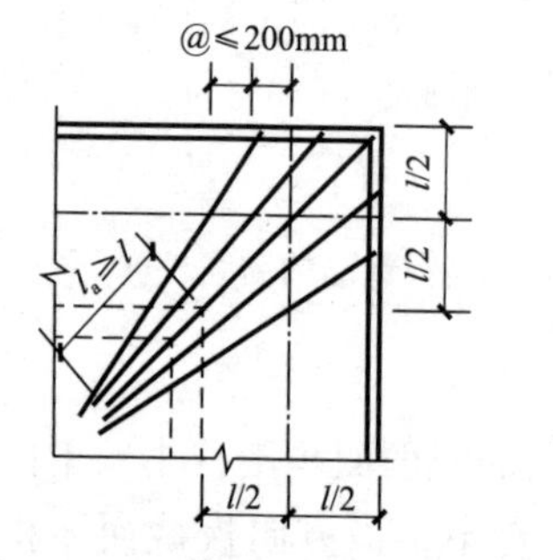

图 5.2-5　挑檐阴角处板的构造钢筋

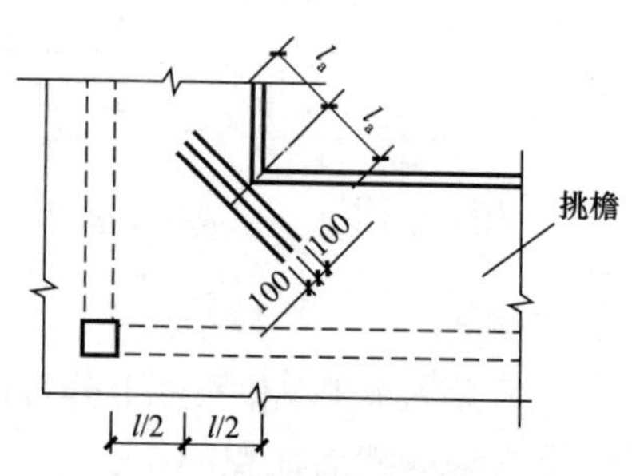

图 5.2-6　挑檐转角处板的构造钢筋

（3）在温度、收缩应力较大的现浇板区域，应在板的表面双向配置防裂构造钢筋。配筋率不宜小于 0.1%，间距不宜大于 200mm。防裂构造钢筋可利用原有钢筋贯通布置，也可另行设置钢筋与原有钢筋按受拉钢筋的要求搭接或在周边构件中锚固。

（4）当混凝土板的厚度不小于 150mm 时，在板的无支承边的端部宜设置 U 形构造钢筋，并与板顶、板底的钢筋搭接，搭接长度不宜小于 U 形构造钢筋直径的 15 倍且不宜小于 200mm，也可采用板面、板底钢筋分别向下、上弯折搭接的形式。

4. 板上开洞

（1）当圆洞或方洞垂直于板跨方向的边长（直径）小于 300mm 时，可将板的受力钢筋绕过洞口，并可不设孔洞的附加钢筋，如图 5.2-7 所示。

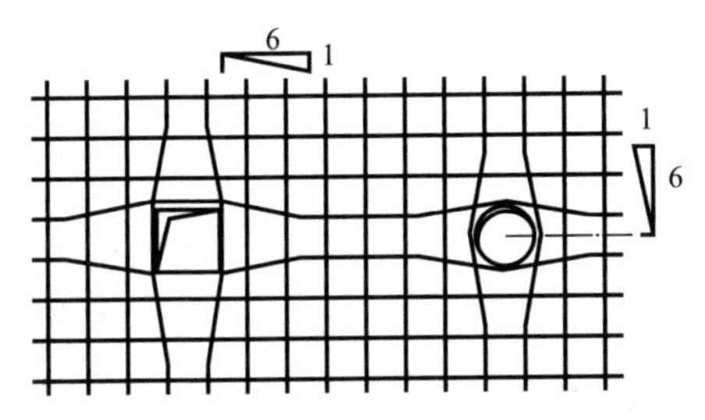

图 5.2-7　矩形洞边长和圆形洞直径不大于 300mm 时钢筋构造

（2）当 $300 \leqslant d(b) \leqslant 1000$mm 且孔洞周边无集中荷载时，应沿洞边每侧配置加强钢筋，其面积不小于洞口宽度内被切断的受力钢筋面积的 1/2，且根据板面荷载大小选用 2ϕ8～2ϕ12 附加钢筋。

（3）当 $d(b)>300$mm 且孔洞周边有集中荷载或 $d(b)>1000$mm 时，应在孔洞边加设边梁。

5.2.3　梁

1. 受力钢筋

（1）纵向受力钢筋的直径：当梁高 $h \geqslant 300$mm 时，不应小于 10mm；当梁高 $h<300$mm 时，不应小于 8mm。

（2）纵向受力钢筋的最小净距要求见表 5.2-8。

纵向受力钢筋的最小净距　　表 5.2-8

间距类型	水平净距		垂直净距
钢筋类型	上部钢筋	下部钢筋	25mm 且 d
最小净距	30mm 且 1.5d	25mm 且 d	

注：1. 净间距为相邻钢筋外边缘之间的最小距离；
2. 当梁的下部钢筋配置多于 2 层时，2 层以上钢筋水平方向的中距应比下边 2 层的中距大一倍，各层钢筋之间的净距不应小于 25mm 和 d，d 为钢筋的最大直径。

（3）在梁的配筋密集区域宜采用并筋的配筋形式。

2. 箍筋

（1）梁的箍筋设置：梁高 $h>300$mm 时，应沿梁全长设置；梁高为 150～300mm 时，可仅在构件两端各 1/4 跨度范围内设置，但当在构件中部 1/2 跨度范围内有集中荷载作用时，则应沿梁全长设置；当梁高 $h<150$mm 时，可不设置箍筋。

（2）梁中箍筋的直径：当梁高 $h\leqslant800$mm 时，不宜小于 6mm；当梁高 $h>800$mm 时，不宜小于 8mm。梁中配有计算需要的纵向受压钢筋时，箍筋直径还不应小于纵向受压钢筋最大直径的 0.25 倍。

（3）梁中箍筋的最大间距宜符合表 5.2-9 的规定。

梁中箍筋的最大间距（mm）　　**表 5.2-9**

序号	梁高	按计算配置箍筋	按构造配置箍筋
1	$150<h\leqslant300$	150	200
2	$300<h\leqslant500$	200	300
3	$500<h\leqslant800$	250	350
4	$h>800$	300	400

（4）箍筋的形式有开口式和封闭式。一般应采用封闭式箍筋；开口式箍筋只能用于无振动荷载且经计算不需要配置受压钢筋的现浇 T 形截面梁的跨中部分。抗扭箍筋应作成封闭式。封闭式箍筋的末端应作成 135°弯钩，抗扭结构弯钩端头平直段长度不应小于 $10d$，一般结构不宜小于 $5d$。

3. 纵向构造钢筋

（1）当梁端按简支计算但实际受到部分约束时，应在支座区上部设置纵向构造钢筋，其截面面积不应小于梁跨中下部纵向受力钢筋计算所需截面面积的 1/4，且不应少于两根，该纵向构造钢筋自支座边缘向跨内伸出的长度不应小于 $0.2l_0$（l_0 为该跨的计算跨度）。

（2）对架立钢筋，当梁的跨度小于 4m 时，直径不宜小于 8mm；当梁的跨度为 4～6m 时，直径不应小于 10mm；当梁的跨度大于 6m 时，直径不宜小于 12mm。

（3）当梁的腹板高度（扣除翼缘厚度后截面高度）$h_w\geqslant$ 450mm 时，梁侧应沿高度配置纵向构造钢筋（腰筋），按构造设置时，一般伸至梁端，不作弯钩；若按计算配置时，则在梁端应满足受拉时的锚固要求。每侧纵向构造钢筋的间距不宜大于 200mm，截面面积不应小于腹板截面面积 bh_w 的 0.1%，但当梁宽较大时可以适当放松。

（4）梁的两侧纵向构造钢筋宜用拉筋联系，拉筋应同时钩住纵筋和箍筋。当梁宽小于或等于 350mm 时拉筋直径不宜小于 6mm，当梁宽大于 350mm 时拉筋直径不宜小于 8mm。拉筋间距一般为非加密区箍筋间距的两倍，且小于等于 600mm。当梁侧向拉筋多于一排时，相邻上下排拉筋应错开设置。

4. 附加横向钢筋

（1）在梁下部或截面高度范围内有集中荷载作用时，应在该处设置附加横向钢筋（吊筋、箍筋）承担荷载。附加横向钢筋应布置在长度 $s(s=2h_1+35)$ 的范围内（图 5.2-8）。附加横向钢筋宜优先采用箍筋，间距为 $8d$（d 为箍筋直径），最大间距应小于正常箍筋间距。当采用吊筋时，其弯起段应伸至梁上边缘，且末端水平段长度在受拉区不应小于 $20d$，在受压区不应小于 $10d$（d 为吊筋直径）。

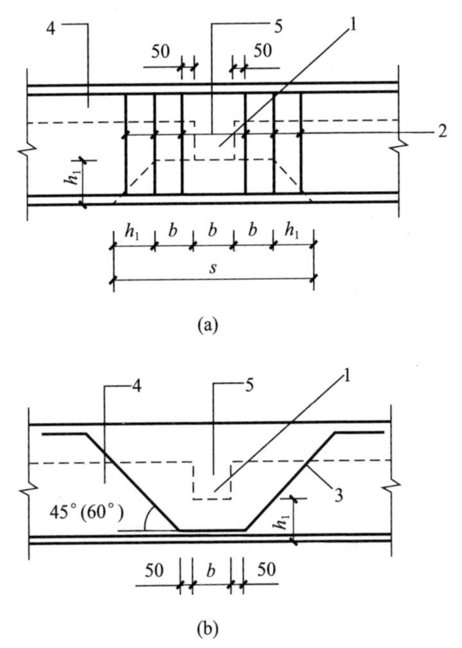

图 5.2-8 集中荷载作用处的附加横向钢筋

（a）附加箍筋；（b）附加吊筋

1—传递集中荷载的位置；2—附加箍筋；3—附加吊筋；4—主梁；5—次梁

（2）当构件的内折角处于受拉区时，应增设箍筋（图 5.2-9）。该箍筋应能承受未在受压区锚固的纵向受拉钢筋 A_{sl} 的合力，且在任何情况下不应小于全部纵向钢筋 A_{sl} 合力的 35%。

梁内折角处附加箍筋的配置范围 s，可按下式计算：

$$s = h\tan\frac{3}{8}\alpha$$

式中：h——梁内折角处高度（mm）；

α——梁的内折角（°）。

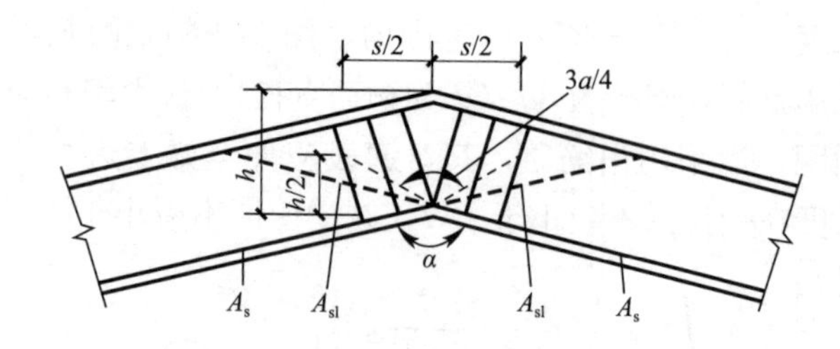

图 5.2-9　钢筋混凝土梁内折角处配筋

5.2.4 柱

1. 纵向受力钢筋

（1）柱中纵向受力钢筋的配置，应符合下列规定：

1）纵向受力钢筋的直径不宜小于 12mm，全部纵向钢筋的配筋率不宜大于 5%；圆柱中纵向钢筋宜沿周边均匀布置，根数不宜少于 8 根，且不应少于 6 根。

2）柱中纵向受力钢筋的净间距不应小于 50mm，且不宜大于 300mm；水平浇筑的预制柱的纵向钢筋的最小净间距可按梁的有关规定取值。

3）在偏心受压柱中，垂直于弯矩作用平面的侧面上的纵向受力钢筋以及轴心受压柱中各边的纵向受力钢筋，其中距不宜大于 300mm。

4）当偏心受压柱的截面高度不小于 600mm 时，在柱的侧面上应设置直径不小于 10mm 的纵向构造钢筋，并相应设置复合箍筋或拉筋。

（2）现浇柱中纵向钢筋的接头，应优先采用焊接或机械连接。接头宜设置在柱的弯矩较小区段。

（3）柱变截面位置纵向钢筋构造应符合下列规定：

1）下柱伸入上柱搭接钢筋的根数及直径，应满足上柱受力的要求；当上、下柱内钢筋直径不同时，搭接长度应按上柱内钢筋直径计算。

2）下柱伸入上柱的钢筋折角不大于 1∶6 时，下柱钢筋可不切断而弯伸至上柱［图 5.2-10（a）］；当折角大于 1∶6 时，应设置插筋或将上柱钢筋锚在下柱内［图 5.2-10（b）］。

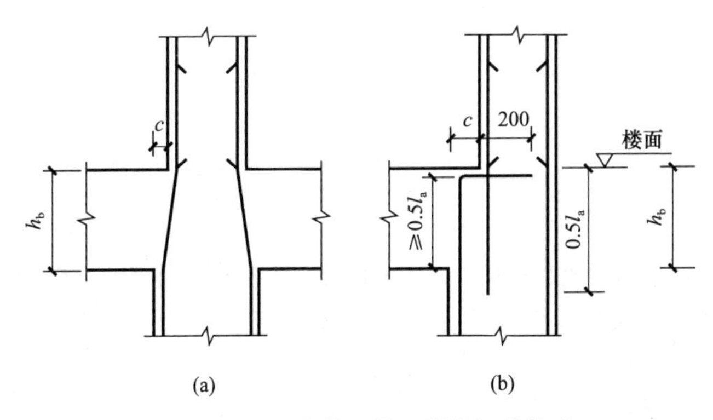

图 5.2-10 柱变截面位置纵向钢筋构造

（a）$c/h_b \leqslant 1/6$；（b）$c/h_b > 1/6$

3）顶层柱中纵向钢筋的锚固，应符合下列规定：

① 顶层中间节点的柱纵向钢筋及顶层端节点的内侧柱纵向钢筋可用直线方式锚入顶层节点，其自梁底标高算起的锚固长度不应小于 l_a，且柱纵向钢筋必须伸至柱顶。

② 在框架顶层端节点处，可将柱外侧纵向钢筋的相应部分弯入梁内作梁上部纵向钢筋使用［图 5.2-11（a）］，其搭接长度不应小于 $1.5l_{ab}$；其中，伸入梁内的外侧纵向钢筋截面面积不宜小于外侧纵向钢筋全部截面面积的 65%。

③ 在框架梁顶节点处，也可将梁上部纵向钢筋弯入柱内，与柱外侧纵向钢筋搭接［图 5.2-11（b）］，其搭接长度竖直段不应小于 $1.7l_{ab}$。当梁上部纵向钢筋的配筋率大于 1.2%时，弯入柱外

侧的梁上部纵向钢筋应满足以上规定的搭接长度，且宜分两批截断，其截断点之间的距离不宜小于 20d（d 为梁上部纵向钢筋直径）。柱外侧纵向钢筋伸至柱顶后宜向节点内水平弯折，弯折段的水平投影长度不宜小于 12d（d 为柱外侧纵向钢筋直径）。

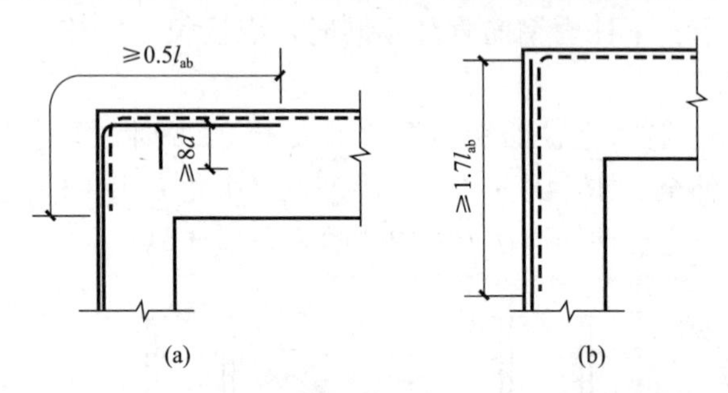

图 5.2-11 顶层端节点梁柱纵向钢筋在节点内的锚固与搭接
（a）搭接接头沿顶层端节点外侧及梁端顶部布置；（b）搭接接头沿节点外侧直线布置

2. 箍筋

（1）柱及其他受压构件中的周边箍筋应作成封闭式；圆柱中的箍筋，末端应作成 135°弯钩，弯钩末段平直段长度不应小于箍筋直径的 5 倍。

（2）箍筋间距不应大于 400mm 及构件截面的短边尺寸，且不应大于 15d（d 为纵向受力钢筋的最小直径）。

（3）箍筋直径不应小于 $d/4$，且不应小于 6mm（d 为纵向钢筋的最大直径）。

（4）当柱中全部纵向受力钢筋的配筋率大于 3%时，箍筋直径不应小于 8mm，间距不应大于纵向受力钢筋最小直径的 10 倍，且不应大于 200mm；箍筋末端应作成 135°弯钩，弯钩端头平直段长度不应小于 10d（d 为箍筋直径），箍筋也可焊成封闭环式。

（5）当柱截面短边尺寸大于 400mm 且各边纵向钢筋多于 3 根时，或当柱截面短边尺寸不大于 400mm 但各边纵向钢筋多于 4 根时，应设置复合箍筋（图 5.2-12）。

（6）柱净高最下一组箍筋距底部梁顶 50mm，最上一组箍筋距顶部梁底 50mm，节点区最下、最上一组箍筋距节点梁底、梁顶不大于 50mm，当顶层柱与梁顶标高相同时，节点区最上一组箍筋距梁顶不大于 150mm。

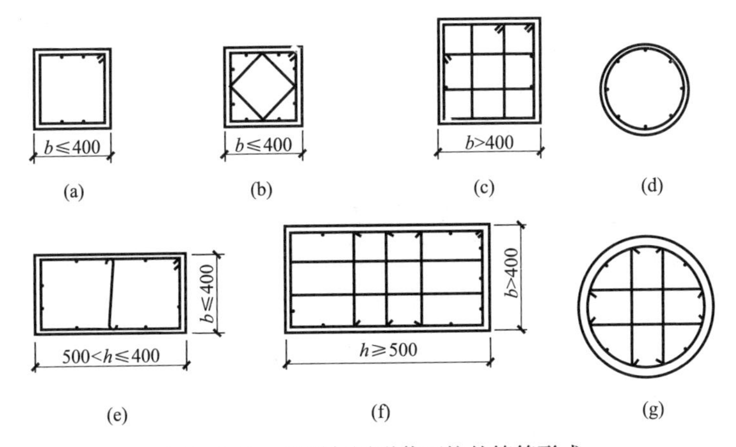

图 5.2-12　矩形与圆形截面柱的箍筋形式

(a) 方柱箍筋；(b)(c) 方柱复合箍筋；(d) 圆柱箍筋；

(e)(f) 矩形柱复合箍筋；(g) 圆柱复合箍筋

5.3 钢筋配料

钢筋配料是现场钢筋的深化设计，即根据结构配筋图，先绘出各种形状和规格的单根钢筋简图并进行编号，然后分别计算钢筋下料长度和根数，填写配料单。

5.3.1 钢筋下料长度计算

弯曲或弯钩会使钢筋长度发生变化，在配料时不能直接根据图纸中的尺寸下料；必须了解关于混凝土保护层、钢筋弯曲、钢筋弯钩等的规定，再根据图中尺寸计算下料长度。

各种钢筋下料长度计算如下：

直钢筋下料长度＝构件长度－保护层厚度＋弯钩增加长度；

弯起钢筋下料长度＝直段长度＋斜段长度－弯曲调整值＋弯钩增加长度；

箍筋下料长度＝箍筋周长＋箍筋调整值。

上述钢筋如需搭接，应增加钢筋搭接长度。

1. 弯曲调整值

（1）钢筋弯曲后的特点：一是沿钢筋轴线方向会产生变形，主要表现为长度的增大或减小，即以轴线为界，往外凸的部分（钢筋外皮）受拉伸而使长度增大，而往里凹的部分（钢筋内皮）受压缩而使长度减小；二是弯曲处形成圆弧（图 5.3-1）。钢筋的量度方法一般为沿直线量外包尺寸（图 5.3-1），因此，弯曲钢筋的量度尺寸大于下料尺寸，两者之间的差值称为弯曲调整值。

（2）图 5.3-2 中用 D 表示钢筋进行弯折后弯折处圆弧所属圆的直径，该直径通常被称为“弯弧内直径”。钢筋弯曲调整值与钢筋弯弧内直径和钢筋直径有关。

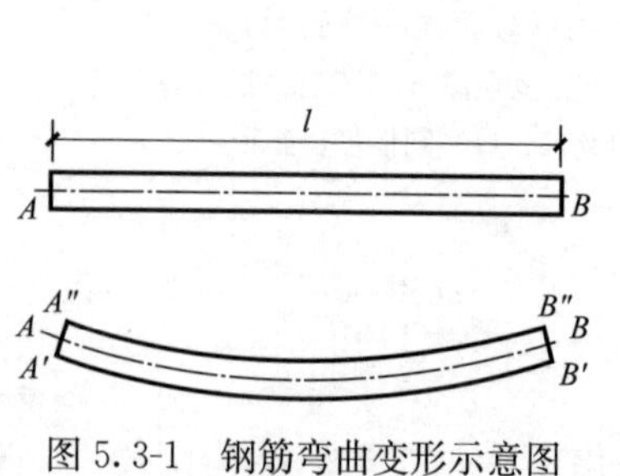

图 5.3-1 钢筋弯曲变形示意图
$A'B' \geqslant AB \geqslant A'B''$

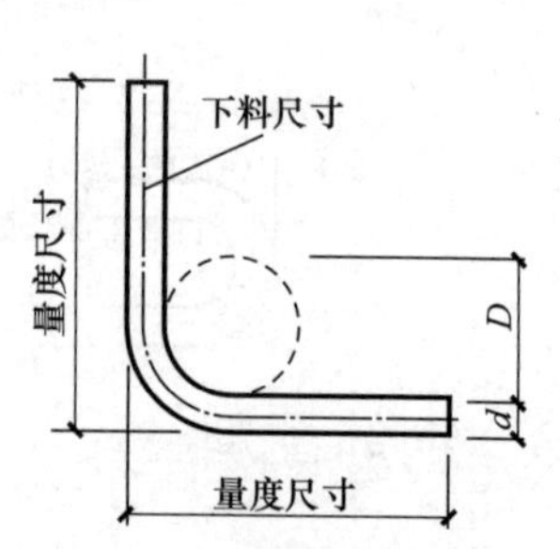

图 5.3-2 钢筋弯曲时的量度方法图

（3）光圆钢筋末端应作 180°弯钩，其弯弧内直径不应小于钢筋直径的 2.5 倍；当设计要求钢筋末端作 135°弯钩时，HRB400、HRB500 钢筋的弯弧内直径不应小于钢筋直径的 4 倍；钢筋作不大于 90°弯折时，弯折处的弯弧内直径不应小于钢筋直径的 5 倍。据理论推算并结合实践经验，可得钢筋弯曲调整值，见表 5.3-1。

钢筋弯曲调整值表 **表 5.3-1**

钢筋弯曲角度	30°	45°	60°	90°	135°
光圆钢筋弯曲调整值	0.3d	0.54d	0.9d	1.75d	0.38d
热轧带肋钢筋弯曲调整值	0.3d	0.54d	0.9d	2.08d	0.11d

注：d 为钢筋直径。

（4）弯起钢筋中间部位弯折处的弯曲直径 D 不应小于 $5d$，按弯弧内直径 $D=5d$ 推算，并结合实践经验，可得常见弯起钢筋的弯曲调整值，见表 5.3-2。

常见弯起钢筋的弯曲调整值　　表 5.3-2

弯起角度	30°	45°	60°
弯曲调整值	0.34d	0.67d	1.22d

2. 弯钩增加长度

钢筋的弯钩形式有三种：半圆弯钩、直弯钩及斜弯钩（图 5.3-3）。半圆弯钩是最常用的一种弯钩。直弯钩一般用在柱钢筋的下部，以及板面负弯矩筋、箍筋和附加钢筋中。斜弯钩只用在直径较小的钢筋中。

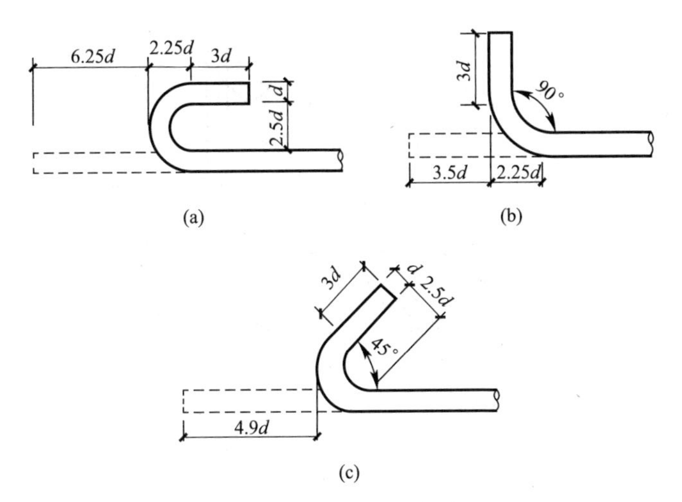

图 5.3-3　钢筋弯钩计算简图

（a）半圆弯钩；（b）直弯钩；（c）斜弯钩

光圆钢筋的弯钩增加长度，根据图 5.3-3 所示的简图（弯弧内直径为 2.5d、平直部分为 3d）计算：半圆弯钩为 6.25d，直弯钩为 3.5d，斜弯钩为 4.9d。

在生产实践中，实际弯弧内直径与理论弯弧内直径的不一致，以及钢筋粗细和机具条件的不同等会影响平直部分的长短（手工弯钩时平直部分可适当加长，机械弯钩时可适当缩短），因此在实际配料计算时，弯钩增加长度常根据具体条件，采用经验数据，见表 5.3-3。

半圆弯钩增加长度参考表（用机械弯）　　表 5.3-3

钢筋直径/mm	≤6	8~10	12~18	20~28	32~36
一个弯钩长度	40mm	$6d$	$5.5d$	$5d$	$4.5d$

3. 弯起钢筋斜长

弯起钢筋斜长计算简图，如图 5.3-4 所示。弯起钢筋斜长系数见表 5.3-4。

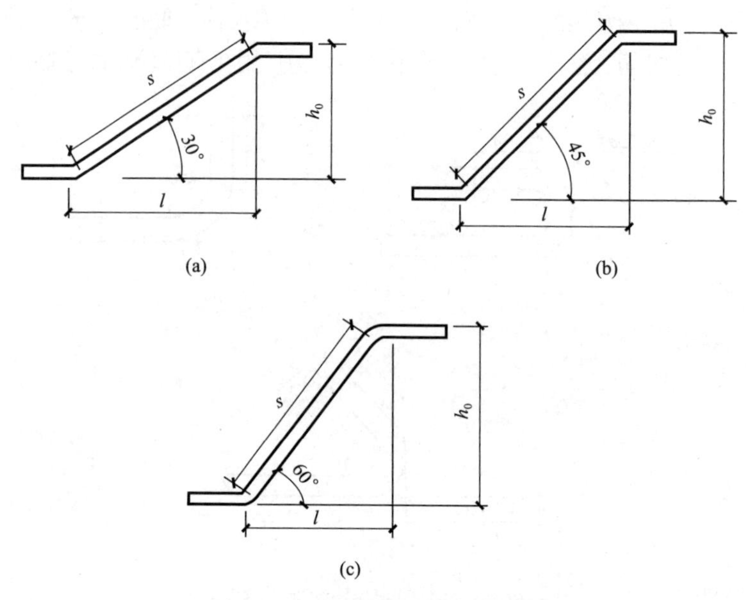

图 5.3-4　弯起钢筋斜长计算简图

(a) 弯起角度 30°；(b) 弯起角度 45°；(c) 弯起角度 60°

弯起钢筋斜长系数　　表 5.3-4

弯起角度	$\alpha=30°$	$\alpha=45°$	$\alpha=60°$
斜边长度 s	$2h_0$	$1.41h_0$	$1.15h_0$
底边长度 l	$1.732h_0$	h_0	$0.575h_0$
增加长度 $s-l$	$0.268h_0$	$0.41h_0$	$0.54h_0$

注：h_0 为弯起高度。

4. 箍筋下料长度

箍筋的量度方法有“量外包尺寸”和“量内皮尺寸”两种。箍筋尺寸的特点是一般以内皮尺寸计值，并且采用与其他钢筋不同的弯钩大小。

（1）箍筋形式

一般情况下，箍筋做成“闭式”，即四面都为封闭。箍筋的末端一般有半圆弯钩、直弯钩、斜弯钩三种。用热轧光圆钢筋或冷拔低碳钢丝制作的箍筋，其弯钩的弯曲直径应大于受力钢筋直径，且不小于箍筋直径的 2.5 倍；一般结构，其弯钩平直部分的长度不宜小于箍筋直径的 5 倍，有抗震要求的结构，其弯钩平直部分的长度不应小于箍筋直径的 10 倍和 75mm。

（2）箍筋下料长度

按内皮尺寸计算，并结合实践经验，得出常见的箍筋下料长度，见表 5.3-5。

箍筋下料长度 **表 5.3-5**

样式	钢筋种类	下料长度
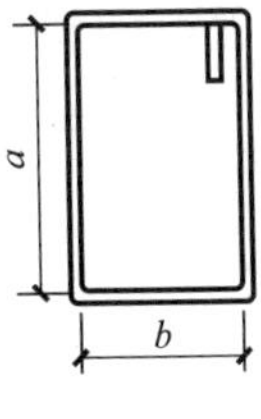	光圆钢筋	$2a+2b+16.5d$
	热轧带肋钢筋	$2a+2b+17.5d$
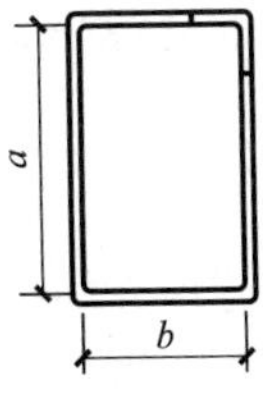	光圆钢筋 热轧带肋钢筋	$2a+2b+14d$

续表

样式	钢筋种类	下料长度
	光圆钢筋	有抗震要求：$2a+2b+27d$； 无抗震要求：$2a+2b+17d$
	热轧带肋钢筋	有抗震要求：$2a+2b+28d$； 无抗震要求：$2a+2b+18d$

5.3.2 配料计算的注意事项

（1）在设计图纸时，钢筋配置的细节问题没有注明时，一般可按构造要求处理。

（2）配料计算时，应考虑钢筋的形状和尺寸在满足设计要求的前提下有利于加工安装。

（3）配料时，还要考虑施工需要的附加钢筋。例如，基础双层钢筋网中保证上层钢筋网位置用的钢筋撑脚，墙板双层钢筋网中固定钢筋间距用的钢筋撑铁，柱钢筋骨架增加四面斜筋撑，后张预应力构件固定预留孔道位置的定位钢筋等。

5.4 钢筋加工

5.4.1 钢筋除锈

钢筋的表面应洁净。油渍、漆污和用锤敲击时能剥落的浮皮、铁锈等应在使用前清除干净。钢筋除锈可采用机械除锈和手工除锈两种方法。

1. 机械除锈

可采用钢筋除锈机或通过钢筋冷拉、调直过程除锈。对直径较细的盘条钢筋，通过冷拉和调直过程自动去锈；粗钢筋采用圆盘钢丝刷除锈机除锈。

2. 手工除锈

可采用钢丝刷、砂盘、喷砂等除锈或酸洗除锈。

5.4.2　钢筋切断

1. 钢筋切断机具

钢筋切断机具有断线钳、手压切断器、手动液压切断器、钢筋切断机等。

（1）手动液压切断器

SYJ-16 型手动液压切断器（图 5.4-1）体积小、重量轻，操作简单，便于携带。

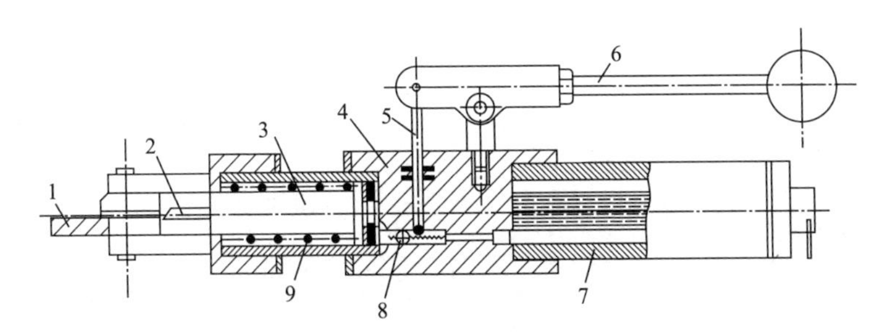

图 5.4-1　SYJ-16 型手动液压切断器

1—滑轨；2—刀片；3—活塞；4—缸体；5—柱塞；6—压杆；7—贮油筒；8—吸油阀；9—回位弹簧

（2）电动液压切断机

DYJ-32 型电动液压切断机（图 5.4-2）的工作总压力为 320kN，活塞直径为 95mm，最大行程为 28mm，液压泵柱塞直径为 12mm，

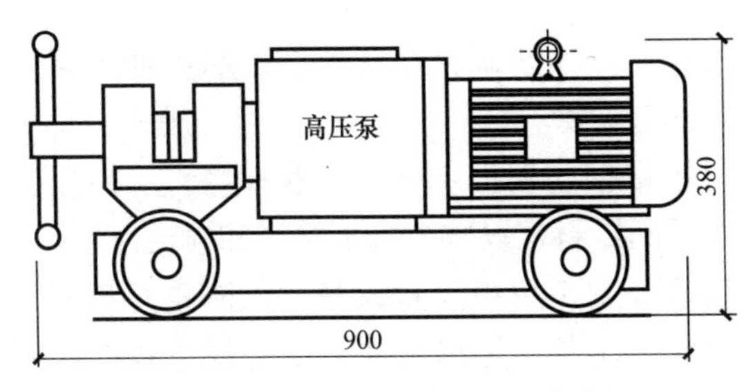

图 5.4-2　DYJ-32 型电动液压切断机

单位面积上的工作压力为45.5MPa，液压泵输油率为4.5L/min，电动机功率为3kW，转数1440r/min。机器外形尺寸为889mm(长)×396mm(宽)×398mm(高)，总重为145kg。

（3）钢筋切断机

常用的钢筋切断机（表5.4-1）可切断的钢筋最大公称直径为40mm。

钢筋切断机主要技术性能　　表5.4-1

参数名称	型号				
	GQL40	GQ40	GQ40A	GQ40B	GQ50
切断钢筋直径/mm	6～40	6～40	6～40	6～40	6～50
切断次数/(次/min)	38	40	40	40	30
电动机型号	Y100L2-4	Y100L-2	Y100L-2	Y100L-2	Y132S-4
功率/kW	3	3	3	3	5.5
转速/(r/min)	1420	2880	2880	2880	1450
外形尺寸长/mm	685	1150	1395	1200	1600
宽/mm	575	430	556	490	695
高/mm	984	750	780	570	915
整机重量/kg	650	600	720	450	950
传动原理及特点	偏心轴	开式、插销离合器曲柄	凸轮、滑键离合器	全封闭曲柄连杆转键离合器	曲柄连杆传动半开式离合器

GQ40型钢筋切断机的外形如图5.4-3所示。

2. 切断工艺

在切断过程中，如发现钢筋有劈裂、缩头或严重的弯头等问题必须将相应部分切除。

（1）将同规格钢筋根据不同长度长短搭配，统筹排料；一般应先断长料，后断短料，以减少短头接头和损耗。

（2）断料时应避免用短尺量长料，以防止在量料过程中产生累计误差。宜在工作台上标出尺寸刻度并设置控制断料尺寸用的挡板。

图 5.4-3　GQ40 型钢筋切断机

5.4.3　钢筋弯曲

1. 机具设备

（1）钢筋弯曲机

常用钢筋弯曲机如图 5.4-4 所示。

图 5.4-4　钢筋弯曲机

（2）手工弯曲工具

手工弯曲成型所用的工具一般在工地自制，可采用手摇扳手弯制细钢筋、卡筋与扳头弯制粗钢筋。手动弯曲工具的尺寸，见表 5.4-2、表 5.4-3。

手摇扳手主要尺寸　　表 5.4-2

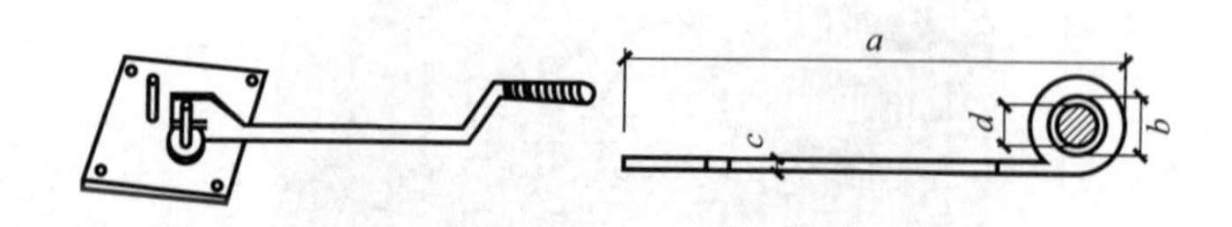

项次	钢筋直径/mm	a/mm	b/mm	c/mm	d/mm
1	6	500	18	16	16
2	8～10	600	22	18	20

卡盘与扳头（横口扳手）主要尺寸　　表 5.4-3

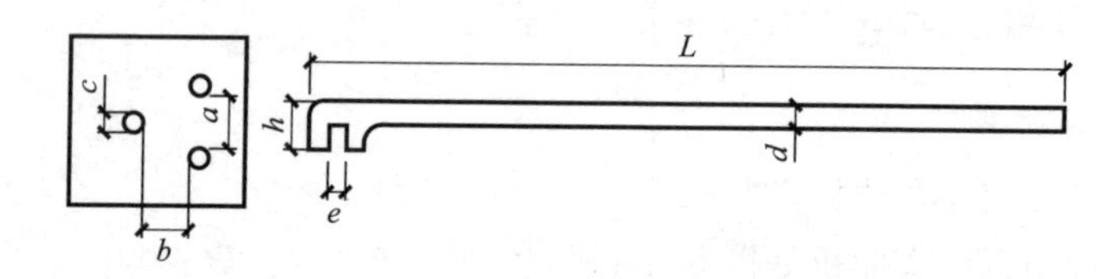

项次	钢筋直径/mm	卡盘/mm			扳头/mm			
		a	b	c	d	e	h	L
1	12～16	50	80	20	22	18	40	1200
2	18～22	65	90	25	28	24	50	1350
3	925～32	80	100	30	38	34	76	2100

2. 弯曲成型工艺

（1）画线

钢筋弯曲前，对形状复杂的钢筋（如弯起钢筋），根据钢筋料牌上标明的尺寸，用石笔将各弯曲点位置画出。画线时应注意：

1）根据不同的弯曲角度扣除弯曲调整值，其扣法是从相邻两段长度中各扣一半；

2）钢筋端部带半圆弯钩时，画线时该段长度增加 $0.5d$（d 为钢筋直径）；

3）画线工作宜从钢筋中线开始向两边进行，两边不对称的钢筋，也可从钢筋一端开始画线，如画到另一端有出入，则应重新调整。

(2) 钢筋弯曲成型

钢筋在弯曲机上成型时（图 5.4-5），心轴直径应是钢筋直径的 2.5～5.0 倍，成型轴宜加偏心轴套，以便适应不同直径的钢筋弯曲需要。弯曲细钢筋时，为了使弯弧一侧的钢筋保持平直，挡铁轴宜作成可变挡架或固定挡架（加铁板调整）。

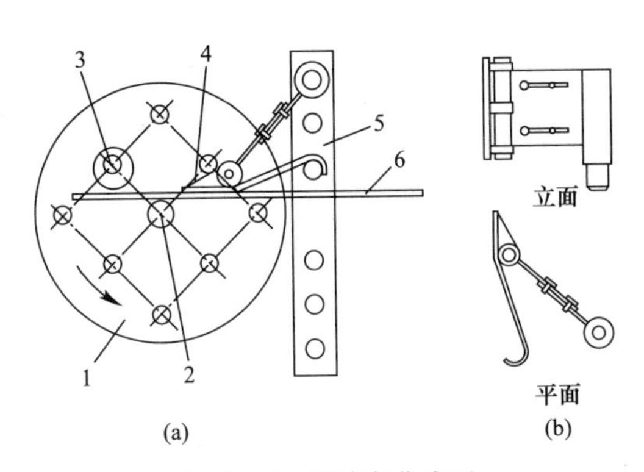

图 5.4-5　钢筋弯曲成型

(a) 工作简图；(b) 可变挡架构造

1—工作盘；2—心轴；3—成型轴；4—可变挡架；5—插座；6—钢筋

钢筋弯曲点线和心轴的关系，如图 5.4-6 所示。由于成型轴和心轴同时转动，就会带动钢筋向前滑移，所以，钢筋弯 90°时，弯曲点线约与心轴内边缘平齐；弯 180°时，弯曲点线与心轴内边缘距离为 1.0d～1.5d（钢筋硬时取大值）。

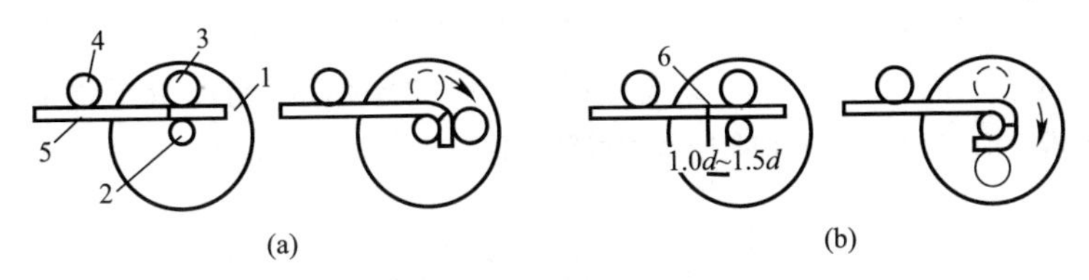

图 5.4-6　弯曲点线与心轴关系

(a) 弯 90°；(b) 弯 180°

1—工作盘；2—心轴；3—成型轴；4—固定挡铁；5—钢筋；6—弯曲点线

(3) 曲线形钢筋成型

弯制曲线形钢筋时（图 5.4-7），可在原有钢筋弯曲机的工作盘中央，放置一个十字架和钢套；另外在工作盘四个孔内插上挡轴和成型钢套（和中央钢套相切）。插座板上的挡轴钢套尺寸，可根据钢筋曲线形状确定。钢筋成型过程中，成型钢套起顶弯作用，十字架只协助推进。

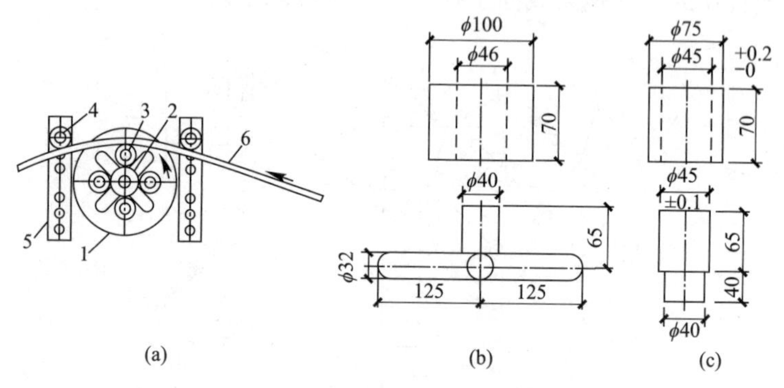

图 5.4-7　曲线形钢筋成型

(a) 工作简图；(b) 十字撑及圆套详图；(c) 桩柱及圆套详图

1—工作盘；2—十字撑及圆套；3—桩柱及圆套；

4—挡轴钢套；5—插座板；6—钢筋

(4) 螺旋形钢筋成型

小直径钢筋一般可用手摇滚筒成型（图 5.4-8），较粗钢筋（$\phi16 \sim \phi30$）可在钢筋弯曲机的工作盘上安设一个型钢制成的加工圆盘，圆盘外直径相当于需加工的螺旋筋（或圆箍筋）的内径，插孔相当于弯曲机板柱间距。使用时将钢筋一端固定，即可按一般钢筋弯曲加工方法将其弯成所需要的螺旋形钢筋。由于钢筋有弹性，滚筒直径应比螺旋筋内径略小。

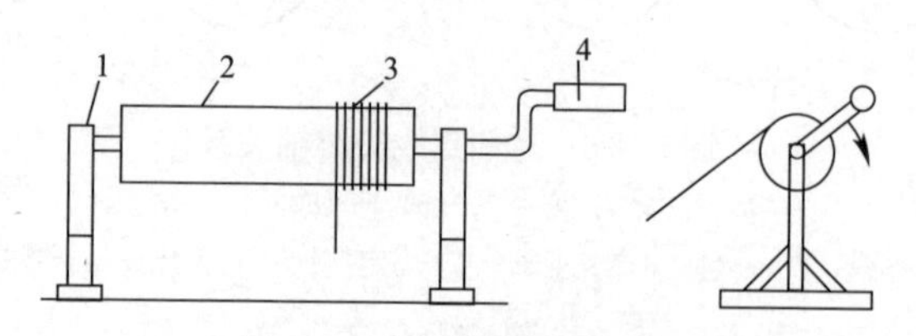

图 5.4-8　螺旋形钢筋成型

1—支架；2—卷筒；3—钢筋；4—摇把

5.5　钢筋焊接连接

5.5.1　一般规定

（1）钢筋采用焊接连接时，各种接头的焊接方法、接头形式和适用范围见表 5.5-1。

（2）钢筋焊接应符合下列规定：

1）对 HRBF335、HRBF400、HRBF500 细晶粒热轧钢筋施焊时，可采用与 HRB335、HRB400、HRB500 钢筋相同的或者近似的，并经试验确认的焊接工艺参数。直径大于 28mm 的带肋钢筋，焊接参数应经试验确定；余热处理钢筋不宜焊接。

2）钢筋焊接施工之前，应清除钢筋、钢板焊接部位以及钢筋与电极接触处表面上的锈斑、油污、杂物等；当钢筋端部有弯折、扭曲时，应进行矫直或切除。

3）焊机应经常维护保养和定期检修，确保正常使用。

5.5.2　钢筋电弧焊

1. 电弧焊设备和焊条

钢筋电弧焊设备主要有弧焊机、焊接电缆、电焊钳等。弧焊机可分为交流弧焊机和直流弧焊机两类。交流弧焊机（焊接变压器）常用的型号有 BX_3-120-1、BX_3-300-2、BX_3-500-2（图 5.5-1）和 BX_2-1000 等；直流弧焊机常用的型号有 AX_1-165、AX_4-300-1、AX-320、AX_5-500、AX_3-500 等。

2. 帮条焊和搭接焊

帮条焊和搭接焊均分为单面焊和双面焊。

进行帮条焊时，宜采用双面焊［图 5.5-2(a)］；不能进行双面焊时，方可采用单面焊［图 5.5-2(b)］。帮条长度应符合表 5.5-2 的规定。当帮条牌号与主筋相同时，帮条直径可与主筋相同或比主筋低一个规格。当帮条直径与主筋相同时，帮条牌号可与主筋相同或比主筋低一个牌号。

各种接头的焊接方法、接头形式和适用范围 **表 5.5-1**

焊接方法			接头形式	适用范围	
				钢筋牌号	钢筋直径/mm
电阻点焊				HPB300 HRB400、HRBF400 CRB550	6～16 6～16 5～12
闪光对焊				HPB300 HRB400、HRBF400 HRB500、HRBF500 RRB400	8～22 8～32 10～32 10～32
箍筋闪光对焊				HPB300 HRB400、HRBF400	6～16 6～16
电弧焊	帮条焊	双面焊		HPB300 HRB400、HRBF400 HRB500、HRBF500	6～22 6～40 6～40
		单面焊		HPB300 HRB400、HRBF400 HRB500、HRBF500	6～22 6～40 6～40

续表

焊接方法			接头形式	适用范围	
				钢筋牌号	钢筋直径/mm
电弧焊	搭接焊	双面焊		HPB300 HRB400、HRBF400 HRB500、HRBF500	6～22 6～40 6～40
		单面焊		HPB300 HRB400、HRBF400 HRB500、HRBF500	6～22 6～40 6～40
	熔槽帮条焊			HPB300 HRB400、HRBF400 HRB500、HRBF500	20～22 20～40 20～40
	坡口焊	平焊		HPB300 HRB400、HRBF400 HRB500、HRBF500	18～40 18～40 18～40
		立焊		HPB300 HRB400、HRBF400 HRB500、HRBF500	18～40 18～40 18～40

续表

<table>
<tr><th colspan="3" rowspan="2">焊接方法</th><th rowspan="2">接头形式</th><th colspan="2">适用范围</th></tr>
<tr><th>钢筋牌号</th><th>钢筋直径/mm</th></tr>
<tr><td rowspan="6">电弧焊</td><td colspan="2">钢筋与钢板搭接焊</td><td></td><td>HPB300
HRB400、HRBF400
HRB500、HRBF500</td><td>8～40
8～40
8～40</td></tr>
<tr><td colspan="2">窄间隙焊</td><td></td><td>HPB300
HRB400、HRBF400</td><td>16～40
16～40</td></tr>
<tr><td rowspan="4">预埋件电弧焊</td><td>角焊</td><td>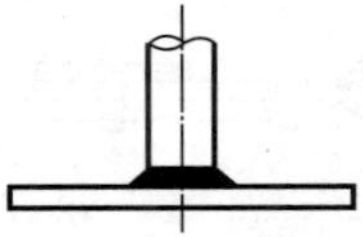</td><td>HPB300
HRB400、HRBF400
HRB500、HRBF500</td><td>6～25
6～25
6～25</td></tr>
<tr><td>穿孔塞焊</td><td>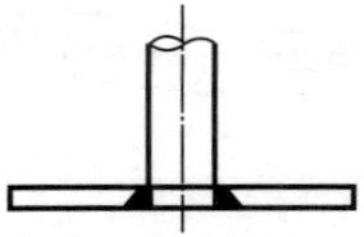</td><td>HPB300
HRB400、HRBF400
HRB500、HRBF500</td><td>20～25
20～25
20～25</td></tr>
<tr><td>预埋件钢筋埋弧压力焊</td><td rowspan="2">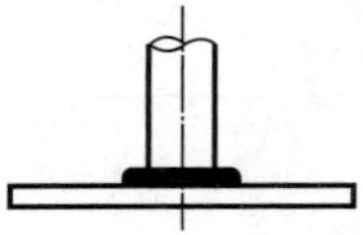</td><td rowspan="2">HPB300
HRB400、HRBF400
HRB500、HRBF500</td><td rowspan="2">6～25
6～25
6～25</td></tr>
<tr><td>埋弧螺柱焊</td></tr>
</table>

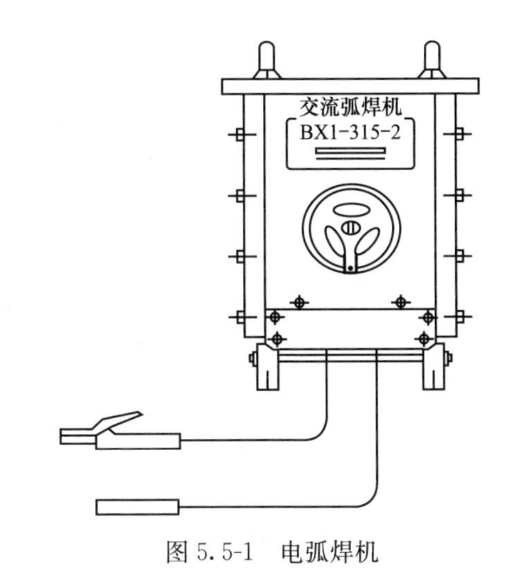

图 5.5-1　电弧焊机

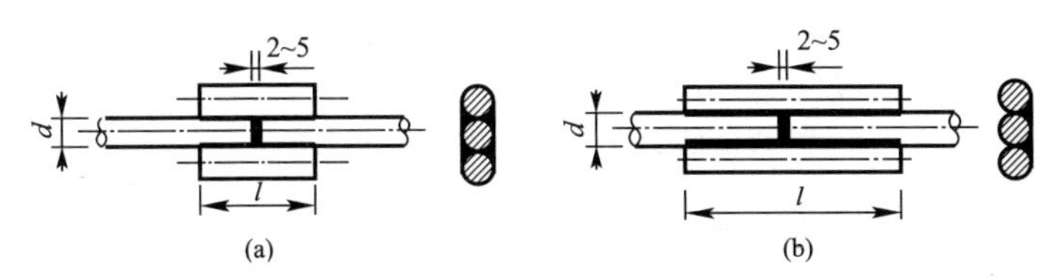

图 5.5-2　钢筋帮条焊接头

（a）双面焊；（b）单面焊

d—钢筋直径；l—搭接长度

钢筋帮条长度　　　　**表 5.5-2**

钢筋牌号	焊缝形式	帮条长度 l
HPB300	单面焊	≥8d
	双面焊	≥4d
HRB400、RRB400	单面焊	≥10d
	双面焊	≥5d

注：d 为主筋直径。

进行搭接焊时，宜采用双面焊［图 5.5-3（a）］；不能进行双面焊时，方可采用单面焊［图 5.5-3（b）］。

帮条焊接头或搭接焊接头的焊缝厚度 s 不应小于主筋直径的 0.3 倍，焊缝宽度 b 不应小于主筋直径的 0.8 倍（图 5.5-4）。

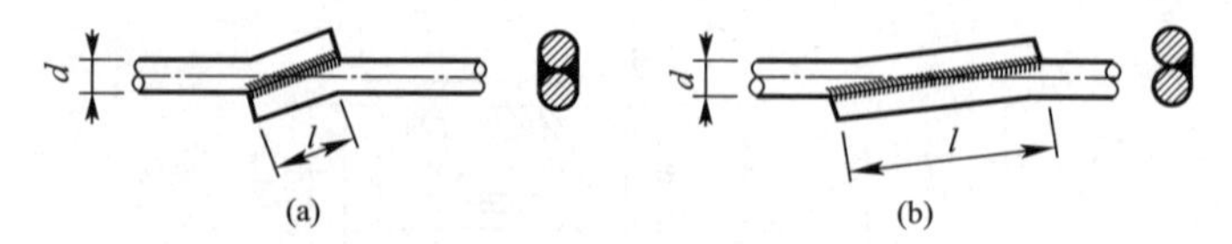

图 5.5-3 钢筋搭接焊接头

(a) 双面焊；(b) 单面焊

d—钢筋直径；l—搭接长度

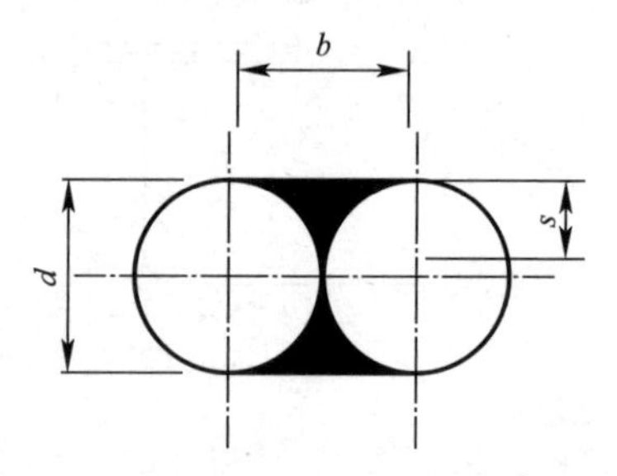

图 5.5-4 焊缝尺寸示意图

b—焊缝宽度；s—焊缝厚度；d—钢筋直径。

进行帮条焊或搭接焊时，钢筋的装配和焊接应符合下列要求：

(1) 进行帮条焊时，两主筋端面的间隙应为 2～5mm，帮条与主筋之间应用四点定位焊固定，定位焊缝与帮条端部的距离宜大于或等于 20mm；

(2) 进行搭接焊时，焊接端钢筋应预弯，并应使两钢筋的轴线在同一直线上，用两点固定，定位焊缝与搭接端部的距离宜大于或等于 20mm；

(3) 焊接时，应在帮条焊或搭接焊形成的焊缝中引弧，在端头收弧前应填满弧坑，并应使主焊缝与定位焊缝的始端和终端熔合。

3. 预埋件电弧焊

预埋件钢筋电弧焊 T 形接头可分为角焊和穿孔塞焊两种(图 5.5-5)。装配和焊接时，若采用 HRB400 钢筋，焊脚 (K) 不得小于钢筋直径的 0.6 倍；施焊中，不得使钢筋咬边和烧伤。

钢筋与钢板搭接焊时，焊接接头 (图 5.5-6) 应符合下列要求：

(1) HRB400 钢筋搭接长度 (l) 不得小于 5 倍钢筋直径；

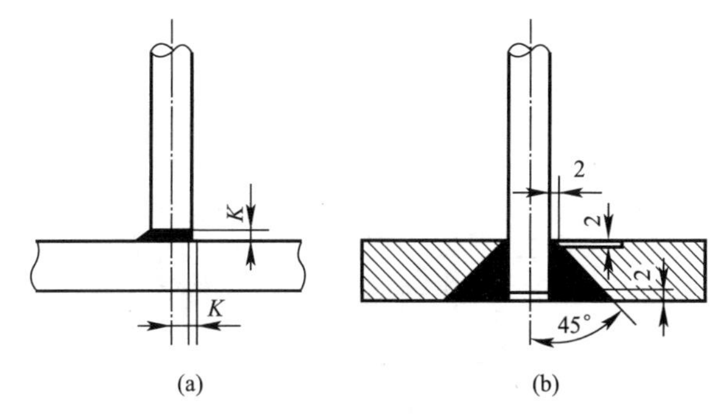

图 5.5-5　预埋件钢筋电弧焊 T 形接头

（a）角焊；（b）穿孔塞焊

K—焊脚

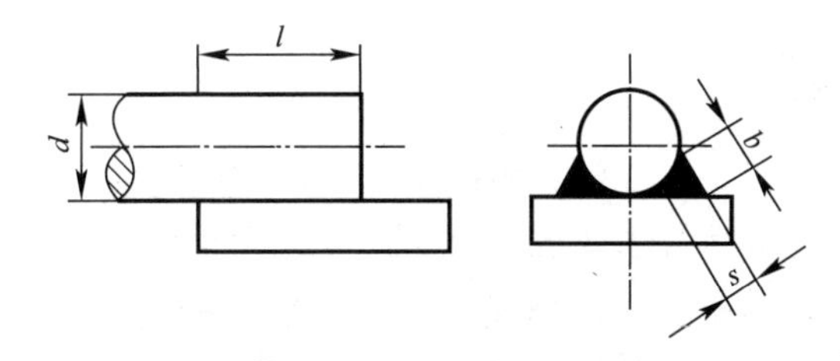

图 5.5-6　钢筋与钢板搭接焊接头

d—钢筋直径；*l*—搭接长度；*b*—焊缝宽度；*s*—焊缝厚度

（2）焊缝宽度不得小于钢筋直径的 0.6 倍，焊缝厚度不得小于钢筋直径的 0.35 倍。

4. 坡口焊

坡口焊是将两根钢筋的连接处切割成一定角度的坡口，辅以钢垫板进行焊接连接的一种工艺。坡口焊的准备工作要求：

（1）坡口面应平顺，切口边缘不得有裂纹、钝边和缺棱；

（2）坡口角度可从图 5.5-7 中的数据中选取；

（3）钢垫板厚度宜为 4～6mm，长度宜为 40～60mm，平焊时，垫板宽度应为钢筋直径加 10mm，立焊时，垫板宽度宜等于钢筋直径。

进行坡口焊时应注意，焊缝应比 V 形坡口宽出 2～3mm，焊缝余高不得大于 3mm，并平缓过渡至钢筋表面；钢筋与钢垫板之间，应加焊二、三层侧面焊缝；当发现接头中有弧坑、气孔及咬边等缺陷时，应立即补焊。

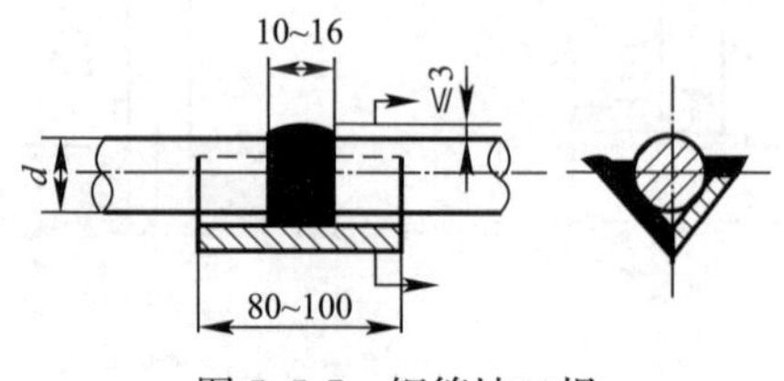

图 5.5-7 钢筋坡口焊

5.6 钢筋机械连接

5.6.1 一般规定

钢筋连接时，宜选用机械连接接头，并优先采用直螺纹接头。钢筋机械连接方法分类及适用范围，见表 5.6-1。钢筋机械连接接头的设计、应用与验收应符合现行行业标准《钢筋机械连接技术规程》JGJ 107 和各类机械连接接头技术规程的规定。

钢筋机械连接方法分类及适用范围　　　表 5.6-1

<table>
<tr><th colspan="2" rowspan="2">机械连接方法</th><th colspan="2">适用范围</th></tr>
<tr><th>钢筋级别</th><th>钢筋直径/mm</th></tr>
<tr><td colspan="2">钢筋套筒挤压连接</td><td>HRB400、HRBF400、HRB400E、HRBF400E、RRB400</td><td>16～40</td></tr>
<tr><td colspan="2">钢筋镦粗直螺纹套筒连接</td><td>HRB400、HRBF400、HRB400E、HRBF400E</td><td>16～40</td></tr>
<tr><td rowspan="3">钢筋滚轧直螺纹连接</td><td>直接滚轧</td><td rowspan="3">HRB400、RRB400、HRBF400、HRB400E、HRBF400E</td><td>16～40</td></tr>
<tr><td>挤肋滚轧</td><td>16～40</td></tr>
<tr><td>剥肋滚轧</td><td>16～40</td></tr>
</table>

5.6.2 钢筋滚扎直螺纹连接

钢筋滚轧直螺纹连接是利用金属材料塑性变形后冷作硬化增

强金属强度的特性，使接头母材可靠连接的方法。根据滚轧直螺纹成型方式，又可分为直接滚轧直螺纹、挤压肋滚轧直螺纹、剥肋滚轧直螺纹三种类型。

1. 直接滚轧直螺纹

螺纹加工简单，设备投入少，但螺纹精度差，钢筋粗细不均，导致螺纹直径出现差异，使接头质量受到一定的影响。

2. 挤肋滚轧直螺纹

采用专用挤压机先将钢筋端头的横肋和纵肋进行预压平处理，然后再滚轧螺纹。其目的是减轻钢筋肋对成型螺纹的影响。此法对螺纹精度有一定的提高，但仍不能从根本上解决钢筋直径差异对螺纹精度的影响。

3. 剥肋滚轧直螺纹

采用剥肋滚丝机，先将钢筋端头的横肋和纵肋进行剥切处理，使钢筋滚丝前的直径达到同一尺寸，然后进行螺纹滚轧成型。采用此法滚轧出的螺纹精度高，接头质量稳定。

5.7　钢筋安装

5.7.1　钢筋现场绑扎

1. 准备工作

（1）熟悉设计图纸，并按照设计图纸核对钢筋的牌号、规格，按照下料单核对钢筋的规格、尺寸、形状、数量等。

（2）准备好绑扎用的工具，主要包括钢筋钩或全自动绑扎机、撬棍、扳子、绑扎架、钢丝刷、石笔（粉笔）、尺子等。

（3）绑扎用的钢丝一般采用20～22号镀锌钢丝，直径小于或等于12mm的钢筋采用22号钢丝，直径大于12mm的钢筋采用20号钢丝。钢丝的长度只要满足绑扎要求即可，一般是将整捆的钢丝切割为3～4段。

（4）准备好控制保护层厚度的砂浆垫块或钢支架等。

砂浆垫块需要提前制作，以保证其有一定的抗压强度，防止使用时粉碎或脱落。其大小一般为50mm×50mm，厚度为设计保护层厚度。墙、柱或梁侧等竖向钢筋的保护层垫块在制作时需埋入绑扎丝。

（5）绑扎墙、柱钢筋前，先搭设好脚手架，一是作为绑扎钢筋的操作平台，二是用于对钢筋的临时固定，防止钢筋倾斜。

（6）弹出墙、柱等结构的边线和标高控制线，用于控制钢筋的位置和高度。

2. 钢筋绑扎搭接接头

钢筋的绑扎接头应在接头中心和两端用钢丝扎牢。同一构件中相邻纵向受力钢筋的绑扎搭接接头宜相互错开。绑扎搭接接头中钢筋的横向净距不应小于钢筋直径，且不应小于25mm。

3. 基础钢筋绑扎

（1）按基础的尺寸分配好基础钢筋的位置，用石笔（粉笔）将其位置画在垫层上。

（2）将主次钢筋按画出的位置摆放好。

（3）当有基础底板和基础梁时，基础底板的下部钢筋应放在梁筋的下部。对基础底板的下部钢筋，主筋在下分布筋在上；对基础底板的上部钢筋，主筋在上分布筋在下。

（4）基础底板的钢筋可以采用八字扣或顺扣，基础梁的钢筋应采用八字扣，防止其倾斜变形。绑扎钢丝的端部应弯入基础内，不得伸入保护层内。

（5）根据设计保护层厚度垫好保护层垫块。垫块间距一般为1～1.5m。下部钢筋绑扎完后，穿插进行预留、预埋管道的安装。

（6）钢筋马凳可用钢筋弯制、焊制，当上部钢筋规格较大、较密时，也可采用型钢等材料制作，其规格及间距应通过计算确定。常见的样式如图5.7-1所示。

（7）桩钢筋成型及安装

1）分段制作的钢筋笼，其接头宜采用焊接或机械式接头（钢筋直径大于20mm），并应遵守国家现行标准《钢筋机械连接技术规程》JGJ 107、《钢筋焊接及验收规程》JGJ 18和《混凝土结构工程施工质量验收规范》GB 50204的规定。

2）加劲箍宜设在主筋外侧，施工工艺有特殊要求时也可置于

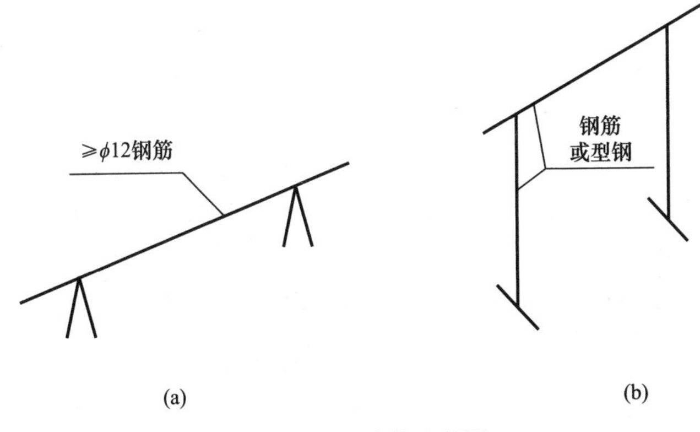

图 5.7-1 马凳示意图

内侧。

3）钢筋笼一般先在钢筋场制作成型，然后用吊车将其吊起送入桩孔。

4）当钢筋笼较长时，可采用双吊车吊装。吊装时，先用一台吊车将钢筋笼上部吊起，再用另一台吊车吊起钢筋笼下部，吊至离地高度约为 1m 左右时，第一台吊车再继续起吊并调整吊钩的位置，直至钢筋笼完全竖直，将钢筋笼吊至桩孔上方并与桩孔对正，最后将钢筋笼缓慢送入桩孔。

5）在下放钢筋笼时，设置好保护层垫块。

6）也可采用简易的方法：先在桩孔上方搭设绑扎钢筋的脚手架，将钢管水平放在桩孔上用于临时支撑钢筋笼，并在脚手架顶部用捯链（电动葫芦）将第一段钢筋笼吊住，待第一段钢筋笼绑扎完后，将水平支撑钢管抽出，用捯链（电动葫芦）将已经绑扎完的钢筋笼缓缓放入桩孔内，再在桩孔上方继续绑扎上面一段钢筋笼，然后将第二段放入桩孔，以此类推，直至钢筋笼全部完成。

4. 柱钢筋绑扎

（1）根据柱边线调整钢筋的位置，使其满足绑扎要求。

（2）计算好本层柱所需的箍筋数量，将所有箍筋套在柱的主筋上。

（3）将柱子的主筋接长，并将主筋顶部与脚手架进行临时固定，保持柱主筋垂直。然后将箍筋从上至下以此绑扎。

（4）柱箍筋要与主筋相互垂直，矩形柱箍筋的端头应与模板面成135°角。柱角部主筋的弯钩平面与模板面的夹角，矩形柱中应为45°角，多边形柱中应为模板内角的平分角；圆形柱钢筋的弯钩平面应与模板的切平面垂直；中间钢筋的弯钩平面应与模板面垂直；当采用插入式振捣器浇筑小型截面柱时，弯钩平面与模板面的夹角不得小于15°。

（5）柱箍筋的弯钩叠合处，应沿受力钢筋方向错开设置，不得设置在同一位置。

（6）绑扎完成后，将保护层垫块或塑料支架固定在柱主筋上。

5. 梁板钢筋绑扎

（1）梁钢筋可在梁侧模安装前在梁底模板上绑扎，也可在梁侧模安装完后在模板上方绑扎，绑扎成钢筋笼后再整体放入梁模板内。第二种绑扎方法一般只用于次梁或梁高较小的梁。

（2）梁钢筋绑扎前应确定好主梁和次梁钢筋的位置关系，次梁的主筋应在主梁的主筋上面。楼板钢筋则应在主梁和次梁主筋的上面。

（3）先穿梁上部钢筋，再穿下部钢筋，最后穿弯起钢筋，然后根据事先画好的箍筋控制点将箍筋分开，间隔一定距离先将其中的几个箍筋与主筋绑扎好，然后再依次绑扎其他箍筋。

（4）梁箍筋的接头部位应在梁的上部，除设计有特殊要求外，应与受力钢筋垂直设置；箍筋弯钩叠合处，应沿受力钢筋方向错开设置。

（5）梁端第一个箍筋应在距支座边缘50mm处。

（6）当梁主筋为双排或多排时，各排主筋间的净距不应小于25mm，且不小于主筋的直径。现场可用短钢筋作垫在两排主筋之间，以控制其间距，短钢筋方向与主筋垂直。当梁主筋最大直径不大于25mm时，采用25mm短钢筋作垫铁；当梁主筋最大直径大于25mm时，采用与梁主筋规格相同的短钢筋作垫铁。短钢筋的长度为梁宽减两个保护层厚度，短钢筋不应伸入混凝土保护层内。

（7）板钢筋绑扎前先在模板上画出钢筋的位置，然后将主筋和分布筋摆在模板上，主筋在下分布筋在上，调整好间距后依次绑扎。对于单向板钢筋，除将靠近外围两行钢筋的相交点全部扎牢外，可将中间部分交叉点间隔交错绑扎牢固，但应保证受力钢筋不产生位置偏移；双向受力的钢筋，必须全部扎牢。相邻绑扎扣应呈八字形，防止钢筋变形。

（8）板底层钢筋绑扎完，穿插预留预埋管线的施工，然后绑扎上层钢筋。

（9）两层钢筋间应设置马凳，以控制两层钢筋间的距离。马凳的形式如图 5.7-2 所示，间距一般为 1m。如上层钢筋的规格较小容易弯曲变形，其间距应缩小，或采用图 5.7-1（b）所示样式的马凳。

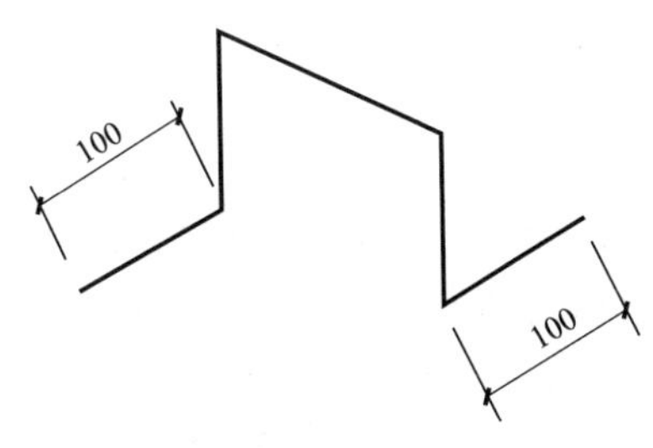

图 5.7-2　楼板钢筋马凳示意图

（10）对楼梯钢筋，应先绑扎楼梯梁钢筋，再绑扎休息平台板和斜板的钢筋。休息平台板或斜板钢筋绑扎时，主筋在下分布筋在上，所有交叉点均应绑扎牢固。

6. 特殊节点钢筋绑扎

（1）钢筋绑扎的细部构造要求

1）过梁箍筋应有一根在暗柱内，且距暗柱边 50mm；

2）楼板的纵横钢筋距墙边（或梁边）50mm；

3）梁、柱接头处的箍筋距柱边 50mm；

4）次梁两端箍筋距主梁 50mm；

5）阳台留出竖向钢筋距墙边 50mm；

6）墙面水平筋或暗柱箍筋距楼（地）面 30～50mm，墙面纵向筋距暗柱、门口边 50mm；

7）钢筋绑扎时的绑扣应朝向内侧。

（2）复合箍筋的安装

1）复合箍筋的外围应选用封闭箍筋。梁类构件复合箍筋宜尽量选用封闭箍筋，单数肢也可采用拉筋；柱类构件复合箍筋可全部采用拉筋。

2）复合箍筋的局部重叠不宜少于2层。当构件两个方向均采用复合箍筋时，外围封闭箍筋应位于两个方向的内部箍筋（或拉筋）中间。当拉筋设置在复合箍筋内部不对称的一边时，沿构件周线方向相邻箍筋应交错布置。

3）拉筋宜紧靠封闭箍筋，并勾住纵向钢筋。

5.7.2 钢筋网与钢筋骨架安装

1. 绑扎钢筋网与钢筋骨架安装

（1）为便于运输，绑扎钢筋网的尺寸不宜过大，一般以两个方向的边长均不超过5m为宜。钢筋骨架如果是在现场绑扎成型，长度一般不超过12m；如果是在场外绑扎成型，长度一般不超过9m。

（2）对于尺寸较大的钢筋网，运输和吊装时应采取防止变形的措施，如在钢筋网上绑扎两道斜向钢筋形成“X”形。对钢筋骨架也可采取类似方法，形式如图5.7-3所示。防变形钢筋应在吊装就位后拆除。

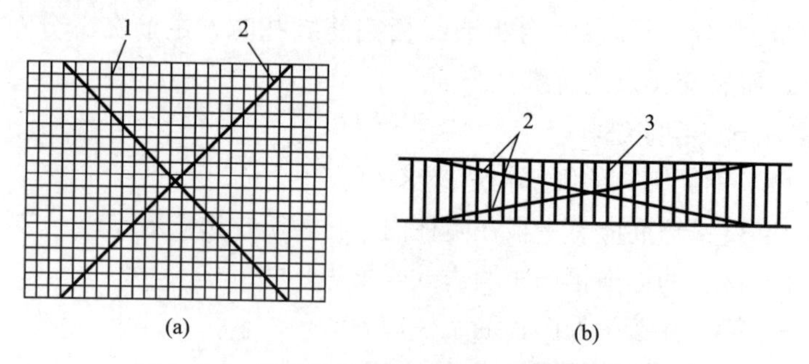

图5.7-3 绑扎钢筋网和钢筋骨架的防变形措施

1—钢筋网；2—防变形钢筋；3—钢筋骨架

（3）钢筋骨架的长度不大于6m时，可采用两点吊装，长度大于6m时，应采用钢扁担4点吊装。

2. 钢筋焊接网安装

（1）钢筋焊接网在运至现场后，应按不同规格分类堆放，并设置料牌，防止错用。

（2）对两端需要伸入梁内的钢筋焊接网，在安装时可将两侧梁的钢筋向两侧移动，将钢筋焊接网就位后，再将梁的钢筋复位。如果上述方法仍不能将钢筋焊接网放入，也可先将钢筋焊接网的一边伸入梁内，然后将钢筋焊接网适当向上弯曲，使钢筋焊接网的另一侧也深入梁内，并慢慢将钢筋焊接网恢复平整。

（3）钢筋焊接网安装时，下层钢筋网需设置保护层垫块，其间距应根据焊接钢筋网的规格适当调整，一般为500～1000mm。

（4）双层钢筋网之间应设置钢筋马凳或支架，以控制两层钢筋网的间距。马凳或支架的间距一般为500～1000mm。

（5）对需要绑扎搭接的焊接钢筋网，每个交叉点均要绑扎牢固。

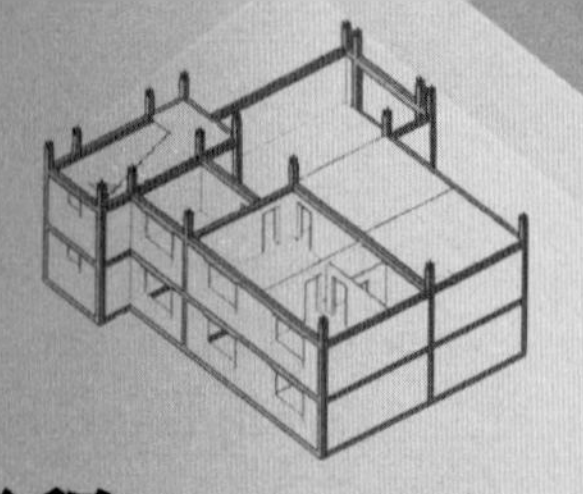

第六章　混凝土工程

6.1　混凝土结构计算

6.1.1　混凝土结构的基本规定

（1）进行计算时钢筋混凝土受弯构件的最大挠度应按荷载的准永久组合，并考虑荷载长期作用的影响，其计算值不应超过表 6.1-1 规定的挠度限值。

受弯构件的挠度限值　　表 6.1-1

构件类型		挠度限值
屋盖、楼盖及楼梯构件	当 $l_0<7$m 时	$l_0/200$（$l_0/250$）
	当 7m$\leqslant l_0\leqslant$9m 时	$l_0/250$（$l_0/300$）
	当 $l_0>9$m 时	$l_0/300$（$l_0/400$）

注：1. 表中 l_0 为构件的计算跨度；计算悬臂构件的挠度限值时，其计算跨度按实际悬臂长度的 2 倍取用；
2. 表中括号内的数值适用于使用上对挠度有较高要求的构件；
3. 如果构件制作时预先起拱，且使用上也允许，则在验算挠度时，可将计算所得的挠度值减去起拱值；对预应力混凝土构件，尚可减去预加力所产生的反拱值；
4. 构件制作时的起拱值和预加力所产生的反拱值，不宜超过构件在相应荷载组合作用下的计算挠度值。

（2）对混凝土结构暴露的环境类别应按表 5.2-1 的要求进行划分。

（3）混凝土结构应根据设计使用年限和环境类别进行耐久性设计。设计使用年限为 50 年的混凝土结构，其混凝土材料宜符合表 6.1-2 的规定。

1）一类环境中，设计使用年限为 100 年的混凝土结构应符合下列规定：

结构混凝土材料的耐久性基本要求 **表 6.1-2**

环境等级	最大水胶比	最低强度等级	最大氯离子含量/%	最大碱含量/(kg/m^3)
一	0.6	C20	0.3	不限制
二 a	0.55	C25	0.2	3
二 b	0.50(0.55)	C30(C25)	0.15	
三 a	0.45(0.50)	C35(C30)	0.15	
三 b	0.4	C40	0.1	

注：1. 氯离子含量系指其占胶凝材料总量的百分比；
2. 预应力构件混凝土中的最大氯离子含量为 0.06%；其最低混凝土强度等级宜按表中的规定提高两个等级；
3. 素混凝土构件的水胶比及最低强度等级的要求可适当放松；
4. 有可靠工程经验时，二类环境中的最低混凝土强度等级可降低一个等级；
5. 处于严寒和寒冷地区二 b、三 a 类环境中的混凝土应使用引气剂，并可采用括号中的有关参数；
6. 当使用非碱活性骨料时，对混凝土中的碱含量可不作限制。

① 钢筋混凝土结构的最低混凝土强度等级为 C30，预应力混凝土结构的最低混凝土强度等级为 C40；

② 混凝土中的最大氯离子含量为 0.06%；

③ 宜使用非碱活性骨料，当使用碱活性骨料时，混凝土中的最大碱含量为 3.0kg/m^3。

2）二、三类环境中，设计使用年限为 100 年的混凝土结构应采取专门的有效措施。混凝土结构在设计使用年限内尚应遵守下列规定：

① 建立定期检测、维修的制度；

② 设计中可更换的混凝土构件应按规定更换；

③ 构件表面的防护层，应按规定维护或更换；

④ 结构出现可见的耐久性缺陷时，应及时进行处理。

6.1.2 混凝土结构的计算用表

（1）混凝土强度标准值见表 6.1-3。

（2）混凝土强度设计值见表 6.1-4。

（3）混凝土受压和受拉的弹性模量 E_c 见表 6.1-5。

混凝土强度标准值　　表 6.1-3

强度种类	混凝土强度等级													
	C15	C20	C25	C30	C35	C40	C45	C50	C55	C60	C65	C70	C75	C80
轴心抗压 f_{ck}/(N/mm^2)	10	13.4	16.7	20.1	23.4	26.8	29.6	32.4	35.5	38.5	41.5	44.5	47.4	50.2
轴心抗拉 f_{tk}/(N/mm^2)	1.27	1.54	1.78	2.01	2.20	2.39	2.51	2.64	2.74	2.85	2.93	2.99	3.05	3.11

混凝土强度设计值　　表 6.1-4

强度种类	混凝土强度等级													
	C15	C20	C25	C30	C35	C40	C45	C50	C55	C60	C65	C70	C75	C80
轴心抗压 f_c/(N/mm^2)	7.2	9.6	11.9	14.3	16.7	19.1	21.1	23.1	25.3	27.5	29.7	31.8	33.8	35.9
轴心抗拉 f_t/(N/mm^2)	0.9	1.1	1.27	1.43	1.57	1.71	1.80	1.89	1.96	2.04	2.09	2.14	2.18	2.22

弹性模量 E_c　　表 6.1-5

混凝土强度等级	C15	C20	C25	C30	C35	C40	C45	C50	C55	C60	C65	C70	C75	C80
E_c	2.2	2.55	2.8	3.00	3.15	3.25	3.35	3.45	3.55	3.60	3.65	3.70	3.75	3.80

注：1. 当有可靠试验依据时，弹性模量可根据实测数据确定；
2. 当混凝土中掺有大量矿物掺合料时，弹性模量可按规定龄期根据实测数据确定。

（4）混凝土的剪切变形模量 G_c 可按相应弹性模量值的 40% 采用。

（5）混凝土泊松比 ν_c 可按 0.20 采用。

（6）混凝土疲劳变形模量 E_c^f 见表 6.1-6。

（7）当温度在 0～100℃范围内时，混凝土的热工参数可按下列规定取值：

线膨胀系数 a_c 为 1×10^{-5}/℃；

混凝土疲劳变形模量　　表 6.1-6

混凝土强度等级	C30	C35	C40	C45	C50	C55	C60	C65	C70	C75	C80
$E_c^f/(\times 10^4 N/mm^2)$	1.30	1.40	1.50	1.55	1.60	1.65	1.70	1.75	1.80	1.85	1.90

导热系数 λ 为 10.6kJ/(m·h·℃)。

比热容 c 为 0.96kJ/(kg·℃)。

(8) 一般多层房屋中梁柱为刚接的框架结构，各层柱的计算长度 l_0 见表 6.1-7。

框架结构各层柱的计算长度　　表 6.1-7

楼盖类型	柱的类别	l_0
现浇楼盖	底层柱	1.0H
	其余各层柱	1.25H
装配式楼盖	底层柱	1.25H
	其余各层柱	1.5H

注：对于底层柱，表中 H 为从基础顶面到一层楼盖顶面的高度；对于其余各层柱，表中 H 为上下两层楼盖顶面之间的高度。

(9) 构件中普通钢筋及预应力筋的混凝土保护层厚度。

1) 构件中受力钢筋的保护层厚度不应小于钢筋的公称直径 d。

2) 设计使用年限为 50 年的混凝土结构，最外层钢筋的保护层厚度应符合表 6.1-8 的规定；设计使用年限为 100 年的混凝土结构，最外层钢筋的保护层厚度不应小于表 6.1-8 中数值的 1.4 倍。

混凝土保护层的最小厚度　　表 6.1-8

环境类别	板、墙、壳/mm	梁、柱、杆/mm
一	15	20
二 a	20	25
二 b	25	35
三 a	30	40
三 b	40	50

注：1. 基础混凝土强度等级不高于 C25 时，表中保护层厚度数值应增加 5mm；
2. 钢筋混凝土基础宜设置混凝土垫层，基础中钢筋的混凝土保护层厚度应从垫层顶面算起，且不应小于 40mm。

(10) 现浇钢筋混凝土板的最小厚度见表 6.1-9。

现浇钢筋混凝土板的最小厚度　　　　表 6.1-9

板的类别		最小厚度/mm
单向板，如图 6.1-1（a）所示	屋面板	60
	民用建筑楼板	60
	工业建筑楼板	70
	行车道下的楼板	80
双向板，如图 6.1-1（b）所示		80
密肋楼盖	面板	50
	肋高	250
悬臂板（根部）	悬臂长度不大于 500mm	60
	悬臂长度 1200mm	100
无梁楼板		150
现浇空心楼盖		200

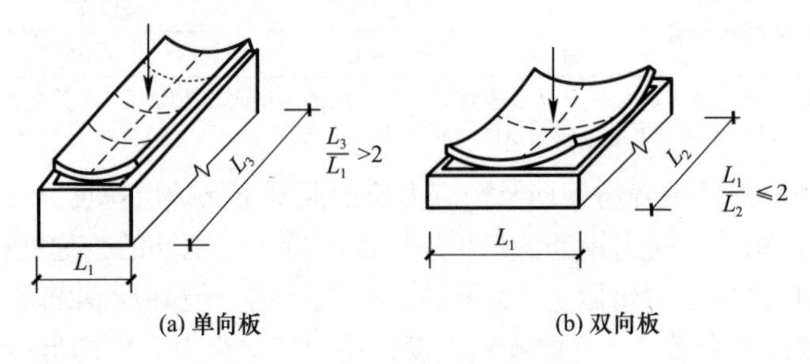

(a) 单向板　　　　(b) 双向板

图 6.1-1　单向板与双向板

6.2　混凝土的原材料

6.2.1　水泥

水泥是一种最常用的水硬性胶凝材料。水泥呈粉末状，加入适量水后，成为塑性浆体，既能在空气中硬化，又能在水中硬化，并能把砂、石散状材料牢固地胶结在一起。土木建筑工程中最为常用的是通用硅酸盐水泥（以下简称通用水泥）。

1. 通用水泥的分类

通用水泥分为：硅酸盐水泥、普通硅酸盐水泥、矿渣硅酸盐水泥、火山灰质硅酸盐水泥、粉煤灰硅酸盐水泥、复合硅酸盐水泥。通用水泥的组分与强度等级见表 6.2-1。

通用水泥的组分与强度等级　　表 6.2-1

品种	标准编号	组分（质量分数）/%		代号	强度等级
		熟料＋石膏	混合材料		
硅酸盐水泥	GB 175—2007	100	—	P·Ⅰ	42.5、42.5R、52.5 52.5R、62.5、62.5R
		≥95	≤5	P·Ⅱ	
普通硅酸盐水泥	GB 175—2007	≥80 且＜95	＞5 且≤20	P·O	42.5、42.5R 52.5、52.5R
矿渣硅酸盐水泥	GB 175—2007	≥50 且＜80	＞20 且≤50	P·S·A	32.5、32.5R、42.5 42.5R、52.5、52.5R
		≥30 且＜50	＞50 且≤70	P·S·B	
火山灰质硅酸盐水泥	GB 175—2007	≥60 且＜80	＞20 且≤40	P·P	32.5、32.5R、42.5 42.5R、52.5、52.5R
粉煤灰硅酸盐水泥	GB 175—2007	≥60 且＜80	＞20 且≤40	P·F	32.5、32.5R、42.5 42.5R、52.5、52.5R
复合硅酸盐水泥	GB 175—2007	≥50 且＜80	＞20 且≤50	P·C	32.5、32.5R、42.5 42.5R、52.5、52.5R

注：混合材料的品种包括粒化高炉矿渣、火山灰质混合材料、粉煤灰、石灰石。

2. 通用水泥的技术要求

（1）通用水泥的物理指标应符合表 6.2-2 的规定。

通用水泥的物理指标　　表 6.2-2

品种	强度等级	抗压强度/MPa		抗折强度/MPa		凝结时间	安定性	细度
		3d	28d	3d	28d			
硅酸盐水泥	42.5	≥17.0	≥42.5	≥3.5	≥6.5	初凝时间不小于 45min，终凝时间不大于 390min	沸煮法合格	比表面积不小于 $300m^2/kg$
	42.5R	≥22.0		≥4.0				
	52.5	≥23.0	≥52.5	≥4.0	≥7.0			
	52.5R	≥27.0		≥5.0				
	62.5	≥28.0	≥62.5	≥5.0	≥8.0			
	62.5R	≥32.0		≥5.5				

续表

品种	强度等级	抗压强度/MPa		抗折强度/MPa		凝结时间	安定性	细度
		3d	28d	3d	28d			
普通硅酸盐水泥	42.5	≥17.0	≥42.5	≥3.5	≥6.5	初凝时间不小于45min，终凝时间不大于600min	沸煮法合格	比表面积不小于300m²/kg
	42.5R	≥22.0		≥4.0				
	52.5	≥23.0	≥52.5	≥4.0	≥7.0			
	52.5R	≥27.0		≥5.0				
矿渣硅酸盐水泥、火山灰质硅酸盐水泥、粉煤灰硅酸盐水泥、复合硅酸盐水泥	32.5	≥10.0	≥32.5	≥2.5	≥5.5	初凝时间不小于45min，终凝时间不大于390min	沸煮法合格	80μm方孔筛筛余不大于10%或45μm方孔筛筛余不大于30%
	32.5R	≥15.0		≥3.5				
	42.5	≥15.0	≥42.5	≥3.5	≥6.5			
	42.5R	≥19.0		≥4.0				
	52.5	≥21.0	≥52.5	≥4.0	≥7.0			
	52.5R	≥23.0		≥4.5				

（2）通用水泥的化学指标应符合表6.2-3的规定。

通用水泥的化学指标/%　　表6.2-3

品种	代号	不溶物	烧失量	三氧化硫	氧化镁	氯离子	碱含量
硅酸盐水泥	P·Ⅰ	≤0.75	≤3.0	≤3.5	≤5.0	≤0.06	若使用活性骨料，用户要求提供低碱水泥时，水泥中的碱含量应不大于0.60%或由买卖双方确定
	P·Ⅱ	≤1.50	≤3.5				
普通硅酸盐水泥	P·O	—	≤5.0	—	—		
矿渣硅酸盐水泥	P·S·A	—	—	≤4.0	≤6.0		
	P·S·B	—	—		—		
火山灰质硅酸盐水泥	P·P	—	—	≤3.5	≤6.0		
粉煤灰硅酸盐水泥	P·F	—	—				
复合硅酸盐水泥	P·C	—	—				

（3）通用水泥品种与强度等级应根据设计、施工要求以及工程所处环境确定，可根据表6.2-4确定。

通用水泥的选用表　　表 6.2-4

混凝土工程特点或所处环境条件	优先选用	可以使用	不得使用
在普通气候环境中的混凝土	普通硅酸盐水泥	矿渣硅酸盐水泥、火山灰质硅酸盐水泥、粉煤灰硅酸盐水泥	—
在干燥环境中的混凝土	普通硅酸盐水泥	矿渣硅酸盐水泥	火山灰质硅酸盐水泥、粉煤灰硅酸盐水泥
在高湿度环境中或永远处在水下的混凝土	矿渣硅酸盐水泥	普通硅酸盐水泥、火山灰质硅酸盐水泥、粉煤灰硅酸盐水泥	—
严寒地区的露天混凝土、寒冷地区的处在水位升降范围内的混凝土	普通硅酸盐水泥	矿渣硅酸盐水泥	火山灰质硅酸盐水泥、粉煤灰硅酸盐水泥
受侵蚀性环境水或侵蚀性气体作用的混凝土	根据侵蚀性介质的种类、浓度等具体条件按规定选用		
厚大体积的混凝土	粉煤灰硅酸盐水泥、矿渣硅酸盐水泥	普通硅酸盐水泥、火山灰质硅酸盐水泥	硅酸盐水泥

3. 水泥的质量控制

（1）水泥进场时应对其品种、级别、包装或散装仓号、出厂日期等进行检查，并应对其强度、安定性及其他必要的性能指标进行复验，其质量必须符合现行国家标准《通用硅酸盐水泥》GB 175 等的规定。

（2）当在使用中对水泥质量有怀疑或水泥出厂超过三个月（快硬硅酸盐水泥超过一个月）时，应进行复验，并按复验结果使用。

（3）水泥在运输时不得受潮和混入杂物。不同品种、强度等级、出厂日期和出厂编号的水泥应分别运输装卸，并做好明显标志，严防混淆。

（4）袋装水泥应在库房内贮存，库房应尽量密闭。堆放时应按品种、强度等级、出厂编号、到货先后或使用顺序排列成垛，堆放高度一般不超过 10 包。临时露天暂存水泥也应用防雨篷布盖严，底板要垫高，并有防潮措施。

6.2.2 石

1. 石的分类

石可分为碎石或卵石。由天然岩石或卵石经破碎、筛分而成的，公称粒径大于 5mm 的岩石颗粒，称为碎石；由自然条件作用形成的，公称粒径大于 5mm 的岩石颗粒，称为卵石。

2. 石的技术要求

混凝土用石宜采用连续粒级。

单粒级宜用于组合成满足要求的连续粒级，也可与连续粒级混合使用，以改善其级配或配成较大粒度的连续粒级。

3. 碎石和卵石的选用

制备混凝土拌合物时，宜选用粒形良好、质地坚硬、颗粒洁净的碎石或卵石。碎石或卵石宜采用连续粒级，也可用单粒级组合成满足要求的连续粒级。

（1）混凝土用的碎石或卵石，其最大颗粒粒径不得超过构件截面最小尺寸的 1/4，且不得超过钢筋最小净间距的 3/4。

（2）实心混凝土板中的碎石或卵石的最大粒径不宜超过板厚的 1/3，且不得超过 40mm。

6.2.3 砂

1. 砂的分类

（1）按加工方法不同，砂分为天然砂、人工砂和混合砂。

由自然条件作用形成的，公称粒径小于 5.00mm 的岩石颗粒，称为天然砂。天然砂分为河砂、海砂和山砂。

由岩石经除土开采、机械破碎、筛分而成的，公称粒径小于 5mm 的岩石颗粒，称为人工砂。

碎石或卵石的颗粒级配范围　　　　**表 6.2-5**

级配情况	公称粒径/mm	累计筛余，按质量/%											
		方孔筛筛孔边长尺寸/mm											
		2.36	4.75	9.5	16	19	26.5	31.5	37.5	53	63	75	90
连续粒级	5～10	95～100	80～100	0～15	0	—	—	—	—	—	—	—	—
	5～16	95～100	85～100	30～60	0～10	0	—	—	—	—	—	—	—
	5～20	95～100	90～100	40～80	—	0～10	0	—	—	—	—	—	—
	5～25	95～100	90～100	—	30～70	—	0～5	0	—	—	—	—	—
	5～31.5	95～100	90～100	70～90	—	15～45	—	0～5	0	—	—	—	—
	5～40	—	95～100	70～90	—	30～65	—	—	0～5	0	—	—	—
单粒级	10～20	—	95～100	85～100	—	0～15	0	—	—	—	—	—	—
	16～31.5	—	95～100	—	85～100	—	—	0～10	0	—	—	—	—
	20～40	—	—	95～100	—	80～100	—	—	0～10	—	—	—	—
	31.5～63	—	—	—	95～100	—	—	75～100	45～75	—	0～10	0	—
	40～80	—	—	—	—	95～100	—	—	70～100	—	30～60	0～10	0

由天然砂与人工砂按一定比例组合而成的砂，称为混合砂。

(2) 按细度模数不同，砂分为粗砂、中砂、细砂和特细砂，其范围应符合表 6.2-6 的规定。

砂的细度模数　　表 6.2-6

粗细程度	细度模数	粗细程度	细度模数
粗砂	3.7～3.1	细砂	2.2～1.6
中砂	3.0～2.3	特细砂	1.5～0.7

2. 砂的技术要求

除特细砂以外，混凝土用砂的颗粒级配按公称直径为 630μm 筛孔的累计筛余量（以质量百分率计），分成三个级配区，且砂的颗粒级配应处于表 6.2-7 中的某一区内。

砂的颗粒级配区　　表 6.2-7

公称粒径	级配区		
	Ⅰ区	Ⅱ区	Ⅲ区
	累计筛余量/%		
5.00mm	10～0	10～0	10～0
2.50mm	35～5	25～0	15～0
1.25mm	65～35	50～10	25～0
630μm	85～71	70～41	40～16
315μm	95～80	92～70	85～55
160μm	100～90	100～90	100～90

3. 砂的选用

制备混凝土拌合物时，宜选用级配良好、质地坚硬、颗粒洁净的天然砂、人工砂和混合砂。

6.3 混凝土搅拌

6.3.1 常用搅拌机的分类

常用的混凝土搅拌机按其搅拌原理主要分为强制式搅拌机和自落式搅拌机两类。

1. 强制式搅拌机

强制式搅拌机的搅拌鼓筒筒内有若干组叶片，搅拌时叶片绕竖轴或卧轴旋转，将各种材料强行搅拌，真正搅拌均匀。这种搅拌机适用于搅拌干硬性混凝土、流动性混凝土和轻骨料混凝土等，具有搅拌质量好、搅拌速度快、生产效率高、操作简便及安全可靠等优点。

2. 自落式搅拌机

自落式搅拌机的搅拌鼓筒是垂直放置的。随着鼓筒的转动，混凝土拌合料在鼓筒内作自由落体式翻转搅拌，从而达到搅拌的目的。这种搅拌机适用于搅拌塑性混凝土和低流动性混凝土，在搅拌质量、搅拌速度等方面与强制式搅拌机相比要差一些。

6.3.2 混凝土搅拌的技术要求

1. 混凝土原材料的允许累计偏差

混凝土原材料按重量计的允许累计偏差，不得超过下列规定：

（1）水泥、外掺料的允许累计偏差为±1%；

（2）粗细骨料的允许累计偏差为±2%；

（3）水、外加剂的允许累计偏差为±1%。

2. 混凝土搅拌时间

搅拌时间是影响混凝土质量及搅拌机生产效率的重要因素之一。不同类型的搅拌机及不同稠度的混凝土拌合物需要不同的搅拌时间。混凝土搅拌时间可根据表6.3-1确定。

混凝土搅拌的最短时间 **表6.3-1**

混凝土坍落度/mm	搅拌机机型	搅拌机出料量/L		
		<250	250～500	>500
≤40	强制式	60s	90s	120s
>40且<100	强制式	60s	60s	90s
≥100	强制式	60s		

注：1. 混凝土搅拌的最短时间系指自全部材料装入搅拌筒中起，到开始卸料止的时间；
2. 当掺有外加剂与矿物掺合料时，搅拌时间应适当延长；
3. 当采用其他形式的搅拌设备时，搅拌的最短时间应按设备说明书的规定或经试验确定；
4. 采用自落式搅拌机时，搅拌时间宜延长30s。

3. 混凝土原材料投料顺序

投料顺序应从提高混凝土搅拌质量，减少叶片、衬板的磨损，减少拌合物与搅拌筒的粘结，减少水泥飞扬，改善工作环境，提高混凝土强度，节约水泥方面进行综合考虑确定。

6.4 混凝土浇筑

6.4.1 浇筑前准备工作

1. 机具准备及检查

搅拌机、运输车、料斗、串筒、振动器等机具设备应按需要准备充足，并考虑发生故障时的修理时间。重要工程，应有备用的搅拌机和振动器。特别是采用泵送混凝土时，一定要有备用泵。在浇筑前应对所用机具进行检查且所用机具应进行试运转，同时配有专职技工，随时对机具进行检修。浇筑前，必须核实一次浇筑完毕或浇筑至某施工缝前的工程材料，以免停工待料。

2. 保证水电及原材料的供应

在混凝土浇筑期间，要保证水、电、照明不中断。为了防备临时停水停电，事先应在浇筑地点储备一定数量的原材料（如砂、石、水泥、水等）和人工拌合捣固用的工具，以防出现意外的施工停歇缝。

3. 掌握天气季节变化情况

加强气象预测预报的联系工作。在混凝土施工阶段应掌握天气的变化情况，特别在雷雨台风季节和寒流突然袭击之际，更应注意，以保证混凝土连续浇筑顺利进行，确保混凝土质量。

4. 隐蔽工程验收，技术复核与交底

模板和隐蔽工程项目应分别进行预检和隐蔽验收，符合要求后，方可进行浇筑。检查时应注意以下几点：

（1）模板的标高、位置与构件的截面尺寸是否与设计符合，构件的预留拱度是否正确；

（2）所安装的支架是否稳定，支柱的支撑和模板的固定是否可靠，图 6.4-1 所示为简易支架垮塌事故；

图 6.4-1 简易支架垮塌事故

（3）模板的紧密程度；

（4）钢筋与预埋件的规格、数量、安装位置及构件节点连接焊缝，是否与设计相符。

在浇筑混凝土前，模板内的垃圾、木片、刨花、锯屑、泥土和钢筋上的油污、鳞落的铁皮等杂物，应清除干净。

应对木模板浇水进行润湿，但不允许留有积水。湿润后，应将木模板中尚未胀密的缝隙应贴严，以防漏浆。

对金属模板中的缝隙和孔洞也应予以封闭，现场环境温度高于 35℃时宜对金属模板进行洒水降温。

6.4.2 浇筑基本要求

（1）混凝土浇筑时应保证混凝土的均匀性和密实性。对混凝土宜进行一次连续浇筑，当不能一次连续浇筑时，可留设施工缝或后浇带进行分块浇筑。

（2）混凝土浇筑应分层进行，上层混凝土应在下层混凝土初凝之前浇筑完毕。

（3）混凝土运输、输送入模的过程宜连续进行，从搅拌完成到浇筑完毕的延续时间不宜超过表 6.4-1 的规定，且不应超过表 6.4-2 的限值规定。

混凝土运输到输送入模的延续时间限值　　表 6.4-1

条件	气温	
	≤25℃	＞25℃
不掺外加剂	90min	60min
掺外加剂	150min	120min

混凝土运输、输送、浇筑及间歇的全部时间限值　表 6.4-2

条件	气温	
	≤25℃	＞25℃
不掺外加剂	180min	150min
掺外加剂	240min	210min

注：有特殊要求的混凝土，应根据设计及施工要求，通过试验确定允许时间。

(4) 混凝土浇筑的布料点宜接近浇筑位置，应采取减少混凝土下料冲击的措施，并应符合下列规定：

1) 宜先浇筑竖向结构构件，后浇筑水平结构构件；

2) 浇筑区域结构平面有高差时，宜先浇筑低区部分再浇筑高区部分。

(5) 柱、墙模板内的混凝土浇筑倾落高度应满足表 6.4-3 的规定，当不能满足规定时，应加设串筒、溜管、溜槽等装置。

柱、墙模板内混凝土浇筑倾落高度限值　　表 6.4-3

条件	混凝土倾落高度/m	条件	混凝土倾落高度/m
骨料粒径大于 25mm	≤3	骨料粒径小于等于 25mm	≤6

注：当有可靠措施能保证混凝土不产生离析时，混凝土倾落高度可不受上表限制。

(6) 混凝土浇筑后，在混凝土初凝前和终凝前宜分别对混凝土裸露表面进行抹面处理。

(7) 在结构面标高差异较大处，应采取防止混凝土反涌的措施，并且宜按“先低后高”的顺序浇筑混凝土。

(8) 浇筑混凝土时应分段分层连续进行，浇筑层高度应根据混凝土供应能力、一次浇筑方量、混凝土初凝时间、结构特点、钢筋疏密综合考虑确定，使用插入式振捣器时，一般为振捣器作用部分长度的1.25倍。

（9）浇筑混凝土应连续进行，如必须间歇，其间歇时间应尽量缩短，并应在前层混凝土初凝之前，将次层混凝土浇筑完毕。间歇的最长时间应按所用水泥品种、气温及混凝土凝结条件确定，一般超过2h应按施工缝处理（当混凝土凝结时间小于2h时，则应当执行混凝土的初凝时间）。

（10）在施工作业面上浇筑混凝土时应布料均衡。应对模板和支架进行观察和维护，发生异常情况时应及时进行处理。混凝土浇筑时应采取措施避免造成模板内钢筋、预埋件及其定位件移位。

（11）在地基上浇筑混凝土前，应事先根据设计标高和轴线对地基进行校正，并应清除淤泥和杂物。同时注意排出开挖出来的水和开挖地点的流动水，以防冲刷新浇筑的混凝土。

（12）多层框架应分层分段施工，在水平方向上根据结构平面的伸缩缝分段，在垂直方向上按结构层次分层。在每层中先浇筑柱，再浇筑梁、板。洞口浇筑混凝土时，应使洞口两侧混凝土高度大体一致。振捣时，振动棒应距洞边30cm以上，从两侧同时振捣，以防止洞口变形，大洞口下部模板应开口并补充振捣。构造柱混凝土应分层浇筑，内外墙交接处的构造柱和墙同时浇筑，振捣要密实。采用插入式振捣器捣实，普通混凝土的移动间距不宜大于振捣器作用半径的1.5倍，振捣器距离模板不应大于振捣器作用半径的1/2，振捣器不碰撞各种预埋件。

6.4.3 混凝土浇筑

进行混凝土浇筑时，应预先根据工程结构特点、平面形状和几何尺寸、混凝土制备设备和运输设备的供应能力、泵送设备的泵送能力、劳动力和管理能力以及周围场地大小、运输道路情况等条件，划分混凝土浇筑区域。并明确设备和人员的分工，以保证结构浇筑的整体性和按计划进行浇筑。

混凝土的浇筑宜按以下顺序进行：采用混凝土输送管输送混

凝土时，应由远而近浇筑；对同一区的混凝土，应按先竖向结构后水平结构的顺序，分层连续浇筑；当不允许留施工缝时，一区域之间、上下层之间的混凝土浇筑时间不得超过混凝土初凝时间。混凝土泵送速度较快，要很好地组织框架结构的浇筑，要加强布料和捣实工作，对预埋件和钢筋太密的部位，要预先制定技术措施，确保顺利进行布料和振捣密实。

1. 梁、板混凝土浇筑

（1）柱、墙混凝土设计强度比梁、板混凝土设计强度高一个等级时，柱、墙位置梁、板高度范围内的混凝土经设计单位同意，可采用与梁、板混凝土设计强度等级相同的混凝土进行浇筑。

（2）柱、墙混凝土设计强度比梁、板混凝土设计强度高两个等级及以上时，应在交界区域采取分隔措施。分隔位置应设置在低强度等级的构件中，且距高强度等级构件边缘不应小于 500mm，柱梁板结构分隔位置可参考图 6.4-2 设置，墙梁板结构分隔位置可参考图 6.4-3 设置。

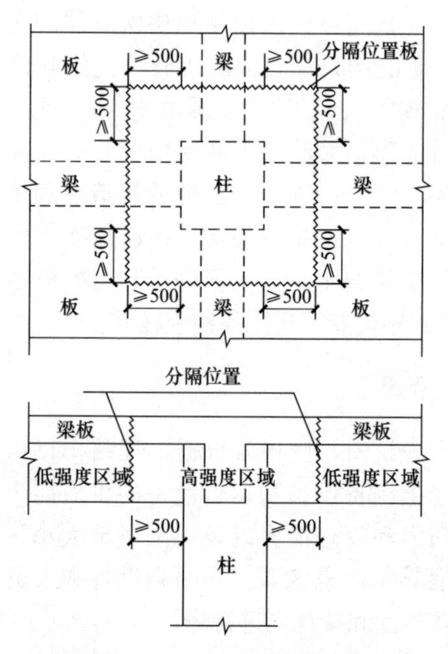

图 6.4-2　柱梁板结构分隔方法

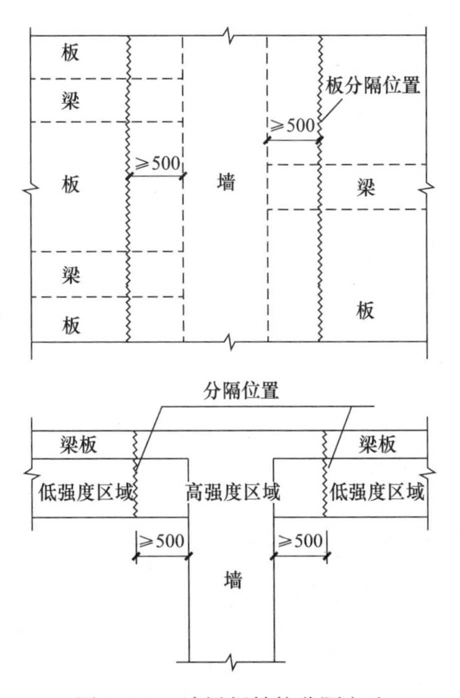

图 6.4-3　墙梁板结构分隔方法

（3）宜先浇筑高强度等级混凝土，后浇筑低强度等级混凝土。

（4）柱、剪力墙混凝土浇筑应符合下列规定：

1）墙体混凝土浇筑应连续进行，间隔时间不应超过混凝土初凝时间。

2）墙体混凝土浇筑高度应高出板底 20～30mm。混凝土墙体浇筑完毕之后，将上口甩出的钢筋加以整理，用木抹子按标高线将墙上表面混凝土找平。

3）柱墙混凝土浇筑前底部应先填 5～10cm 厚的与混凝土配合比相同的减石子砂浆，混凝土应分层浇筑振捣，使用插入式振捣器时每层厚度不大于 50cm，振捣棒不得触动钢筋和预埋件。

4）柱墙混凝土应一次浇筑完毕，如需留施工缝则该施工缝应留在主梁下面。无梁楼板应留在柱帽下面。墙柱与梁板进行整体浇筑过程中，应在柱浇筑完毕后停歇 2h，使其初步沉实，再继续浇筑。

5）浇筑一排柱时应从两端同时开始，向中间推进，以免因浇筑混凝土而使模板吸水膨胀，断面增大而产生横向推力，最后使柱发生弯曲变形。

6）剪力墙浇筑应采取长条流水作业，分段浇筑，均匀上升。墙体混凝土的施工缝一般宜设在门窗洞口上，接槎处混凝土应加强振捣，保证接槎严密。

（5）梁、板同时浇筑，浇筑时应由一端开始，采用“赶浆法”，即先浇筑梁，按照梁高分层浇筑成阶梯形，当达到板底位置时再与板的混凝土一起浇筑，随着阶梯形不断延伸，梁板混凝土浇筑连续向前进行。

（6）和板连成整体高度大于1m的梁，允许单独浇筑，其施工缝应留在板底以下2～3mm处。浇捣时，浇筑与振捣必须紧密配合，第一层下料慢些，梁底充分振实后再下第二层料，用“赶浆法”保持水泥浆沿梁底包裹石子向前推进，每层均应振实后再下料，梁底及梁侧部位要注意振实，振捣时不得触动钢筋及预埋件。

（7）浇筑板混凝土的虚铺厚度应略大于板面，用平板振捣器垂直浇筑方向来回振捣，厚板可用插入式振捣器顺浇筑方向拖拉振捣，并用铁插尺检查混凝土厚度，振捣完毕后用长木抹子抹平。施工缝处或有预埋件及插筋处用木抹子找平。浇筑板混凝土时不允许用振捣棒铺摊混凝土。

（8）肋形楼板的梁板应同时浇筑，浇筑时应先将梁根据高度分层浇捣成阶梯形，当达到板底位置时即与板的混凝土一起浇捣，随着阶梯形不断延伸，则混凝土浇筑连续向前进行。倾倒混凝土的方向应与浇筑方向相反。

（9）浇筑无梁楼盖时，在离柱帽下5cm处暂停，然后分层浇筑柱帽，下料时必须将混凝土倒在柱帽中心，待混凝土接近楼板底面时，即可连同楼板一起浇筑。

（10）柱梁及主次梁交叉处的钢筋较密集，特别是上部负钢筋又粗又多，因此，在这些位置浇筑混凝土时，既要防止混凝土下料困难，又要注意砂浆挡住石子不下去。必要时，这一部分可改用细石混凝土进行浇筑，与此同时，振捣棒头可改用片式并辅以人工捣固。

2. 施工缝或后浇带处混凝土浇筑

施工缝或后浇带处浇筑混凝土应符合下列规定：

（1）结合面应采用粗糙面，结合面应清除浮浆、疏松石子、软弱混凝土层，并清理干净。

（2）对结合面应采用洒水方法进行充分湿润，且结合面处不得有积水。

（3）施工缝处已浇筑混凝土的强度不应小于 1.2MPa。

（4）柱、墙水平施工缝水泥砂浆接浆层厚度不应大于 30mm，接浆层水泥砂浆应与混凝土浆液成分相同。

（5）后浇带混凝土强度等级及性能应符合设计要求；当设计无要求时，后浇带强度等级宜比两侧混凝土高一级，并宜采用减少收缩的技术措施进行浇筑。

（6）在施工缝位置附近回弯钢筋时，要做到钢筋周围的混凝土不松动和不受损坏。钢筋上的油污、水泥砂浆及浮锈等杂物也应清除。

（7）从施工缝处开始继续浇筑时，要注意避免直接靠近缝边下料。机械振捣前，宜向施工缝处逐渐推进，并距施工缝 80～100cm 处停止振捣，但应加强对施工缝接缝的捣实工作，使其紧密结合。

6.5 混凝土振捣

混凝土振捣应达到使模板内各个部位混凝土密实、均匀的效果，不应漏振、欠振、过振。

6.5.1 混凝土振捣设备的分类

混凝土振捣可采用插入式振动棒、平板振动器，其分类见表 6.5-1，必要时可采用人工辅助振捣。

6.5.2 采用振动棒振捣混凝土

振动棒振捣混凝土应符合下列规定：

振动设备分类　　　　表 6.5-1

分类	说明
内部振动器（插入式振动器）	形式有硬管的、软管的。振动部分有锤式、棒式、片式等。振动频率有高有低。主要适用于大体积混凝土、基础、柱、梁、墙、厚度较大的板，以及预制构件的捣实工作。当钢筋十分稠密或结构厚度很小时，其使用就会受到一定的限制
表面振动器（平板式振动器）	其工作部分是一钢制或木制平板，板上装一个带偏心块的电动振动器，振动力通过平板传递给混凝土，由于其振动作用深度较小，因此仅适用于表面积大而平整的结构物，如平板、地面、屋面等构件

（1）应按分层浇筑厚度分别进行振捣，振动棒的前端应插入前一层混凝土中，插入深度不应小于 50mm。

（2）振动棒应垂直于混凝土表面并快插慢拔均匀振捣；当混凝土表面无明显塌陷、有水泥浆出现、不再冒气泡时，可结束该部位振捣。

（3）混凝土振动棒移动的间距应符合下列规定：

1）振动棒与模板的距离不应大于振动棒作用半径的 0.5 倍。

2）采用方格形排列振捣方式时，振捣间距应满足 1.4 倍振动棒的作用半径要求（图 6.5-1）；采用三角形排列振捣方式时，振捣间距应满足 1.7 倍振动棒的作用半径要求（图 6.5-2）。综合两种情况，确定振捣间距应满足 1.4 倍振动棒的作用半径要求。

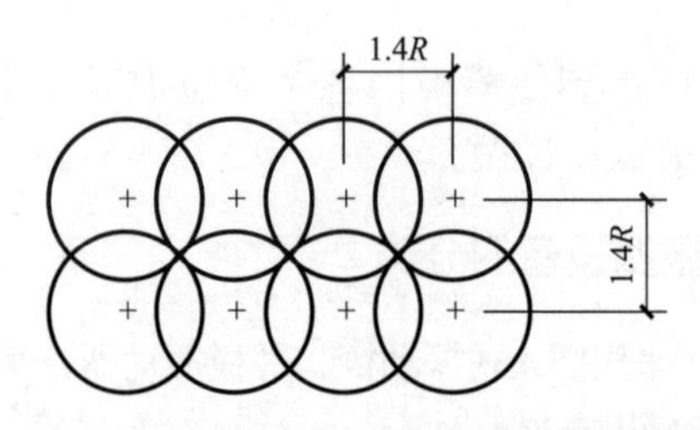

图 6.5-1　方格形排列振动棒插点布置图

（4）振动棒振捣混凝土时应避免碰撞模板、钢筋、钢构件、预埋件等。

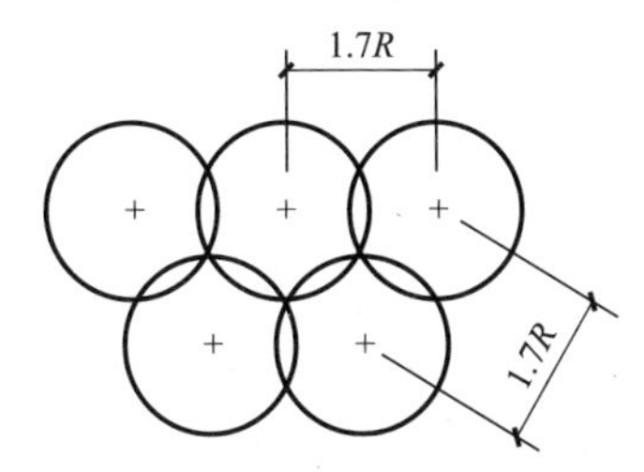

图 6.5-2 三角形排列振动棒插点布置图

注：R 为振动棒的作用半径。

6.5.3 混凝土分层振捣的最大厚度要求

混凝土分层振捣的厚度应符合表 6.5-2 的规定。

混凝土分层振捣厚度 **表 6.5-2**

振捣方法	混凝土分层振捣最大厚度
振动棒	振动棒作用部分长度的 1.25 倍
附着振动器	根据设置方式，通过试验确定
表面振动器	200mm

6.6 混凝土养护

混凝土浇筑后应及时进行保湿养护，保湿养护可采用洒水、覆盖、喷涂养护剂等方式。选择养护方式时应考虑现场条件、环境温湿度、构件特点、技术要求、施工操作等因素。

6.6.1 混凝土洒水养护

洒水养护应符合下列规定：

（1）洒水养护宜在混凝土裸露表面覆盖麻袋或草帘后进行，也可采用直接洒水、蓄水等养护方式；洒水养护应保证混凝土处于湿润状态。

（2）洒水养护用水应符合现行标准《混凝土用水标准》JGJ 63 的规定。

（3）当日最低温度低于 5℃时，不应采用洒水养护。

（4）应在混凝土浇筑完毕后的 12h 内进行覆盖浇水养护。

6.6.2 混凝土覆盖养护

覆盖养护应符合下列规定：

（1）覆盖养护应在混凝土终凝后及时进行。

（2）覆盖应严密，覆盖物相互搭接不宜小于100mm，确保混凝土处于保温保湿状态。

（3）覆盖养护时宜在混凝土裸露表面覆盖塑料薄膜、塑料薄膜加麻袋、塑料薄膜加草帘。

（4）塑料薄膜应紧贴混凝土裸露表面，塑料薄膜内应保持有凝结水，保证混凝土处于湿润状态。

（5）覆盖物应严密，覆盖物的层数应按施工方案确定。

6.6.3 混凝土养护的质量控制

（1）混凝土的养护时间应符合下列规定：

1）采用硅酸盐水泥、普通硅酸盐水泥或矿渣硅酸盐水泥配制的混凝土时，养护时间不应少于7d；采用其他品种水泥时，养护时间应根据水泥性能确定。

2）后浇带混凝土的养护时间不应少于14d。

3）地下室底层墙、柱和上部结构首层墙、柱宜适当增加养护时间。

（2）对基础大体积混凝土裸露表面应采用覆盖养护方式。当混凝土表面以内40～80mm位置的温度与环境温度的差值小于25℃时，可结束覆盖养护。

（3）柱、墙混凝土养护方法应符合下列规定：

1）地下室底层和上部结构首层柱、墙混凝土带模养护时间不宜少于3d；带模养护结束后可采用洒水养护方式继续养护，必要时也可采用覆盖养护或喷涂养护剂的方式继续养护。

2）其他部位柱、墙混凝土可采用洒水养护；必要时，也可采用覆盖养护或喷涂养护剂养护。

（4）混凝土强度达到1.2N/mm^{2}前，不得在其上踩踏、堆放荷载、安装模板及支架。

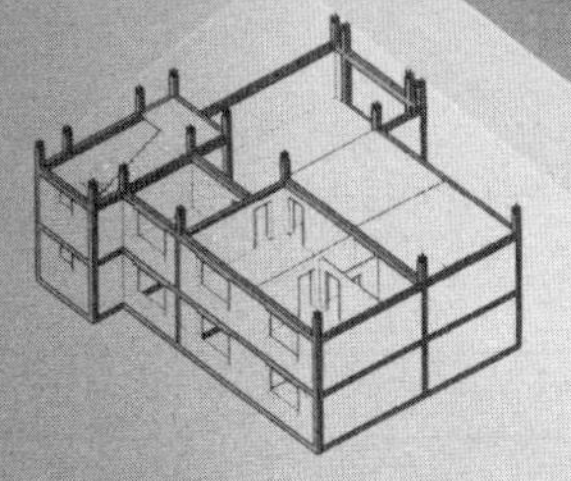

第七章　木结构工程

7.1　木结构的计算

7.1.1　木结构的计算用表

1. 普通木结构构件的材质等级

普通木结构构件的材质等级见表 7.1-1。

普通木结构构件材质等级表　　表 7.1-1

项次	主要用途	材质等级
1	受拉或拉弯构件	$Ⅰ_a$
2	受弯或压弯构件	$Ⅱ_a$
3	受压构件及次要受弯构件（如吊顶小龙骨等）	$Ⅲ_a$

2. 普通木结构用木材设计参数

普通木结构用木材适用的强度等级见表 7.1-2、表 7.1-3。

针叶树种木材适用的强度等级　　表 7.1-2

强度等级	组别	适用树种
TC17	A	柏木、长叶松、湿地松、粗皮落叶松
	B	东北落叶松、欧洲赤松、欧洲落叶松
TC15	A	铁杉、油杉、太平洋海岸黄柏、花旗松—落叶松、西部铁杉、南方松
	B	鱼鳞云杉、西南云杉、南亚松
TC13	A	油松、新疆落叶松、云南松、马尾松、扭叶松、北美落叶松、海岸松
	B	红皮云杉、丽江云杉、樟子松、红松、西加云杉、俄罗斯红松、欧洲云杉、北美山地、云杉、北美短叶松

续表

强度等级	组别	适用树种
TC11	A	西北云杉、新疆云杉、北美黄松、云杉—松—冷杉、铁—冷杉、东部铁杉、杉木
	B	冷杉、速生杉木、速生马尾松、新西兰辐射松

阔叶树种木材适用的强度等级　　　　表 7.1-3

强度等级	适用树种
TB20	青冈、稠木、门格里斯木、卡普木、沉水稍克隆、绿心木、紫心木、孪叶豆、塔特布木
TB17	栎木、达荷玛木、萨佩莱木、苦油树、毛罗藤黄
TB15	锥栗（拷木）、桦木、黄梅兰蒂、梅萨瓦木、水曲柳、红劳罗木
TB13	深红梅兰蒂、浅红梅兰蒂、白梅兰蒂、巴西红厚壳木
TB11	大叶锻、小叶锻

普通木结构用木材的强度设计值和弹性模量按表 7.1-4～表 7.1-6采用。

木材的强度设计值和弹性模量　　　　表 7.1-4

强度等级	组别	抗弯 f_m/(N/mm^2)	顺纹抗压及承压 f_c/(N/mm^2)	顺纹抗拉 f_t/(N/mm^2)	顺纹抗剪 f_v/(N/mm^2)	横纹承压 $f_{c,90}$/(N/mm^2)			弹性模量 E
						全表面	局部表面和齿面	拉力螺栓垫板下	
TC17	A	17	16	10	1.7	2.3	3.5	4.6	10000
	B		15	9.5	1.6				
TC15	A	15	13	9.0	1.6	2.1	3.1	4.2	10000
	B		12	9	1.5				
TC13	A	13	12	8.5	1.5	1.9	2.9	3.8	10000
	B		10	8	1.4				9000
TC11	A	11	10	7.5	1.4	1.8	2.7	3.6	9000
	B		10	7	1.2				
TB20	—	20	18	12	2.8	4.2	6.3	8.4	12000
TB17	—	17	16	11	2.4	3.8	5.7	7.6	11000

续表

强度等级	组别	抗弯 f_m/(N/mm^2)	顺纹抗压及承压 f_c/(N/mm^2)	顺纹抗拉 f_t/(N/mm^2)	顺纹抗剪 f_v/(N/mm^2)	横纹承压 $f_{c,90}$/(N/mm^2)			弹性模量 E
						全表面	局部表面和齿面	拉力螺栓垫板下	
TB15	—	15	14	10	2	3.1	4.7	6.2	10000
TB13	—	13	12	9	1.4	2.4	3.6	4.8	8000
TB11	—	11	10	8	1.3	2.1	3.2	4.1	7000

注：1. 计算木构件端部（如接头处）的拉力螺栓垫板时，木材横纹承压强度设计值应按“局部表面和齿面”一栏的数值采用；
2. 当采用原木时，若验算部位未经切削，其顺纹抗压和抗弯强度设计值和弹性模量可提高15%；
3. 当构件矩形截面的短边尺寸不小于150mm时，其强度设计值可提高10%；
4. 当采用湿材时，各种木材的横纹承压强度设计值和弹性模量，以及落叶松木材的抗弯强度设计值宜降低10%；
5. 在表7.1-5和表7.1-6所列的使用条件下，木材的强度设计值及弹性模量应乘以其表中给出的调整系数。

不同使用条件下木材强度设计值和弹性模量的调整系数　　表7.1-5

使用条件	调整系数	
	强度设计值	弹性模量
露天环境	0.9	0.85
长期性生产高温环境，木材表面温度达40～50℃	0.8	0.8
按恒荷载验算时	0.8	0.8
用于木构筑物时	0.9	1
施工和维修时的短暂情况	1.2	1

注：1. 当仅有恒荷载或恒荷载产生的内力超过全部荷载所产生内力的80%时，应单独以恒荷载进行验算；
2. 当若干条件同时出现时，表列各系数应连乘。

不同设计使用年限的木材强度设计值和弹性模量的调整系数　　表7.1-6

设计使用年限	调整系数	
	强度设计值	弹性模量
5年	1.1	1.1
25年	1.05	1.05

续表

设计使用年限	调整系数	
	强度设计值	弹性模量
50 年	1.0	1.0
100 年及以上	0.9	0.9

3. 受弯构件的挠度限值（表 7.1-7）

受弯构件挠度限值　　表 7.1-7

项次	构件类别		挠度限值
1	檩条	$l\leqslant3.3m$	$l/200$
		$l>3.3m$	$l/250$
2	椽条		$l/150$
3	吊顶中的受弯构件		$l/250$
4	楼板梁和搁栅		$l/250$

注：l 为受弯构件的计算跨度。

4. 受压构件的长细比限值（表 7.1-8）

受压构件长细比限值　　表 7.1-8

项次	构件类别	长细比限值 $[\lambda]$
1	结构的主要构件（包括桁架的弦杆、支座处的竖杆或斜杆以及承重柱等）	120
2	一般构件	150
3	支撑	200

5. 轴心受压构件的稳定系数

轴压构件稳定系数 φ 值：

（1）树种强度等级为 TC17、TC15 及 TB20：

当 $\lambda\leqslant75$ 时，
$$\varphi=\frac{1}{1+\left(\frac{\lambda}{80}\right)^{2}}$$

当 $\lambda>75$ 时，
$$\varphi=\frac{3000}{\lambda^{2}}$$

（2）树种强度等级为 TC13、TC11、TB17、TB15、TB13 及 TB11：

当 $\lambda \leqslant 91$ 时，　　$\varphi = \dfrac{1}{1+\left(\dfrac{\lambda}{65}\right)^2}$

当 $\lambda > 91$ 时，　　$\varphi = \dfrac{2800}{\lambda^2}$

式中：λ——构件的长细比。

不论构件截面上有无缺口，构件的长细比，均按下式计算：

$$\lambda = \frac{l_0}{i}$$

$$i = \sqrt{\frac{I}{A}}$$

式中：l_0——受压构件的计算长度（mm）；

i——构件截面的回转半径（mm）；

I——构件的全截面惯性矩（mm^4）；

A——构件的全截面面积（mm^2）。

受压构件的计算长度，应根据实际长度乘以下列系数确定：两端铰接为1.0；一端固定，一端自由为2.0；一端固定，一端铰接为0.8。

6. 桁架最小高跨比（表7.1-9）

桁架最小高跨比　　　　**表7.1-9**

序号	桁架类型	h/l
1	三角形木桁架	1/5
2	三角形钢木桁架；平行弦木桁架；弧形、多边形和梯形木桁架	1/6
3	弧形、多边形和梯形钢木桁架	1/7

注：h 为桁架中央高度，l 为桁架跨度。

7. 螺栓连接和钉连接中木构件的最小厚度（表7.1-10）

木构件连接的最小厚度　　　　**表7.1-10**

连接形式	螺栓连接				钉连接	
	$d<18$mm		$D \geqslant 18$mm			
双剪连接	$c \geqslant 5d$	$a \geqslant 2.5d$	$c \geqslant 5d$	$a \geqslant 4d$	$c \geqslant 8d$	$a \geqslant 4d$
单剪连接	$c \geqslant 7d$	$a \geqslant 2.5d$	$c \geqslant 7d$	$a \geqslant 4d$	$c \geqslant 10d$	$a \geqslant 4d$

注：c 为中部构件的厚度或单剪连接中较厚构件的厚度；a 为边部构件的厚度或单剪连接中较薄构件的厚度；d 为螺栓或钉的直径。

7.1.2 木结构的计算公式

1. 木结构构件计算（表 7.1-11）

木结构构件计算 **表 7.1-11**

序号	构件受力特征	计算内容	计算公式	备注
1	轴心受拉构件	承载能力	$\frac{N}{A_n} \leqslant f_t$	—
2	轴心受压构件	强度	$\frac{N}{A_n} \leqslant f_c$	—
		稳定	$\frac{N}{\varphi A_0} \leqslant f_c$	无缺口时，$A_0=A$；缺口不在边缘时，$A_0=0.9A$；缺口在边缘且对称时，$A_0=A_n$；缺口在边缘但不对称时，按偏心受压构件计算

注：表中，N——轴向力设计值；f_t——木材顺纹抗拉强度设计值；f_c——木材顺纹抗压及承压强度设计值；A——构件全截面面积；A_n——构件净截面面积；A_0——受压构件截面的计算面积；φ——轴心受压构件的稳定系数。

2. 木结构连接计算（表 7.1-12）

木结构连接计算 **表 7.1-12**

序号	连接种类	计算内容	计算公式	备注
1	齿连接	单齿连接	（1）按木材承压： $\frac{N}{A_c} \leqslant f_{ca}$ （2）按木材受剪： $\frac{V}{l_v b_v} \leqslant \varphi_v f_v$	—
		双齿连接	（1）按木材承压： $\frac{N}{A_c} \leqslant f_{ca}$ （2）按木材受剪： $\frac{V}{l_v b_v} \leqslant \psi_v f_v$	承压面面积取两个齿承压面面积之和： （1）l_v 取值不得大于 10 倍齿深 h； （2）考虑沿剪面长度剪应力分布不匀的强度降低系数

续表

序号	连接种类	计算内容	计算公式	备注
1	齿连接	桁架支座节点齿连接	保险螺栓承受的拉力设计值： $N_b = N\tan(60° - \alpha)$ 不考虑保险螺栓与齿共同作用；双齿连接宜选用两个直径相同的保险螺栓	必须设置保险螺栓，与上弦轴线垂直
2	螺栓和钉连接	每一剪面设计承载力	$N_v = k_v d^2 \sqrt{f_c}$ 单剪连接，木构件厚度不满足表 7.1-10 的规定时，每一剪面设计承载力，除按上式计算外，尚不得大于 $0.3cd\psi_a^2 f_c$	—

注：表中，

f_{ca}——木材斜纹承压强度设计值（N/mm²）；

N——轴向压力设计值（N）；

A_c——齿的承压面积（mm²）；

f_v——木材顺纹抗剪强度设计值（N/mm²）；

V——剪力设计值（N）；

l_v——剪面计算长度，不得大于 8 倍齿深 h_c；

b_v——剪面宽度；

ψ_v——考虑沿剪面长度剪力分布不匀的强度降低系数。

l_v/h_c（单齿/双齿）	4.5/6	5/7	6/8	7/10	8
ψ_v（单齿/双齿）	0.95/1.00	0.89/0.93	0.77/0.85	0.70/0.71	0.64

N_b——保险螺栓所承受的拉力设计值（N）；

α——上弦与下弦的夹角（°）；

N_v——每一剪面的设计承载力（N）；

f_c——木材顺纹承压强度设计值（N/mm²）；

d——螺栓或钉的直径（mm）；

k_v——螺栓或钉连接设计承载力的计算系数。

连接形式	螺栓连接				钉连接				
a（构件厚度）/d	2.5～3	4	5	≥6	4	6	8	10	≥11
k_v	5.5	6.1	6.7	7.5	7.6	8.4	9.1	10.2	11.1

7.2 方木和原木结构

7.2.1 一般规定

1. 一般要求

(1) 宜选用以木材为受压或受弯构件的结构形式，如钢木桁架或撑托式结构。若采用木下弦，则原木跨度不宜大于15m，方木不应大于12m，且应采取有效的防止裂缝危害的措施。

(2) 木屋盖宜采用外排水。必须采用内排水时，不应采用木制天沟。

(3) 必须采取通风和防潮措施，以防木材腐朽和虫蛀。

(4) 合理地减少构件截面的规格，以符合工业化生产的要求。

(5) 应保证木结构特别是钢木桁架在运输和安装过程中的强度、刚度和稳定性。

(6) 抗震设防烈度为8度和9度的地区，在构造上应加强构件之间、结构与支承物之间的连接，特别是刚度差别较大的两部分或两个构件（如屋架与柱、檩条与屋架、木柱与基础等）之间的连接必须安全可靠，且应根据需要，采取有效的隔震、消能减震措施。

(7) 在可能造成风灾的台风地区和山区风口地段，应从构造上采取有效措施，以加强建筑物的抗风能力。如：尽量减小天窗的高度和跨度；作成短出檐或封闭出檐；瓦面（特别在檐口处）宜加压砖或坐灰；两端山墙宜作成硬山；节点处檩条与桁架（或山墙）、桁架与墙（或柱）、门窗框与墙体等均应有可靠锚固。

(8) 在结构的同一节点或接头中有两种或多种不同刚度的连接时，计算时只考虑一种连接传递内力，不得考虑几种连接的共同工作。

(9) 杆系结构中的木构件，当有对称削弱时，其净截面面积不应小于毛截面面积的50%；当有不对称削弱时，其净截面面积不应小于毛截面面积的60%；受力木构件的截面积不得小于500mm^2。在受弯构件的跨中受拉边，不得打孔或开缺口。

(10) 木结构中的钢拉杆和拉力螺栓及其钢垫板，宜采用Q235钢制作。圆钢拉杆和拉力螺栓的直径，应根据计算确定，但不宜小于12mm。圆钢拉杆和拉力螺栓的方形钢垫板尺寸，除满足计算要求外，还应满足构造要求。

(11) 桁架的圆钢下弦、三角形桁架跨中竖向钢拉杆、受振动荷载影响的钢拉杆以及直径等于或大于20mm的钢拉杆和拉力螺栓，都必须采用双螺母。木结构的钢材部分，应有防锈措施。

(12) 在房屋或构筑物建成后，应进行木结构的检查和维护。对于用湿材或新利用树种木材制作的木结构，必须注意工程交付使用前和使用后的第一、二年内的检查和维护工作。

(13) 旧式木骨架的木柱常用圆截面尺寸，宜根据表7.2-1确定。

木柱常用圆截面尺寸（cm） **表7.2-1**

进深/m	部位	合瓦或仰瓦灰梗屋面				干槎瓦、灰平顶或泥卧水泥瓦屋面			
		开间/m				开间/m			
		2.80	3.00	3.20	3.40	2.80	3.00	3.20	3.40
3.60	檐柱	14	—	—	—	14	—	—	—
	排山柱	12	—	—	—	12	—	—	—
	角柱	12	—	—	—	12	—	—	—
3.90	檐柱	14	16	—	—	15	15	15	—
	排山柱	12	13	—	—	12	12	12	—
	角柱	12	12	—	—	12	12	12	—
4.20	檐柱	16	16	16	—	15	15	15	—
	排山柱	13	13	13	—	12	12	12	—
	角柱	12	12	12	—	12	12	12	—
4.50	檐柱	16	16	17	17	15	15	16	16
	排山柱	13	13	13	13	12	12	13	13
	角柱	12	12	12	12	12	12	12	12

(14) 旧式木骨架楼层木大梁常用截面尺寸，宜根据表7.2-2确定。

楼层木大梁常用截面尺寸（cm） 表 7.2-2

跨度/m	截面形状	宿舍、办公室等		教室、过道、楼梯间等	
		龙骨长度/m		龙骨长度/m	
		3.00，3.20	3.40，3.60	3.00，3.20	3.40，3.60
3.60	圆 方	24 12×27	25 12×28	27 12×30	28 15×30
3.80	圆 方	25 12×28	26 12×29	28 15×30	29 15×31
4.00	圆 方	26 12×29	27 12×30	29 15×31	30 15×32
4.20	圆 方	27 12×30	28 15×30	30 15×32	31 15×33
4.40	圆 方	28 15×30	29 15×31	31 15×33	32 15×34
4.60	圆 方	29 15×31	30 15×32	32 15×34	33 15×35
4.80	圆 方	30 15×32	31 15×33	33 15×35	34 18×36
5.00	圆 方	31 15×33	32 15×34	34 18×36	35 18×37

注：1. 本表适用于木板面层的楼地面；
2. 本表中圆木直径尺寸系指中径。

2. 构造要求

（1）屋面木基层和木梁

屋面系由防水材料和木基层组成。在无吊顶的保温屋盖中，保温层设置在屋面内。由于屋面所用的防水材料不同和房屋使用要求不同，屋面木基层有不同的构造方案。在我国木屋盖的防水材料多为瓦材。

1）屋面木基层

屋面防水层与屋架之间的木构件统称屋面木基层。

屋面木基层由挂瓦条、屋面板、瓦桷（瓦椽）、椽条和檩条等屋面构件组成。应根据所用屋面防水材料、各地区气象条件以及房屋使用要求等情况确定木基层的组成形式。

2）木梁

木梁宜采用原木、方木或胶合木制作。木梁在支座处应设置防止其转动的侧向支承和防止其侧向位移的可靠锚固。当采用方木梁时，其截面高宽比一般不宜大于 4，高宽比大于 4 的木梁应采取足以保证木梁侧向稳定的必要措施。

（2）桁架构造

1）桁架选型与间距

桁架选型可根据具体条件确定，并宜采用静定的结构体系。当桁架跨度较大或使用湿材时，应选用钢木桁架；跨度较大的三角形原木桁架，宜采用不等节间的桁架形式。当采用木檩条时，桁架间距不宜大于 4m；当采用钢木檩条或胶合木檩条时，桁架间距不宜大于 6m。

2）桁架外形

桁架的外形应根据所采用的屋面材料、屋架的跨度、建筑造型、制造条件和屋架的受力性能等因素来确定。

木桁架的外形通常有三角形、梯形及多边形三种，如图 7.2-1 所示。我国目前常用的砖木结构房屋的屋面材料为黏土瓦、水泥瓦及小青瓦，砖木结构房屋需要的排水坡度较大，故一般均采用三角形桁架，这种桁架与梯形、多边形桁架相比，受力性能较差，用料较费，且建筑造型也不太好，因此其跨度不宜超过 18m。采用梯形或多边形桁架时，其跨度可达 24m。

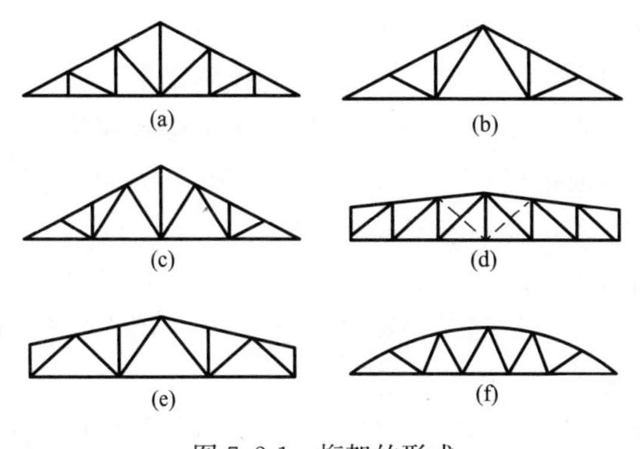

图 7.2-1　桁架的形式

3）钢木桁架

钢木桁架的下弦，可采用圆钢制作。当跨度较大或有振动影响时，宜采用型钢。圆钢下弦应设有调整松紧的装置。当下弦节点间的距离大于 250d（d 为圆钢直径）时，应对圆钢下弦拉杆设置吊杆。当杆端有螺纹的圆钢拉杆直径大于 22mm 时，宜将杆端加粗（如焊接一段较粗的短圆钢），其螺纹应由车床加工。圆钢应经过调直，需接长时宜采用对接焊或双帮条焊，不得采用搭接焊。

4）高跨比

桁架跨度中央的高度 h 与跨度 l 的比值称为高跨比，高跨比不应小于表 7.1-9 规定的数值。

5）起拱

为了消除桁架可见的垂度，不论木桁架或钢木桁架，皆应在制造时预先向上起拱。起拱度通常取桁架跨度的 1/200。起拱时应保持桁架的高跨比不变，木桁架常在下弦接头处提高，如图 7.2-2 所示，而钢木桁架则常在下弦节点处提高。

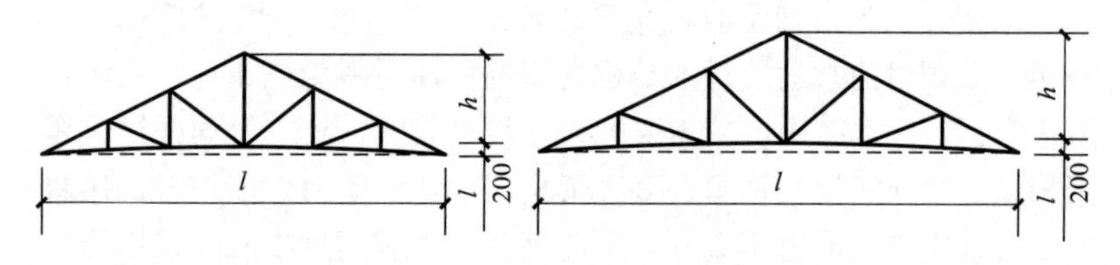

图 7.2-2　桁架的预起拱度

6）木桁架构造要求

① 受拉下弦接头应保证轴心传递拉力，下弦接头不宜多于两个。接头应锯平对接，并宜采用螺栓和木夹板连接。当采用螺栓夹板（木夹板或钢夹板）连接时，接头每端的螺栓数由计算确定，但不宜少于 6 个，且不应排成单行。

② 桁架上弦的受压接头应设在节点附近，但不宜设在支座节间和脊节间内。受压接头应锯平对接，并应用木夹板连接；在接缝每侧至少应有两个螺栓系紧。

③ 若支座节点采用齿连接，应使下弦的受剪面避开髓心，如图 7.2-3 所示。

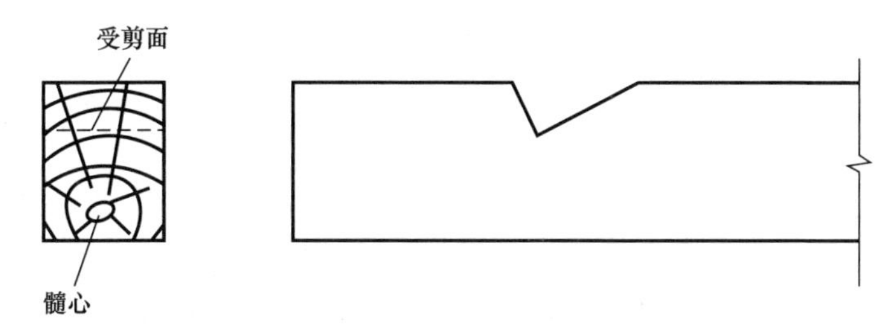

图 7.2-3　受剪面避开髓心示意图

④ 抗震设防烈度为 8 度和 9 度地区的钢木屋架宜采用型钢下弦，屋架的弦杆与腹杆宜用螺栓系紧，屋架中所有的圆钢拉杆和拉力螺栓，均应采用双螺母。屋架端部必须用不小于 ϕ20 的螺栓与墙、柱锚固。

7.2.2　材料要求

1. 树种要求

木屋架和桁架所用木材的树种应符合设计图纸规定。在制作原木屋架时，一般采用杉木树种；在制作方木屋架时，一般采用松木树种，如东北松、美松等。

2. 木材质量要求

结构工程中所使用的木材质量控制的原则是保证木材的结构力学性能，因此质量控制主要着眼于对木材缺陷的控制，如从木节、裂缝、木纹斜率、髓心位置和不准有腐朽等几个方面来加以限制。

3. 木材含水率

木材含水率高低，直接影响木材构件强度，同时过湿的木材在干燥过程中会产生木材裂缝和翘曲变形，因此对木材全截面含水率平均值应予以控制。

4. 防腐、防虫、防火处理

（1）在建筑物使用年限内，木材应保持其防腐、防虫、防火的性能，并对人畜无害。

（2）木材经处理后不得降低强度和腐蚀金属配件。

（3）工业建筑木结构需作耐酸防腐处理，对于木结构基面要求较高：木材表面应平整光滑，无油脂、树脂和浮灰；木材含水率不大于 15%；木基层有疖疤、树脂时，应用脂胶清漆作封闭处理。

（4）采用马尾松、木麻黄、桦木、杨木、湿地松、辐射松等易腐朽和虫蛀的树种时，整个构件应用防腐防虫药剂处理。

（5）对于易腐和虫蛀的树种，或虫害严重地区的木结构，或珍贵的细木制品进行处理时，应选用防腐、防虫效果较好的药剂。

（6）木材防火剂的确定应根据规范与设计要求，按建筑耐火等级确定防火剂浸渍的等级。

（7）木材构件中所有钢材的级别应符合设计要求，所有钢构件均应除锈，并进行防锈处理。

7.2.3 施工工艺要点与要求

1. 采用易裂树种作屋架下弦时应“破心下料”

（1）当径级较大时，沿方木底边破心，如图 7.2-4(a) 所示。

（2）当径级较小时，沿侧边破心，如图 7.2-4(b) 所示。髓心朝外用直径为 10～12mm 的螺栓拼合，如图 7.2-4(c) 所示。螺栓沿下弦长度方向每隔 60cm 左右按两行错列布置，在节点处钢拉杆两侧各用一个螺栓系紧，如图 7.2-4(d) 所示。

（3）当受条件限制不得不用湿材制作原木或方木结构时，应采取下列措施：采用破心下料；桁架受拉腹杆应采取圆钢，以便调整；桁架下弦采用带髓心的方木时，在桁架支座节点处，应将髓心避开齿连接受剪面，如图 7.2-5 所示。

2. 制作桁架或梁之前，绘制足尺大样的规定

（1）使用的钢尺应为检校合格、在有效期内的度量工具，同时以同把尺子为宜。

（2）可按图纸确定起拱高度，或取跨度的 1/200，但最大起拱高度不大于 20mm。

（3）在足尺大样中，当桁架完全对称时，可只放半个桁架，并将全部节点构造详尽绘入，除设计有特殊要求者外，各杆件轴线应交汇于一点，否则会产生杆件附加弯矩与剪力。

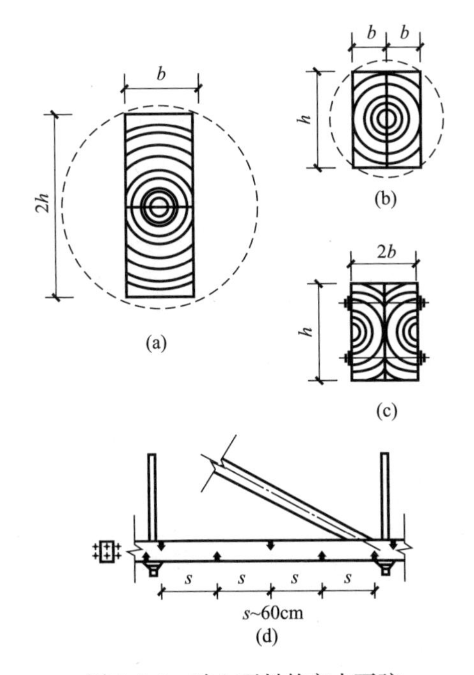

图 7.2-4 破心下料的方木下弦

(a) 沿方木底边破心；(b) 沿方木侧边破心；(c) 沿侧边破心方木拼合截面；(d) 侧边破心方木拼合下弦系紧螺栓的布置

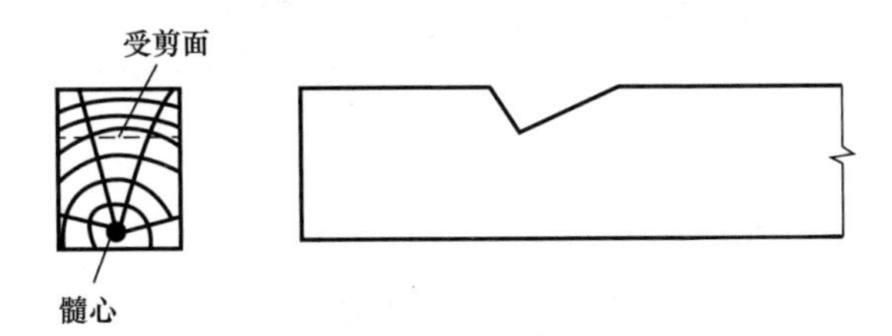

图 7.2-5 髓心避开齿连接受剪面的示意图

(4) 足尺大样的偏差要严格控制，允许偏差见表 7.2-3。

足尺大样的允许偏差 **表 7.2-3**

结构跨度/m	跨度偏差/mm	结构高度偏差/mm	节点间距偏差/mm
≤15	5	±2	2
>15	±7	3	2

（5）采用木纹平直不易变形的木材（如红松、杉木等），且含水率不大于 18%的板材按实样制作样板。样板的允许偏差为±1mm。按样板制作的构件长度允许偏差为±2mm。

（6）桁架节点大样构造如图 7.2-6 所示。图 7.2-6（a）、（b）、（c）、（d）各节点都显示压杆轴和承压面呈 90°；双齿连接的第一齿顶点 a 位于上下弦的上边缘交点处。第二齿槽深度应比第一齿槽至少大 2cm；桁架支座节点垫木的中心线应与设计支座轴线重合；桁架支座节点上下弦间不受力的交接缝上口 c 和 e 点宜留出 5mm 间隙。

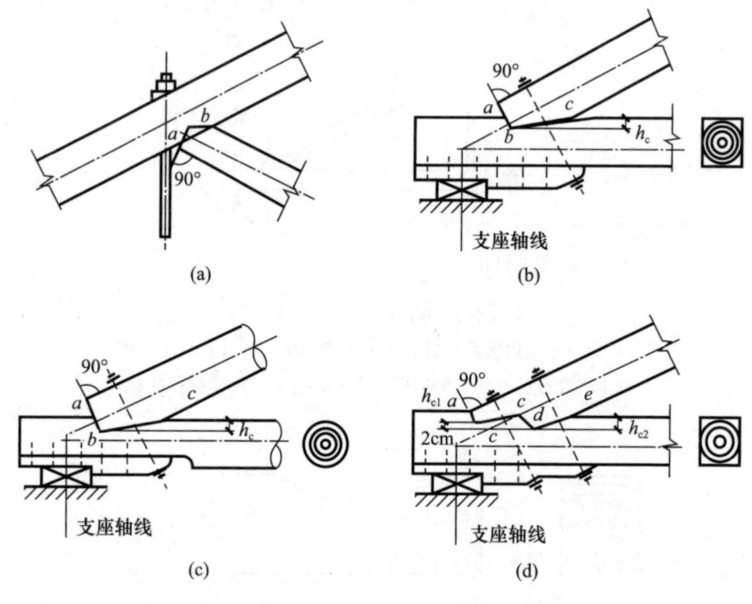

图 7.2-6　齿连接的构造

3. 桁架制作注意事项

（1）桁架上弦或下弦需接头时，夹板所采用的螺栓直径、数量及排列间距均应按图确定。螺栓排列要避开髓心。受拉构件在夹板区段的构件材质均应达到一等材的要求。

（2）受压接头端面应与构件轴线垂直，不应采用斜槎接头；齿连接或构件接头处不得采用凸凹榫。

（3）当采用木夹板螺栓连接的接头钻孔时，各部位应固定，一次钻通以保证孔位完全一致。受剪螺栓孔直径不超过螺栓直径1mm，系紧螺栓孔直径不超过螺栓直径 2mm。

(4) 木结构中所用钢材等级应符合设计要求。钢件的连接不应用气焊或锻接。受拉螺栓垫板应根据设计要求设置。无设计要求时，受剪螺栓和系紧螺栓的垫板应符合下列规定：厚度不小于 $0.25d$（d 为螺栓直径），且不应小于 4mm；正方形垫板的边长或圆形垫板的直径不应小于 $3.5d$。

(5) 下列受拉螺栓必须戴双螺母：钢木屋架圆钢下弦；桁架主要受拉腹杆；受振动荷载的拉杆；直径等于或大于 20mm 的拉杆。受拉螺栓装配后，螺栓伸出螺母的长度不应小于螺栓直径的 0.8 倍。

(6) 圆钢拉杆应平直，若长度不够需连接时不得采用搭接焊，采用帮条焊时应用双帮条，帮条总长度为拉杆直径的 8 倍，帮条直径为拉杆直径的 0.75 倍。当采用闪光焊时应进行冷拉检验。

(7) 使用钉连接时应注意：当钉径大于 6mm 时，或者采用易劈裂的树种木材（如落叶松、硬质阔叶树种等）时，应预先钻孔，孔径为钉径的 0.8～0.9 倍，孔深不小于钉深度的 0.6 倍；扒钉直径宜取 6～10mm。

4. 桁架安装注意事项

(1) 制作后的检验

在吊装木屋架、梁、柱前，应根据设计要求对其制作、装配、运输进行检验，主要检查原材料质量、结构及其构件的尺寸正确程度和构件制作质量，并将检查情况记录在案，验收合格后方可安装。

(2) 吊装前的准备工作

修整运输过程中造成的缺陷；拧紧所有的螺栓螺母；加强屋架侧向刚度和防止构件错位（临时加固）；校正支座标高、跨度和间距；对于跨度大于 15mm、采用圆钢下弦的钢木桁架，应采取措施以防止就位后对墙柱产生水平推力。

(3) 吊装过程中的注意事项

首先要对吊装机械、缆风绳、地锚坑进行检查。对跨度较大的屋架要进行试吊，以检验理论计算结果是否可行。在试吊过程中，应停车对结构、吊装机具、缆风绳、地锚坑等进行检查。在试吊后检查结构各部位是否受到损伤、是否存在变形或节点错位，并根据检查情况最后确定吊装方案。

（4）屋架就位检验

屋架就位后要将其控制稳定，检查位置与固定情况。第一榀屋架吊装后立即找中、找直、找平，并用临时拉杆（或支撑）固定，如图 7.2-7 所示。第二榀屋架吊装后，立即上脊檩，装上剪力撑。支撑与屋架用螺栓连接。

图 7.2-7　屋架的临时固定

（5）防腐、防虫检验

对经常受潮的木构件以及木构件与砖石砌体及混凝土结构接触处进行防腐处理。应对有虫害（白蚁、长蠹虫、粉蠹虫及家天牛等）地区的木构件进行防虫处理（图 7.2-8）。

（6）通风处理

木屋架支座节点、下弦及梁端部不应封闭于墙、保温层或其他通风不良处之内，构件周边（除支承面）及端部均应留出不小于 5cm 的空隙。

（7）防火

木材自身易燃，在 50℃以上的高温烘烤下，即降低承载力和产生变形。因此木结构与烟囱、壁炉的防火间距应严格符合设计要求。木结构支承在防火墙上时，不能穿过防火墙，并应将端面用砖墙封闭隔开。

图 7.2-8 木结构防虫处理

（8）锚固

在正常情况下，应对屋架端头进行锚固，因此屋架安装校正完毕后，应将锚固螺栓上螺母并拧紧。

7.3 木结构的防火与防护

7.3.1 木结构防火

1. 木结构建筑分类

木结构建筑应根据其使用性质、火灾危险性、疏散效果以及扑救难度等情况进行分类，并应符合表 7.3-1 的规定。

2. 木结构建筑的耐火等级

木结构建筑的耐火等级应分为一、二两级，其建筑构件的燃烧性能不应低于表 7.3-2 的规定。各类建筑构件的燃烧性能和耐火极限可根据表 7.3-3 的规定确定。

木结构建筑分类　　表 7.3-1

序号	建筑名称	一类建筑	二类建筑
1	居住建筑	高级住宅	居民住宅
2	公共建筑	(1) 用于旅馆、度假、参观、纪念、体育及聚会建筑； (2) 关、管失去自由人员或临时处置、治疗精神失控、体力失常、生活不能自理人员的建筑	(1) 行政、商务办公、写字楼(可包含会议、休憩、阅览功能) 建筑； (2) 具有观赏艺术价值的建筑
3	工业建筑	无明火作业、无易爆品的单层厂房	—
4	仓储建筑	储存无易爆品的三层建筑	储存无易爆品的单层建筑

木结构建筑构件的燃烧性能和耐火极限　　表 7.3-2

序号	耐火等级 / 耐火极限/h / 构件名称	一级	二级
1	防火墙	不燃烧体 3.00	不燃烧体 3.00
2	承重墙、楼梯和电梯井墙体	难燃烧体 1.00	难燃烧体 0.75
3	非承重外墙、疏散走道两侧的隔墙	难燃烧体 1.00	难燃烧体 0.75
4	房间隔墙	难燃烧体 0.50	难燃烧体 0.75
5	多层承重柱	难燃烧体 1.00	难燃烧体 0.75
6	单层承重柱	难燃烧体 1.00	难燃烧体 0.75
7	梁	难燃烧体 1.00	难燃烧体 0.75
8	楼盖	难燃烧体 1.00	难燃烧体 0.75
9	屋顶承重构件	难燃烧体 1.00	难燃烧体 0.75
10	疏散楼梯	难燃烧体 0.50	难燃烧体 0.50
11	室内吊顶（含搁栅）	难燃烧体 0.25	难燃烧体 0.25

注：1. 屋顶表层应采用不可燃材料；
2. 室内装修宜采用不燃或难燃材料；
3. 地下室与首层之间的楼板应为耐火极限不应低于 2.0h 的非燃烧体。

各类建筑构件的燃烧性能和耐火极限　　表 7.3-3

序号	构件名称	构件组合描述	耐火极限/h	燃烧性能
1	墙体	1. 墙骨柱间距为 400～600mm；截面为 40mm×90mm。		

续表

序号	构件名称	构件组合描述	耐火极限/h	燃烧性能
1	墙体	2. 墙体构造：		
		(1) 普通石膏板＋空心隔层＋普通石膏板＝15mm＋90mm＋15mm；	0.50	难燃
		(2) 防火石膏板＋空心隔层＋防火石膏板＝12mm＋90mm＋12mm；	0.75	难燃
		(3) 防火石膏板＋绝热材料＋防火石膏板＝12mm＋90mm＋12mm；	0.75	难燃
		(4) 防火石膏板＋空心隔层＋防火石膏板＝15mm＋90mm＋15mm；	1.00	难燃
		(5) 防火石膏板＋绝热材料＋防火石膏板＝15mm＋90mm＋15mm；	1.00	难燃
		(6) 普通石膏板＋空心隔层＋普通石膏板＝25mm＋90mm＋25mm；	1.00	难燃
		(7) 普通石膏板＋绝热材料＋普通石膏板＝25mm＋90mm＋25mm	1.00	难燃
2	楼盖顶棚	楼盖顶棚采用规格材搁栅或工字形搁栅，搁栅中心间距为400～600mm，楼面板为厚度15mm的结构胶合板或定向刨花板（OSB）：		
		1. 搁栅底部有12mm厚的防火石膏板，搁栅间空腔内填充绝热材料；	0.75	难燃
		2. 搁栅底部有2层12mm厚的防火石膏板，搁栅间空腔内无绝热材料	1.00	难燃
3	柱	1. 仅支撑屋顶的柱：		
		(1) 由截面不小于140mm×190mm的实心锯木制成；	0.75	可燃
		(2) 由截面不小于130mm×190mm的胶合木制成。	0.75	可燃
		2. 支撑屋顶及地板的柱：		
		(1) 由截面不小于190mm×190mm的实心锯木制成；	0.75	可燃
		(2) 由截面不小于180mm×190mm的胶合木制成	0.75	可燃
4	梁	1. 仅支撑屋顶的横梁：		
		(1) 由截面不小于90mm×140mm的实心锯木制成；	0.75	可燃
		(2) 由截面不小于80mm×160mm的胶合木制成。	0.75	可燃

续表

序号	构件名称	构件组合描述	耐火极限/h	燃烧性能
4	梁	2. 支撑屋顶及地板的横梁： （1）由截面不小于140mm×240mm的实心锯木制成； （2）由截面不小于190mm×190mm的实心锯木制成； （3）由截面不小于130mm×230mm的胶合木制成； （4）由截面不小于180mm×190mm的胶合木制成	 0.75 0.75 0.75 0.75	 可燃 可燃 可燃 可燃

一类木结构建筑的耐火等级应为一级，二类木结构建筑的耐火等级不应低于二级。木结构建筑附带的地下室，其耐火等级应为一级。

3. 总平面布局和平面布置

（1）一般规定

1）在进行总平面设计时，应根据城市规划，合理确定木结构建筑的位置、防火间距、消防车道和消防水源等。

2）木结构建筑不宜布置在火灾危险性为甲、乙类厂（库）房，甲、乙、丙类液体和可燃气体储罐，以及可燃材料堆场附近。

3）燃油、燃气的锅炉，直燃型溴化锂冷（热）水机组，可燃油油浸电力变压器，充电可燃油的高压电容器，柴油发电机和多油开关等不宜设置在木结构建筑之内。

（2）防火分区、防烟分区、建筑长度和楼层面积

1）木结构建筑内应采用防火墙等划分防火分区，每个防火分区最大允许建筑面积和建筑长度不应超过表7.3-4的规定。

建筑长度和楼层面积　　表7.3-4

序号	耐火等级	防火分区间	
		每层最大允许建筑面积/m^2	最大允许长度/m
1	一级	1200	100
2	二级	600	60
3	地下室	200	—

2）木结构建筑在紧邻两条或三条能够停靠消防车的街道时，

其地上每层楼的防火分区面积不应超过表 7.3-5 的规定。

无自动喷水灭火系统的木结构建筑楼层面积规定 表 7.3-5

序号	耐火等级	楼层总数	每层楼最大允许面积/m²		
			面临一条街	面临两条街	面临三条街
1	一级	单层	1200	3000	3600
2		两层	1000	1500	1800
3		三层	800	1000	1200
4	二级	单层	1000	2250	2700
5		两层	900	125	1350
6		三层	600	750	900

3）设置排烟设施的走道、净高不超过 6.00m 的房间，应采用挡烟垂壁、隔墙或从顶棚下凸出不小于 0.50m 的梁划分防烟分区。

4）每个防烟分区的建筑面积不宜超过 500m²，且防烟分区不应跨越防火分区。

4. 防火间距

（1）木结构建筑之间、木结构与砖混结构建筑之间的防火间距，不应小于表 7.3-6 的规定。

木结构建筑的防火间距 表 7.3-6

序号	耐火等级 / 防火间距/m / 耐火等级	一级	二级	砖混结构建筑
1	一级	8	10	7
2	二级	10	12	9

（2）两座建筑相邻，较高建筑的外墙为防火墙，或比较低建筑屋面高 15m 及以下范围内的墙为不开设门、窗洞口的防火墙时，其防火间距可不限。

5. 消防车道

（1）木结构建筑的周围应设环形消防车道。当设环形车道有困难时，可沿建筑物的两个长边设置消防车道。当建筑物的长边超过 100m 时，其任意一端必须留有不小于 4m 宽的消防车道。

（2）四合院式木结构建筑的内院应设置保证消防车能够进入的不小于 4m 宽的车道，且其院内最短边长不应小于 15m。四合院内的地面（含阴沟、管道盖板）的任何部位均应保证能够承受消防车的压力。

6. 安全出口

（1）木结构建筑每个防火分区的安全出口不应少于两个，但符合下列条件之一者可设一个：

1）位于两个安全出口之间的房间，当房间建筑面积不大于 60m²，且人数不超过 15 人时，可设一个疏散门，门的净宽不应小于 0.9m；位于走道尽端的房间内，由最远一点到房门口的直线距离不大于 15.0m；人数不超过 30 人时，可设一个疏散门，门的净宽不应小于 1.4m。

2）二、三层的建筑，每层建筑面积不超过 200m²，且二层及其以上的人数总和不超过 30、首层人数总和不超过 50 时，可设一个疏散楼梯。

3）单层木结构建筑，如其面积不大于 200m² 且人数不超过 50，可设一个直通室外的安全出口。

（2）安全出口应分散布置，且相邻两个安全出口之间的距离不应小于 5m。

7. 楼梯间

当住宅建筑中设置一部敞开楼梯时，塔式住宅的每层建筑面积不应大于 500m²，组合式单元住宅一个单元的每层建筑面积不应大于 400m²。当住宅的楼梯间为封闭楼梯间或防烟楼梯间时，塔式住宅的每层建筑面积可增大至 650m²。组合式单元住宅一个单元的每层建筑面积不限。

7.3.2 木结构防护

1. 木结构的防腐、防虫措施

（1）从构造上采取的防潮、通风措施

1）应在桁架和大梁的支座下设置防潮层，在木柱下设置柱墩，并严禁将木柱直接埋入土中。

2）为保证木结构有适当的通风条件，不应将桁架支座节点或木构件封闭在墙、保温层或其他通风不良的环境中，构件的周边（除支座面外）及端部均应留出不小于 50mm 的空隙，如图 7.3-1、

图 7.3-2 所示。

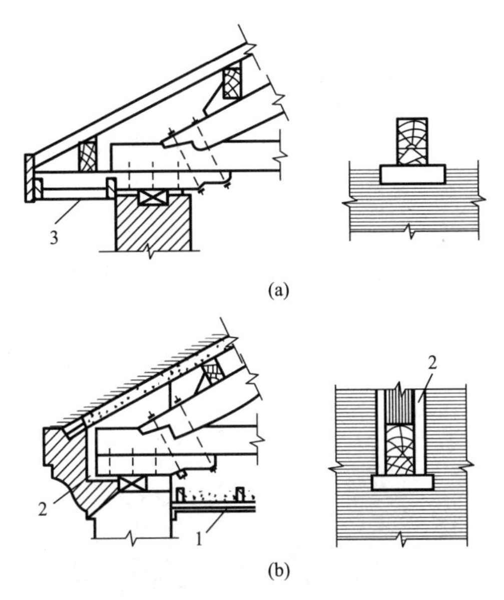

图 7.3-1　外排水屋盖支座节点通风构造示意图

1—吊顶；2—空隙；3—疏钉板条

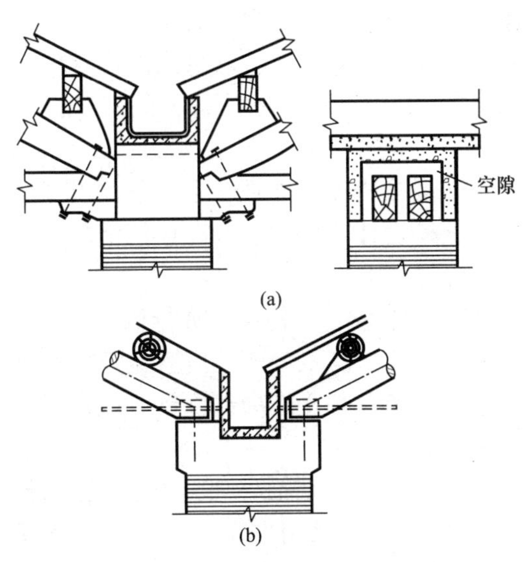

图 7.3-2　内排水屋盖支座节点通风构造示意图

处于房屋隐蔽部分的木结构，应设通风孔洞。

在构造上应避免露天结构任何部分有积水的可能，并应在构件之间留有空隙（连接部位除外），使木材易于通风，保持干燥。

3）为防止水汽凝结在木材表面，当室内外温差很大时，对房屋的围护结构（包括保温吊顶），应采取有效的保温和隔汽措施。

（2）防腐、防虫措施

1）除应在设计图纸中对木结构构造上的防腐、防虫措施加以说明外，还应要求在施工的有关工序交接时检查其施工质量，如发现有问题应立即纠正。

2）除从结构上采取通风、防潮措施外，还应采用药剂处理的几种情况有：

① 露天结构；

② 内排水桁架的支座节点处；

③ 檩条、搁栅等木构件直接与砌体接触的部位；

④ 在白蚁容易繁殖的潮湿环境附近使用木构件；

⑤ 在虫害严重地区使用马尾松、云南松以及新利用树种中易感染虫害的木材；

⑥ 在主要承重结构中使用不耐腐的树种木材。

虫害主要指白蚁、长蠹虫、粉蠹虫及天牛等的蛀蚀。实践证明，沥青只能防潮，防腐效果很差，不宜单独使用。

3）当使用防腐、防虫药剂处理木构件时，应采用设计指定的药剂成分配方及处理方法进行处理。若受条件限制而需改变药剂或处理方法，应征得设计单位同意。在任何情况下，均不得使用未经鉴定合格的药剂。

4）对木构件（包括胶合木构件）进行机械加工时，应在药剂处理前进行木构件防腐、防虫处理，应避免重新切割或钻孔。若由于技术上的原因，确有必要作局部修整时，必须在木材暴露的表面涂刷足够的药剂。

5）木材应先胶合后进行药剂处理。当采用耐水性胶时，可选用浸渍法或涂刷法处理。若采用中等耐水性胶，则宜采用涂刷法。

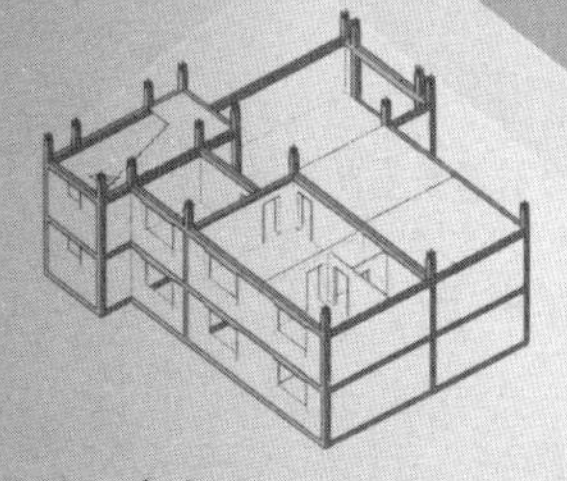

第八章　架子工程

8.1　脚手架工程的技术要求

8.1.1　脚手架构架的组成和基本要求

脚手架的构架由构架基本结构、整体稳定和抗侧力杆件、连墙件和卸载装置、作业层设施、其他安全防护设施五部分组成。

1. 构架的基本结构

脚手架构架的基本结构为直接承受和传递脚手架垂直荷载作用的构架部分，在多数情况下，构架基本结构由基本结构单元组合而成。构架基本结构的一般要求：

（1）具有稳定的结构；

（2）具有可满足施工要求的整体、局部和单肢的稳定承载力；

（3）具有可将脚手架荷载传给地基基础或支承结构的能力。

2. 整体稳定和抗侧力杆件

此构件是附加在构架基本结构上的、加强整体稳定和抵抗侧力作用的杆件，如剪刀撑、斜杆、抛撑以及其他撑拉杆件。这类构件设置的基本要求为：

（1）设置的位置和数量应符合规定和需要；

（2）必须与基本结构杆件可靠连接，以保证共同作用；

（3）抛撑以及其他连接脚手架体和支承物的撑拉杆件，应确保杆件和其两端的连接能满足撑拉的受力要求；

（4）撑拉杆件的支承物应具有可靠的承受能力。

3. 连墙件设施

采用连墙件实现的附壁联结，对于加强脚手架的整体稳定性，提高其稳定承载力和避免出现倾倒或坍塌等重大事故具有很重要的作用。连墙件构造的形式有：

（1）柔性拉结件。采用细钢筋、绳索、双股或多股钢丝进行拉结，只承受拉力和主要起防止脚手架外倾的作用，而对脚手架稳定性能（即稳定承载力）的帮助甚微。此种形式一般只能用于10层以下建筑的外脚手架中，且必须相应设置一定数量的刚性拉结件，以承受水平压力的作用。

（2）刚性拉结件。采用刚性拉杆或构件，组成既可承受拉力、又可承受压力的连接构造。其附墙端的连接固定方式可视工程条件确定，一般有以下几种形式：

1）拉杆穿过墙体，并在墙体两侧固定；

2）拉杆通过门窗洞口，在墙两侧用横杆夹持和背楔固定；

3）在墙体结构中设预埋铁件，与装有花篮螺栓的拉杆固接，用花篮螺栓调节拉结间距和脚手架的垂直度；

4）在墙体中预埋铁件，与定长拉杆固接。

（3）对附墙连接的基本要求如下：

1）确保连墙件的设置数量，一个连墙件的覆盖面为20～40m^2。脚手架越高，则连墙件应设置得越密，连墙件遇到洞口、墙体构件、墙边或窄的窗间墙等时，应在近处补设，不得取消。

2）连墙件及其两端连墙件，必须满足抵抗最大计算水平力的要求。

3）在设置连墙件时，必须保持脚手架立杆垂直，避免产生不利的初始侧向变形。

4）设置连墙件处的建筑结构必须具有可靠的支承能力。

8.1.2 脚手架产品或材料的要求

（1）杆配件、连接件材料和加工的质量要求。

（2）构架方式和节点构造。

（3）杆配件、连接件的工作性能和承载能力。

（4）搭设、拆除的程序，操作要求和安全要求。

（5）检查验收标准和使用中的维护要求。

（6）应用范围和对不同应用要求的适用性。

（7）运输、储存和保养要求。

8.1.3 脚手架的技术要求

（1）满足使用要求的构架设计。

（2）特殊部位的技术处理和安全保障措施（加强构造、拉结措施等）。

（3）整架、局部构架、杆配件和节点承载能力的验算。

（4）连墙件和其他支撑、约束措施的设置及其验算。

（5）安全防（围）护措施的设置要求及其保障措施。

（6）荷载、天然因素等自然条件变化时的安全保障措施。

8.2 脚手架构架与设置及其使用的一般规定

8.2.1 脚手架构架和设置要求的一般规定

脚手架的构架设计应充分考虑工程的使用要求、使用环境、各种实施条件和因素，并符合以下各项规定。

1. 构架尺寸规定

（1）双排结构脚手架和装修脚手架的立杆纵距和平杆步距不应大于 2.0m。

（2）外脚手架作业层铺板的宽度不应小于 750mm，里脚手架不小于 500mm。

2. 连墙件设置规定

当架高大于等于 6m 时，必须设置均匀分布的连墙件，其设置应符合以下规定：

（1）对于门式钢管脚手架，应进行计算确定连墙件设置间距，并且满足表 8.2-1 的要求。

连墙件最大间距或最大覆盖面积　　表 8.2-1

脚手架搭设方式	脚手架高度/m	连墙件间距		每根连墙件覆盖面积/m^2
		竖向	水平向	
落地、密目式安全网全封闭	≤40	$3h$	$3l$	40
	＞40	$2h$	$3l$	≤27

续表

脚手架搭设方式	脚手架高度/m	连墙件间距		每根连墙件覆盖面积/m^2
		竖向	水平向	
悬挑、密目式安全网全封闭	≤40	$3h$	$3l$	40
	40～60	$2h$	$3l$	≤27
	>60	$2h$	$2l$	≤20

注：1. 按每根连墙件覆盖面积设置连墙件时，连墙件的竖向间距不应大于 6m；
2. 表中 h 为步距，l 为跨距。

（2）对于其他落地（或底支托）式脚手架，当架高小于等于 20m 时，不大于 40m² 一个连墙件，且连墙件的竖向间距应小于等于 6m；当架高大于 20m 时，不大于 30m² 一个连墙件，且连墙件的竖向间距应小于等于 4m。

（3）脚手架上部未设置连墙件的自由高度不得大于 6m。

（4）单片或非连续的脚手架两端连墙件应加密设置。

（5）架体高度小于等于 20m 时，连墙件必须采用可同时承受拉力和压力的构造，采用拉筋必须配用顶撑；架体高度大于 20m 时，连墙件必须采用刚性构造形式。

（6）当设计位置及其附近不能装设连墙件时，应采取其他可行的刚性拉结措施予以弥补。

3. 整体性拉结杆件设置规定

脚手架应根据确保整体稳定和抵抗侧力作用的要求，按以下规定设置剪刀撑或其他有相应作用的整体性拉结杆件：

（1）周边交圈设置的单、双排扣件式钢管脚手架，当架高为 6～24m 时，应于外侧面的两端和其间，按小于等于 15m 的中心距并自下而上连续设置剪刀撑；当架高大于 24m 时，应于外侧面满设剪刀撑。

（2）碗扣式钢管脚手架，当高度小于等于 24m 时，每隔 5 跨设置一组竖向通高斜杆；脚手架高度大于 24m 时，每隔 3 跨设置一组竖向通高斜杆；脚手架拐角处及端部必须设置竖向通高斜杆；斜杆必须对称设置。

（3）门式脚手架高度小于等于 24m 时，在脚手架的转角处、两端及中间间隔不超过 15m 的外侧立面上必须各设置一道剪刀撑，并应由底至顶连续设置；脚手架高度大于 24m 时，应在脚手架外侧连续设置剪刀撑；悬挑脚手架外立面必须设置连续剪刀撑。当架高小于等于 40m 时，水平框架允许间隔一层设置；当架高大于 40m 时，每层均满设水平框架。此外，在顶层、连墙件层必须设置门式脚手架。

（4）一字形单双排脚手架按上述相应要求增加 50%的设置量。

（5）满堂脚手架应按构架稳定要求设置适量的竖向和水平整体拉结杆件。

（6）剪刀撑的斜杆与水平面的交角宜在 45°～60°之间，水平投影宽度应不小于 4 跨且不应小于 6m。斜杆应与脚手架基本构架杆件进行可靠连接。

（7）横向斜撑的设置应符合下列规定：高度在 24m 以下的封闭型双排脚手架可不设横向斜撑，高度在 24m 以上的封闭型脚手架，除拐角应设置横向斜撑外，中间应每隔 6 跨设置一道横向斜撑；横向斜撑应在同一节间，由底至顶层呈之字形连续布置；一字形、开口形双排脚手架的两端均必须设置横向斜撑。

（8）在脚手架立杆底端之上 100～300mm 处一律遍设纵向和横向扫地杆，并与立杆连接牢固。

4. 杆件连接构造规定

脚手架的杆件连接构造应符合以下规定。

（1）多立杆式脚手架左右相邻立杆和上下相邻平杆的接头应相互错开并置于不同的构架框格内。

（2）扣件式钢管脚手架各部位杆件连接应符合下列规定：

1）纵向水平杆宜采用对接扣件连接，也可采用搭接。

2）立杆接长除顶层顶步可采用搭接外，其余各层各步接头必须采用对接扣件连接。

3）剪刀撑斜杆接长采用搭接或对接。

4）搭接杆件接头长度应不小于 1m；搭接部分的固定点应不少于 2 道，且固定点间距应不大于 0.6m。

（3）杆件在固定点处的端头伸出长度应不小于 0.1m。

（4）一般情况下，禁止不同材料和连接方式的脚手架杆配件混用。特殊情况可参见地方标准规定。

5. 安全防（围）护规定

脚手架必须按以下规定设置安全防护措施，以确保架上作业和作业影响区域内的安全。

（1）作业层距地（楼）面高度大于等于 2.0m 时，在其外侧边缘必须设置挡护高度大于等于 1.2m 的栏杆和挡脚板，且栏杆间的净空高度应不大于 0.5m。

（2）临街脚手架，架高大于等于 25m 的外脚手架以及在高空落物影响范围内同时进行其他施工作业或下方有行人通过的脚手架，应视需要采用外立面全封闭、半封闭以及搭设通道防护棚等适合的防护措施。封闭围护材料应采用阻燃式密目安全立网、竹笆或其他板材。

（3）架高为 9～24m 的外脚手架，除执行（1）的规定外，可视需要加设安全立网维护。

（4）挑脚手架、吊篮和悬挂脚手架的外侧面应按防护需要采用立网围护或执行（2）的规定；挑脚手架、附着升降脚手架和悬挂脚手架，其底部应采用密目安全网加小眼网封闭，并宜采用可翻转的闸板将脚手架体和建筑物之间的空隙封闭。

（5）遇有下列情况时，应按以下要求加设安全网：

1）架高大于等于 9m，未作外侧面封闭、半封闭或立网封护的脚手架，应按以下规定设置首层安全（平）网和层间（平）网：

① 首层网应距地面 4m 设置，悬挑出宽度应大于等于 3m。

② 层间网自首层网每隔 3 层设一道，悬出高度应大于等于 3m。

2）外墙施工作业采用栏杆或立网围护的吊篮，架设高度小于等于 6m 的挑脚手架、挂脚手架和附墙升降脚手架时，应于其下 4～6m 起设置两道相隔 3m 的随层安全网，其距外墙面的支架宽度应大于等于 3m。

（6）门洞、通道口的构造和防护要求：

脚手架遇电梯、井架或其他进出洞口时，洞口和临时通道周边均应采取封闭防护措施，脚手架体构造应符合下列要求：

1）扣件式单、双排钢管脚手架和木脚手架门洞宜采用上升斜杆、平行弦杆桁架结构形式，斜杆与地面的倾角 α 应在 45°～60°之间。

2）门式脚手架洞口构造规定：通道洞口高不宜大于 2 个门架跨距，宽不宜大于 1 个门架跨距；当通道洞口高大于 2 个门架跨距时，在通道口上方应设置经专门设计和制作的托架梁。

3）双排碗扣式钢管脚手架通道设置时，应在通道上部架设专用梁，通道两侧脚手架应加设斜杆，通道宽度应不超过 4.8m。

（7）上下脚手架的梯道、坡道、栈桥、斜梯、爬梯等均应设置扶手、栏杆、防滑措施或其他安全防（围）护设施并清除通道中的障碍，确保人员上下的安全。

采用定型的脚手架产品时，其安全防护配件的配备和设置应符合以上要求；当无相应安全防护配件时，应按上述要求增配和设置。

8.2.2　脚手架杆配件的一般规定

脚手架的杆件、构件、连接件、其他配件和脚手板必须符合以下质量要求，不合格者禁止使用。

1. 脚手架杆件

钢管件采用镀锌焊管，钢管的端部切口应平整。禁止使用有明显变形、裂纹和严重锈蚀的钢管。使用普通焊管时，应内外涂刷防锈层并定期复涂以保持其完好。

2. 脚手架连接件

应使用与钢管管径相配合的、符合我国现行标准的可锻铸铁扣件。使用铸钢和合金钢扣件时，其性能应符合相应可锻铸铁扣件的规定指标的要求。严禁使用加工不合格、锈蚀和有裂纹的扣件。

3. 脚手架配件

（1）加工应符合产品的设计要求。

（2）确保与脚手架主体构架杆件进行可靠连接。

4. 脚手板

（1）各种定型冲压钢脚手板、焊接钢脚手板、钢框镶板脚手板以及自行加工的各种形式金属脚手板，自重均不宜超过0.3kN，性能应符合设计使用要求，且表面应具有防滑、防积水构造。

（2）使用大块铺面板材（如胶合板、竹笆板等）时，应进行设计和验算，确保满足承载和防滑要求。

8.2.3 脚手架搭设、使用和拆除的一般规定

1. 脚手架的搭设规定

脚手架的搭设作业应遵守以下规定。

（1）搭设场地应平整、夯实并设置排水措施。

（2）立于土地面之上的立杆底部应加设宽度不小于200m、厚度不小于50mm的垫木、垫板或其他刚性垫块，每根立杆的支垫面积应符合设计要求且不得小于0.15m^2。

（3）在搭设之前，必须对进场的脚手架杆配件进行严格的检查，禁止使用规格和质量不合格的杆配件。

（4）脚手架的搭设作业，必须在统一指挥下，严格按照以下规定程序进行：

1）按施工设计放线、铺垫板、设置底座或标定立杆位置。

2）周边脚手架应从一个角部开始并向两边延伸交圈搭设；一字形脚手架应从一端开始并向另一端延伸搭设。

3）应按定位依次竖起立杆，将立杆与纵、横向扫地杆连接固定，然后装设第1）步的纵向和横向平杆，随校正立杆垂直之后予以固定，并按此要求继续向上搭设。

4）在设置第一排连墙件前，一字形脚手架应设置必要数量的抛撑，以确保构架稳定和架上作业人员的安全。边长大于20m的周边脚手架亦应适量设置抛撑。

5）剪刀撑、斜杆等整体拉结杆件和连墙件应随搭升的架子一起及时设置。

（5）脚手架处于顶层连墙件之上的自由高度不得大于6m。当作业层高出其下连墙件2步或4m以上，且其上尚无连墙件时，应采取适当的临时撑拉措施。

（6）脚手板或其他作业层铺板的铺设应符合以下规定：

1）脚手板或其他铺板应铺平铺稳，必要时应予绑扎固定。

2）作业层距地（楼）面高度大于 2.0m 的脚手架，其外脚手架作业层铺板的宽度不应小于 750mm，里脚手架铺板的宽度不应小于 500mm。铺板边缘与墙面的间隙应为 300mm，与挡脚板的间隙应为 100mm。当边侧脚手板不贴靠立杆时，应进行可靠固定。

3）脚手板采用对接平铺时，在对接处，脚手板与其下两侧支承横杆的距离应控制在 100～200mm；采用挂扣式定型脚手板时，其两端挂扣必须可靠地接触支承横杆并与其扣紧。

4）脚手板采用搭设铺放时，其搭接长度不得小于 200mm，且应在搭接段的中部设置支承横杆。铺板严禁出现端头超出支承横杆 250mm 以上未作固定的探头板。

5）纵向铺设长脚手板时，竹串片脚手板之下支承横杆的间距不得大于 0.75m；木脚手板之下支承横杆的间距不得大于 1.0m；冲压钢脚手板和钢框组合脚手板之下支承横杆的间距不得大于 1.5m（挂扣式定型脚手板除外）。纵铺脚手板应按以下规定部位与其下支承横杆绑扎固定：脚手架的两端和拐角处；沿板长方向每隔 15～20m；坡道的两端；其他可能发生滑动和翘起的部位。

6）采用竹笆板铺设架面时，其支承杆件的间距不得大于 400mm；采用七夹板铺设架面时，其支承杆件的间距不得大于 500mm。

（7）当脚手架下部采用双立杆时，主立杆应沿其竖轴线搭设到顶，辅立杆与主立杆之间的中心距不得大于 200mm，且主辅立杆必须与相交的全部平杆进行可靠连接。

（8）用于支托挑、吊、挂脚手架的悬挑梁、架必须与支承结构可靠连接。其悬臂端应有适当的架设起拱量，同一层各挑梁、架上表面之间的水平误差应不大于 20mm，且应视需要在其间设置整体拉结构件，以保持整体稳定。

（9）装设连墙件或其他撑拉杆件时，应注意掌握撑拉的松紧程度，避免引起杆件和架体的显著变形。

（10）工人在架上进行搭设作业时，作业面上宜铺设必要数量的脚手板并进行临时固定。工人必须戴安全帽和佩挂安全带。不得单人进行装设较重杆配件和其他易发生失衡、脱手、碰撞、滑跌等不安全的作业。

（11）搭设中不得随意改变构架设计、减少杆配件设置和对立杆纵距作大于等于100mm的构架尺寸放大。根据实际情况，确实需要对构架作调整和改变时，应提交或请示技术主管人员。

2. 脚手架搭设质量的检查验收规定

脚手架搭设质量的检查验收工作应遵守以下规定。

（1）脚手架的验收标准规定：

1）构架结构符合前述的规定和设计要求，个别部位的尺寸变化应在允许的调整范围之内。

2）节点的连接可靠。其中扣件的拧紧程度应控制在扭力矩为40～60N·m；碗扣应盖扣牢固（将上碗扣拧紧）；8号钢丝十字交叉扎点应拧1.5～2圈后箍紧，不得有明显扭伤，钢丝在扎点外露的长度应大于等于80mm。

3）钢脚手架立杆的垂直度偏差应不大于1/300，且应同时控制其最大垂直偏差值：当架高小于等于20m时最大垂直偏差值不大于50mm；当架高大于20m时最大垂直偏差值不大于75mm。

4）纵向钢平杆的水平偏差应不大于1/250，且全架长的水平偏差值应不大于50mm。木脚手架的搭接平杆按全长的上皮走向线（即各杆上皮线的折中位置）检查，其水平偏差应控制在2倍钢平杆的允许范围内。

5）作业层铺板、安全防护措施等均应符合前述要求。

（2）脚手架及其地基基础应在下列阶段进行检查与验收，检查合格后，方允许投入使用或继续使用：

1）基础完工后及脚手架搭设前；

2）作业层上施加荷载前；

3）每搭设完10～13m高度后；

4）达到设计高度后；

5）停用超过1个月；

6）连续使用达到6个月；

7）在受到暴风、六级大风、大雨、大雪、地震等强力因素作用影响之后；

8）寒冷地区开冻后；

9）在使用过程中，发现有显著的变形、沉降，拆除杆件和拉结以及安全隐患存在的情况时。

3. 脚手架的使用规定

脚手架的使用应遵守以下规定。

（1）作业层每 1m 架面上实际的施工荷载（人员、材料和机具重量）不得超过以下的规定值或施工设计值：

关于施工荷载（作业层上人员、器具、材料的重量）的标准值，结构脚手架取 $3kN/m^2$，装修脚手架取 $2kN/m^2$，吊篮、桥式脚手架等工具式脚手架按实际值取用，但不得低于 $1kN/m^2$。

（2）在架板上堆放的砂浆和容器总重不得大于 1.5kN；施工设备单重不得大于 1kN；使用人力在架上搬运和安装的构件的自重不得大于 2.5kN。

（3）在架面上放置的材料应码放整齐稳固，不得影响施工操作和人员通行。按通行手推车要求搭设的脚手架应确保车道畅通。严禁上架人员在架面上奔跑、退行或倒退拉车。

（4）作业人员在架上的最大作业高度应以可进行正常操作为度，禁止在架板上加垫器物或单块脚手板以增加操作高度。

（5）在作业中，禁止随意拆除脚手架的基本构架杆件、整体性杆件、连接紧固件和连墙件。确因操作要求需要临时拆除时，必须经主管人员同意，采取相应弥补措施，并在作业完毕后，及时予以恢复。

（6）工人在架上作业时，应注意自我安全保护和他人的安全，避免发生碰撞、闪失和落物。严禁在架上嬉闹和坐在栏杆上等不安全处休息。

（7）人员上下脚手架必须走设安全防护的出入通（梯）道，严禁攀爬脚手架上下。

（8）每班工人上架作业时，应先行检查有无影响安全作业的问题存在，在排除和解决后方可开始作业。在作业中发现有不安全的情况和迹象时，应立即停止作业进行检查，消除安全隐患以后才能恢复正常作业；发现有异常和危险情况时，应立即通知所有架上人员撤离。

(9) 在每步架的作业完成之后，必须将架上剩余材料物品移至上（下）步架或室内；每日收工前应清理架面，将架面上的材料物品堆放整齐，将垃圾清运出去；在作业期间，应及时清理落入安全网内的材料和物品。在任何情况下，严禁自架上向下抛掷材料物品和倾倒垃圾。

4. 脚手架的拆除规定

脚手架的拆除作业应按确定的拆除程序进行。连墙件应在位于其上的全部可拆杆件都拆除之后才能拆除。墙面装饰施工时，其工序应与脚手架拆除相协调，避免任意拆除脚手杆件和连墙件，如确有矛盾，应采取相应措施后方可拆除脚手架。

在拆除过程中，应及时拆除运走已松开连接的杆配件，避免误扶和误靠已松脱的杆件。应以安全的方式运出和吊下拆下的杆配件，严禁向下抛掷。在拆除过程中，应作好配合、协调动作，禁止单人进行拆除较重杆件等危险性的作业。

8.3 常用落地式脚手架的设置和构造

8.3.1 扣件式钢管脚手架

扣件式钢管脚手架是将钢管杆件用扣件连接而成的临时结构架，具有工作可靠、装拆方便和适应性强等优点，是目前我国使用最为普遍的脚手架品种。

1. 材料规格及用途

(1) 钢管尺寸

脚手架钢管宜采用 ϕ48.3×3.6 钢管。每根钢管的最大质量不应大于 25.8kg，尺寸应根据表 8.3-1 确定。

脚手架钢管尺寸　　表 8.3-1

钢管类别	截面尺寸/mm		最大长度/mm	
	外径 ϕ，d	壁厚 l	双排架横向水平杆	其他杆
低压流体输送用焊接钢管、直缝电焊钢管	48.3	3.6	2200	6500

（2）钢管要求

1）钢管上严禁打孔。

2）对脚手架杆件使用的钢管必须进行防锈处理，即对购进的钢管先行除锈，然后外壁涂防锈漆一道和面漆两道。在脚手架使用一段时间以后，由于防锈层会受到一定的损伤，因此需重新进行防锈处理。

（3）钢管用途

按其在脚手架上所处的部位和所起的作用，钢管可分为：

1）立杆，又称冲天、立柱和竖杆等，是脚手架主要传递荷载的杆件；

2）纵向水平杆，又称牵杆、大横杆等，是保持脚手架纵向稳定的主要杆件；

3）横向水平杆，又称小横杆、横楞、横担、楞木等，是脚手架直接承受荷载的杆件；

4）栏杆，又称扶手，是脚手架的安全防护设施，又起着使脚手架保持纵向稳定作用；

5）剪刀撑，又称十字撑、斜撑，是防止脚手架产生纵向位移的主要杆件；

6）抛撑，脚手架外侧与地面呈斜角的斜撑，一般在开始搭设脚手架时作临时固定之用。

以上杆件如图 8.3-1 所示。

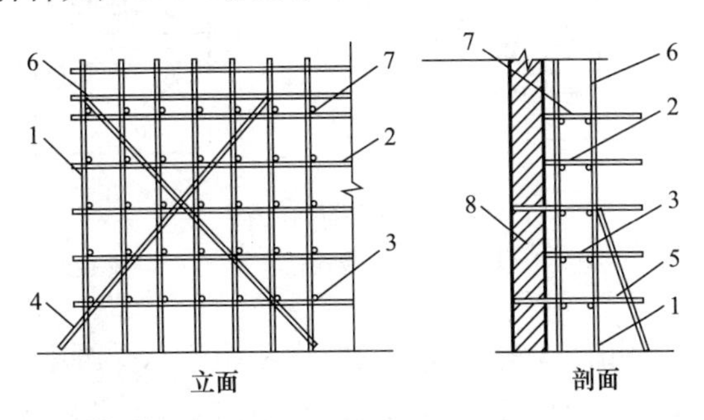

图 8.3-1　外脚手架示意图

1—立杆；2—大横杆；3—小横杆；4—剪刀撑；5—抛撑；
6—栏杆；7—脚手架；8—墙身

2. 扣件和底座

（1）扣件和底座的基本形式

1）直角扣件（十字扣）：用于两根呈垂直交叉的钢管的连接（图 8.3-2）。

2）旋转扣件（回转扣）：用于两根呈任意角度交叉的钢管的连接（图 8.3-3）。

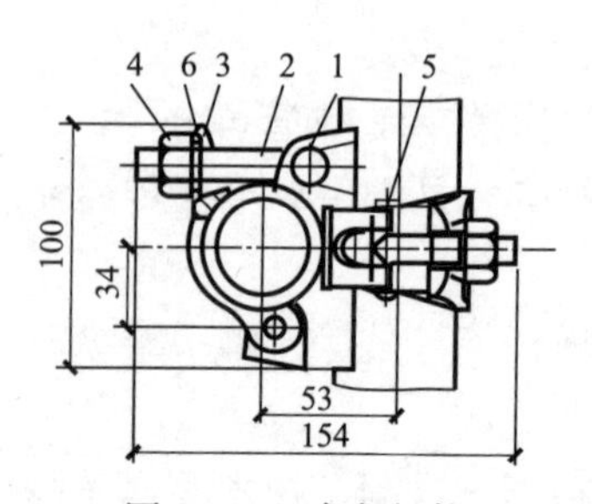

图 8.3-2　直角扣件

1—直角座；2—螺栓；3—盖板；4—螺栓；5—螺母；6—销钉

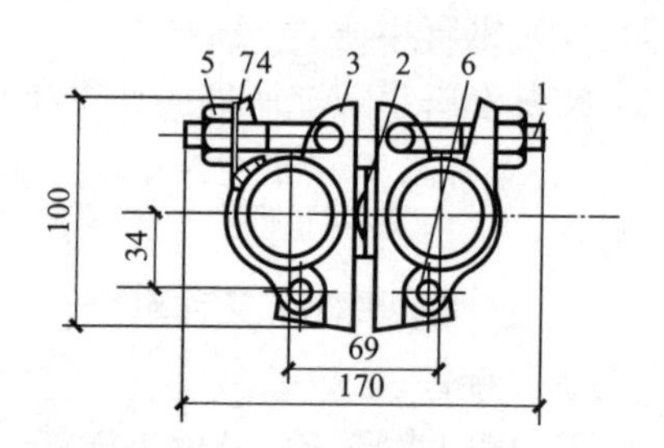

图 8.3-3　旋转扣件

1—螺栓；2—铆钉；3—旋转座；4—螺栓；5—螺母；6—销钉；7—垫圈

3）对接扣件（筒扣、一字扣）：用于两根钢管对接（图 8.3-4）。

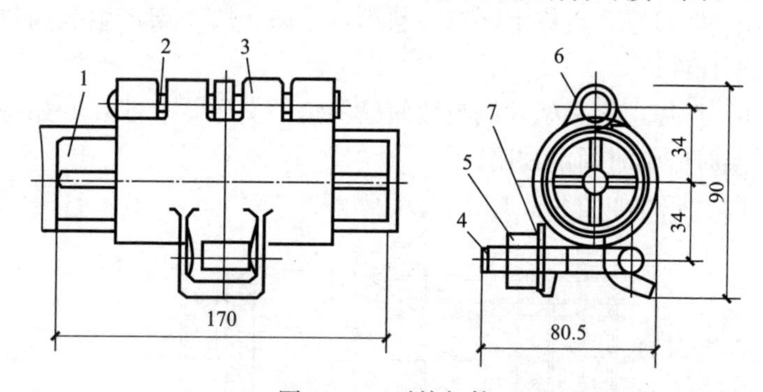

图 8.3-4　对接扣件

1—杆芯；2—铆钉；3—对接座；4—螺栓；5—螺母；6—对接盖；7—垫圈

4）底座：扣件式钢管脚手架的底座用于承受脚手架立杆传递下来的荷载，用可锻铸铁制造的标准底座的构造如图 8.3-5 所示。底座亦可由用厚 8mm、边长为 150mm 的钢板所作的底板，和由外径 60mm、壁厚 3.5mm、长为 150mm 的钢管所作的套筒焊接而成（图 8.3-6）。

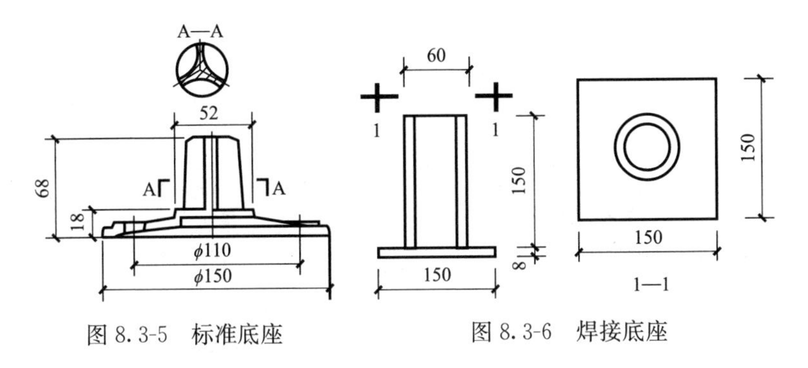

图 8.3-5　标准底座　　　　图 8.3-6　焊接底座

（2）扣件和底座的技术要求

1）扣件应经过 60N·m 扭力矩试压，各部位不应有裂纹，在螺栓拧紧扭力矩达 65N·m 时，扣件不得发生破坏。

2）扣件用脚手架钢管应采用现行标准《低压流体输送用焊接钢管》GB/T 3091 中公称外径为 48.3mm 的普通钢管，其他公称外径、壁厚的允许偏差及力学性能应符合现行标准《低压流体输送用焊接钢管》GB/T 3091 的规定。

3）扣件用 T 形螺栓、螺母、垫圈、铆钉采用的材料应符合现行标准《碳素结构钢》GB/T 700 的有关规定。螺栓与螺母连接的螺纹均应符合现行标准《普通螺纹　基本尺寸》GB/T 196 的规定，垫圈的厚度应符合现行标准《平垫圈　C 级》GB/T 95 的规定，铆钉应符合现行标准《半圆头铆钉》GB 867 的规定。T 形螺栓 M12，其总长应为（72±0.5)mm，螺母对边宽应为（22±0.5)mm，厚度应为（14±0.5)mm；铆钉直径应为（8±0.5)mm，铆接头直径应比铆孔直径大 1mm；旋转扣件中心铆钉直径应为（14±0.5)mm。

4）外观和附件质量要求：

① 扣件各部位不应有裂纹；

② 盖板与底座的张开距离不小于 50mm，当钢管公称外径为 51mm 时，不得小于 55mm；

③ 扣件表面大于 $10mm^2$ 的砂眼不应超过 3 处，且累计面积不应大于 $50mm^2$；

④ 扣件表面粘砂面积累计不应大于 150mm^2；

⑤ 错缝不应大于 1mm；

⑥ 扣件表面凹（或凸）的高（或深）值不应大于 1mm；

⑦ 扣件与钢管接触部位不应有氧化皮，其他部位氧化皮面积累计不应大于 150mm^2；

⑧ 铆接处应牢固，不应有裂纹；

⑨ T 形螺栓和螺母应符合现行标准《紧固件机械性能　螺栓、螺钉和螺柱》GB/T 3098.1、《紧固件机械性能　螺母》GB/T 3098.2 的规定；

⑩ 活动部位应灵活转动，旋转扣件两旋转面间隙应小于 1mm；

⑪ 产品的型号、商标、生产年号应在醒目处铸出，字迹、图案应清晰完整；

⑫ 扣件表面应进行防锈处理（不应采用沥青漆），油漆应均匀美观，不应有堆漆或露铁。

3. 脚手板

（1）脚手板可采用钢、木、竹材料制作，每块质量不宜大于 30kg。

（2）新、旧脚手板均应涂防锈漆。

（3）木脚手板应采用杉木或松木制作，其宽度不宜小于 200mm，厚度不应小于 50mm，两端应各设直径为 4mm 的镀锌钢丝箍两道，腐朽的脚手板不得使用。

（4）竹脚手板宜采用由毛竹或楠竹制作的竹串片板、竹笆板。

4. 连接杆

又称固定件、附墙杆、连接点、拉结点、拉撑点、附墙点、连墙杆等。连接一般有软连接与硬连接之分。软连接是指用 8 号或 10 号镀锌钢丝将脚手架与建筑物结构连接起来，软连接的脚手架在承受荷载后有一定程度的晃动，其可靠性较硬连接的脚手架差，故规定脚手架高度 24m 以上采用硬拉结，24m 以下宜采用软硬结合拉结。硬连接是指用钢管、杆件等将脚手架与建筑物结构连接起来，安全可靠，已为全国各地所采用。硬连接如图 8.3-7 所示。

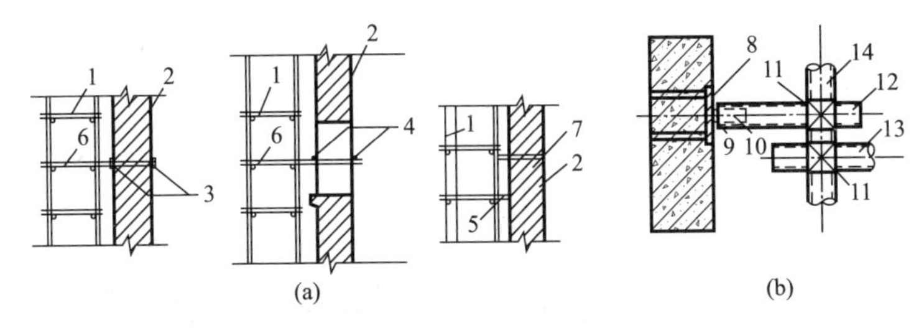

图 8.3-7　连接杆剖面示意

(a) 用扣件钢管作的硬连接；(b) 预埋件式硬连接

1—脚手架；2—墙体；3—两只扣件；4—两根短管用扣件连接；5—此小横杆顶墙；6—此小横杆进墙；7—连接用镀锌钢丝，埋入墙内；8—埋件；9—连接角铁；10—螺栓；11—直角扣件；12—连接用短钢管；13—小横杆；14—立柱

8.3.2 门（框组）式钢管脚手架

以门形、梯形以及其他变化形式钢管框架为基本构件，与连接杆（构）件、辅件和各种功能配件组合而成的脚手架，统称为“框组式钢管脚手架”。采用门形架（简称“门架”）者称为“门式钢管脚手架”，采用梯形架（简称“梯架”）者称为“梯式钢管脚手架”，可用来搭设各种用途的施工作业架子，如外脚手架、里脚手架、满堂脚手架、模板和其他承重支撑架、工作台等。

1. 基本结构和主要部件

门式钢管脚手架的基本单元由门式框架（门架）、交叉支撑（十字拉杆）和水平架（平行架、平架）或脚手板构成（图 8.3-8）。基本单元相互连接起来并增加梯子、栏杆等部件构成整片脚手架（图 8.3-9）。

门式钢管脚手架的部件大致分为三类：

(1) 基本单元部件包括门架、交叉支撑和水平架等（图 8.3-10）。

门架是门式脚手架的主要部件，有多种不同形式。标准型是最基本的形式，主要作为构成脚手架的基本单元，一般常用的标准型门架的宽度为 1.219m，高度有 1.9m 和 1.7m。门架的质量，当使用高强薄壁钢管时为 13～16kg；使用普通钢管时为 20～25kg。

梯形框架（梯架）可以承受较大的荷载，多用于模板支撑架、活动操作平台和砌筑里脚手架，架子的梯步可供操作人员上下平台之用。简易门架的宽度较小，用于搭建窄脚手板。还有一种调节架，用于调节作业层高度，以适应层高变化。

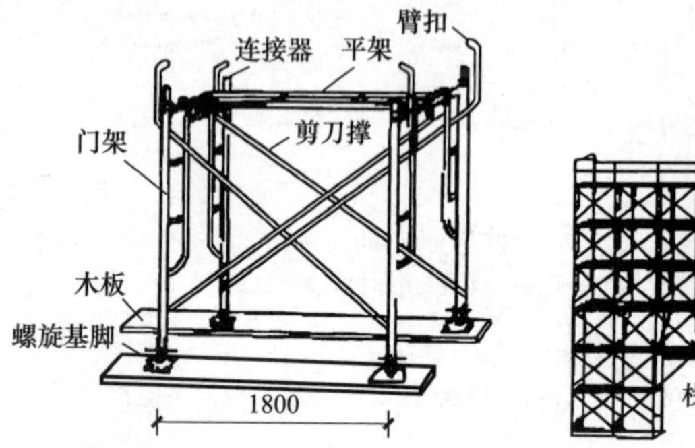

图 8.3-8　门式脚手架的基本组成单元

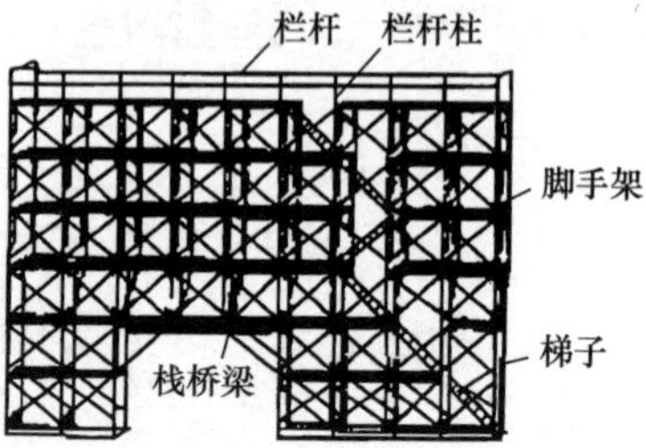

图 8.3-9　门式外脚手架

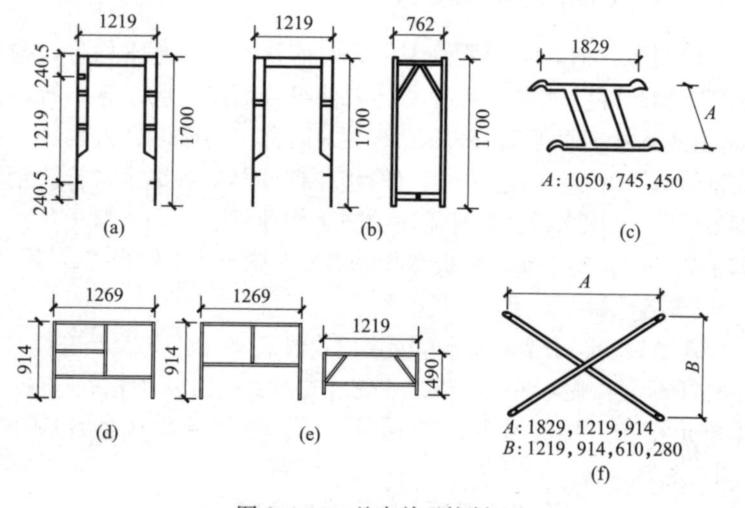

图 8.3-10　基本单元控制

(a) 标准门架；(b) 简易门架；(c) 水平架；(d) 轻型梯形门架；(e) 接高门架；(f) 交叉支撑

门架之间进行连接时，在垂直方向使用连接棒和锁臂，在脚手架纵向使用交叉支撑，在架顶水平面使用水平架或脚手板。交叉支撑和水平架的规格根据门架的间距来选择，一般为 1.8m。

（2）底座和托座底座有三种：可调底座可调高 200～550mm，主要用于搭设支模架以适应不同支模高度的需要，脱模时可方便将架子降下来，用于搭设外脚手架时，能适应不平的地面，可用其将各门架顶部调节到同一水平面上；简易底座只起支承作用，无调高功能，使用时要求地面平整；带脚轮底座多用于操作平台，以满足移动的需要。

托座有平板和U形两种，置于门架竖杆的上端，多带有丝杠以调节高度，主要用于搭设支模架。底座和托座如图8.3-11所示。

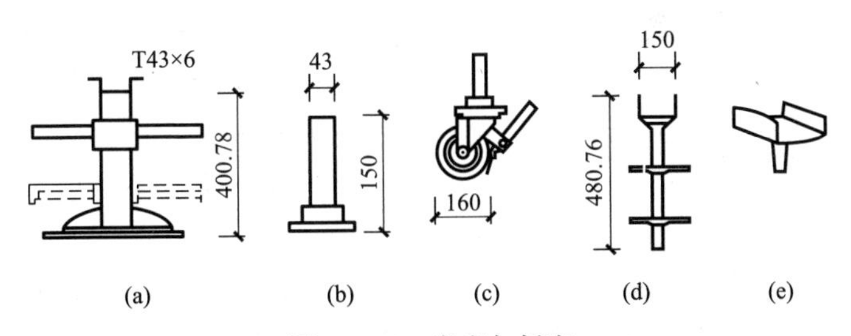

图8.3-11 底座与托座

(a) 可调底座；(b) 简易底座；(c) 脚轮；(d) 可调U形顶托；(e) 简易U形顶托

(3) 其他部件有脚手板、梯子、扣墙管、栏杆、连接棒、锁臂和脚手板托架等，如图8.3-12所示。

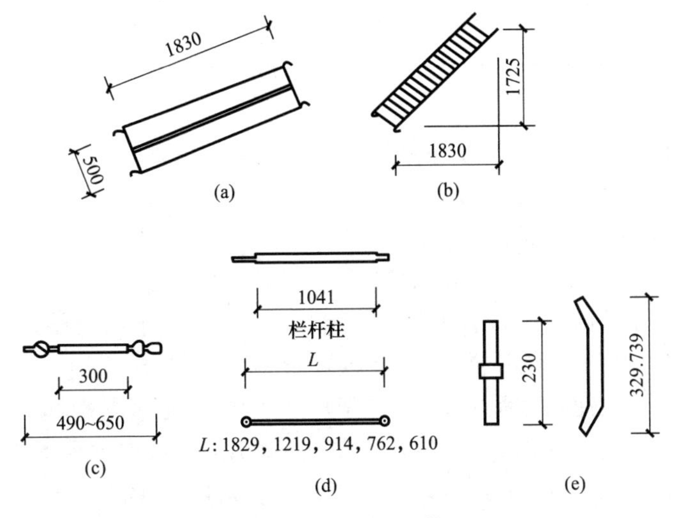

图8.3-12 其他部件

(a) 钢脚手板；(b) 梯子；(c) 扣墙管；(d) 栏杆和栏杆柱；(e) 连接棒和锁臂

脚手板一般为钢脚手板，其两端带有挂扣，搁置在门架的横梁上并扣紧。在这种脚手架中，脚手板还是加强脚手架水平刚度的主要构件，脚手架应每隔 3～5 层设置一层脚手板。

梯子为设有踏步的斜梯，分别扣挂在上下两层门架的横梁上。

扣墙器和扣墙管都是确保脚手架整体稳定的拉结件。扣墙器为花篮螺栓构造，一端带有扣件与门架竖管扣紧，另一端有螺杆锚入墙中，旋紧花篮螺栓，即可把扣墙器拉紧；扣墙管为管式构造，一端的扣环与门架拉紧，另一端为埋墙螺栓或夹墙螺栓，锚入或夹紧墙壁。托架分定长臂和伸缩臂两种形式，可伸出宽度为 0.5～1.0m，以适应脚手架距墙面较远时的情况。小桁架（栈桥梁）用来构成通道。

连接扣件亦分三种类型：回转扣、直角扣和筒扣。相同管径或不同管径杆件之间的连接扣件规格见表 8.3-2。

扣件规格 **表 8.3-2**

类型		回转扣			直角扣		
规格		ZK-4343	ZK-4843	ZK-4848	JK-4343	JK-4843	JK-4848
扣径/mm	D1	43	48	48	43	43	48
	D2	43	43	48	43	43	48

2. 自锚连接构造

门式钢管脚手架部件之间的连接基本不用螺栓结构，而是采用方便可靠的自锚结构。

主要形式包括：

（1）制动片式。在作为挂扣的固定片上，铆上主制动片和被制动片，安装前使二者居于脱开位置，开口尺寸大于门架横梁直径，就位后，将被制动片推至实线位置，主制动片即自行落下，将被制动片卡住，使脚手板（或水平梁架）自锚于门架上（图 8.3-13）。

（2）滑动片式。在固定片上设一滑动片，安装前使滑动片位于虚线位置，就位后利用滑动片的自重，将其推下［图 8.3-14（a）］，使开口尺寸缩小以锚住横梁。

一种滑动片式构造如图 8.3-14 所示。挂钩式连接片上设一限位片，安装前置于虚线位置，就位后顺槽滑至实线位置，因限位片受力方向异于滑槽方向而实现自锚。这种构造多用于梯子与门架横梁的连接上。

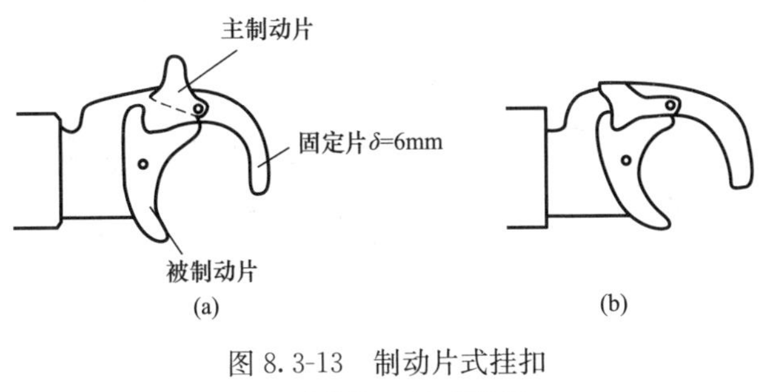

图 8.3-13 制动片式挂扣

(a) 安装前；(b) 就位后

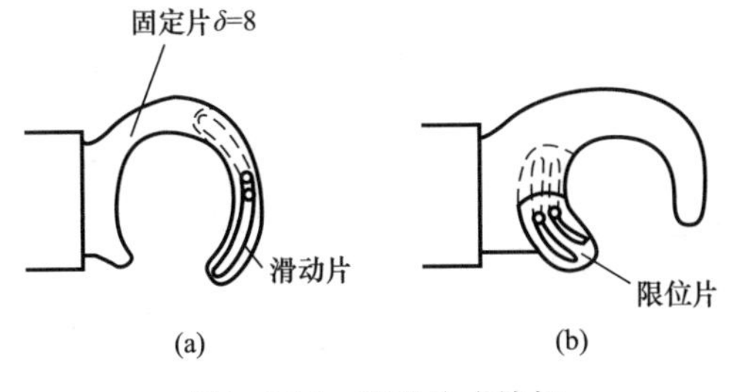

图 8.3-14 滑动片式挂扣

(3) 弹片式。在门架竖管的连接部位焊一外径 12mm 的薄壁钢管，其下端开槽，内设刀片式固定片和弹片（图 8.3-15）。安装时将两端钻有孔洞的剪刀撑推入，此时因孔的直径小于固定片外突尺寸而将固定片向内挤压至虚线位置，直至通过后再行弹出，实现自锚。

(4) 偏重片式。在门架竖管上焊一段端头开槽的 ϕ12 圆钢，槽呈坡形，上口长 23mm，下口长 20mm，槽内设一偏重片（用 ϕ10 圆钢制成，厚 2mm，一端保持原直径），在其近端处开一椭圆形孔，安装时置于虚线位置，其端部斜面与槽内斜面相合，不会转动，就位后将偏重片稍向外拉，自然旋转到实线位置实现自锚（图 8.3-16）。

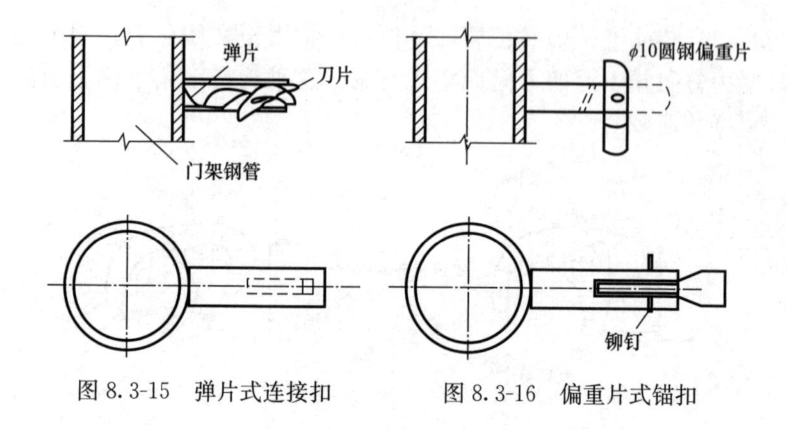

图 8.3-15　弹片式连接扣　　图 8.3-16　偏重片式锚扣

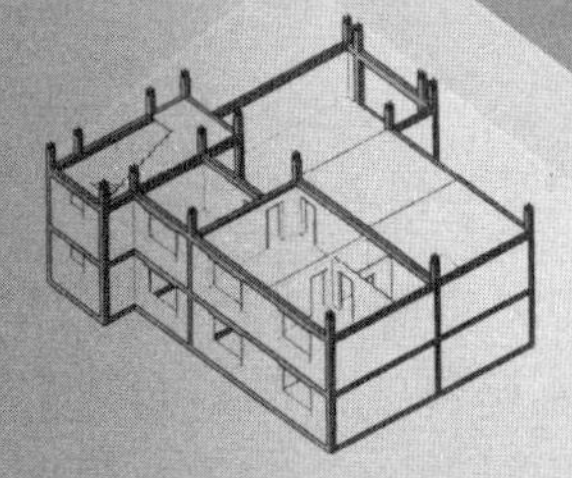

第九章　屋面与防水工程

9.1　卷材防水屋面

卷材防水屋面是指采用胶粘剂粘贴卷材或采用带底面自粘胶的卷材进行热熔或冷粘贴于屋面基层进行防水的一种屋面形式。

9.1.1　基本要求

1. 设计要求

屋面工程防水设计应遵循“合理设防、防排结合、因地制宜、综合治理”的原则，确定屋面防水等级和设防要求。

(1) 单坡跨度大于9m的屋面应在结构上进行找坡，设计坡度不小于3%。一般情况下，天沟、檐沟纵向设计坡度不小于1%。当用轻质材料或保温层找坡时，坡度一般为2%。

(2) 卷材、涂膜防水层的基层应设找平层，找平层应留设分格缝，缝宽宜为5～20mm。纵横缝的间距不宜大于6m，分格缝内宜嵌填密封材料。

(3) 在空气湿度较大的地区，如在北纬40°以北且室内空气湿度大于75%的地区，或其他室内空气湿度常年大于75%的地区，或其他地区室内空气湿度常年大于80%的地区进行屋面防水施工时，若采用吸湿性保温材料作保温层，应选用气密性、水密性好的防水卷材或防水涂料作隔汽层。隔汽层应沿墙面向上铺设，并与屋面的防水层相连接，形成全封闭的整体。

(4) 卷材、涂膜防水层上设置块体材料、水泥砂浆或细石混凝土，应在两者之间设置隔离层。

(5) 高低跨屋面防水设计为无组织排水时，其低跨屋面受水冲刷的部位，应加铺一层卷材附加层，上铺300～500mm宽的

C20 混凝土板材加强保护；设计为有组织排水时，水落管下应加设水簸箕。变形缝处的防水处理，应采用有足够变形能力的材料和构造措施。

2. 材料选用

屋面防水材料可选用合成高分子防水卷材、高聚物改性沥青防水卷材、自粘橡胶沥青防水卷材、合成高分子防水涂料、聚合物水泥防水涂料等。

3. 施工要求

（1）屋面工程采用的防水、保温材料应有产品合格证书和性能检测报告，材料的品种、规格、性能等应符合现行国家产品标准和设计要求。

（2）屋面工程施工时，每道工序施工完成，经检查合格后方可进行下道工序的施工。当下道工序或相邻工程施工时，应对屋面已完成的部分采取保护措施。伸出屋面的管道、设备或预埋件等，应在防水层施工前安设完毕。屋面防水层完工后，不得在其上凿孔、打洞或使用重物冲击。

（3）屋面防水层完工后，应检验屋面有无渗漏和积水，排水系统是否通畅，可在雨后或持续淋水 2h 以后进行。有可能作蓄水检验的屋面应作蓄水检验，蓄水时间不宜小于 24h。确认屋面无渗漏后，再作保护层。

（4）国家规定屋面防水工程保修期为 5 年。在屋面竣工后，为保证其使用年限和质量，应建立管理、维修、保养制度，同时做好水落口、天沟、檐沟的疏通情况检查，确保屋面排水系统畅通。对实际屋面防水工程质量保证期的期限、效果（工程质量等事宜），双方通过协议商定。

9.1.2 找平层

1. 找平层的种类和技术要求

作为防水层基层的找平层有细石混凝土、水泥砂浆、混凝土随浇随抹等几种做法。其技术要求见表 9.1-1。

屋面防水技术以防为主，以排为辅。防水基层采用正确的排水坡度可以保证水迅速排走，从而减少渗水的机会，避免防水层长期被水浸泡而加速损坏。平屋面在建筑功能许可的情况下尽可能作结构找坡，坡度应尽可能大些。找平层的坡度要求见表 9.1-2。

找平层厚度和技术要求　　**表 9.1-1**

类别	基层种类	厚度/mm	技术要求
混凝土随浇随抹	整体现浇混凝土	—	原浆表面抹平压光
水泥砂浆找平层	整体混凝土	15～20	体积比为 1∶2.5～1∶3（水泥∶砂），水泥强度等级不低于 32.5 级，宜掺微膨胀剂、抗裂纤维等材料
	整体或板状材料保温层	20～25	
细石混凝土找平层	松散材料保温层	30～35	混凝土强度等级不低于 C20

找平层的坡度要求　　**表 9.1-2**

项目	平屋面		天沟、檐沟			水落口周边 ϕ500 范围
	结构找坡	材料找坡	纵向	沟底水落差	水落口离天沟分水线距离	
坡度要求	≥3%	≥2%	≥1%	≤200mm	≤20m	≥5%

基层与突出屋面结构（女儿墙、山墙、天窗壁、变形缝、烟囱等）的交接处和基层的转角处，称阴阳角，是防水层应力集中的部位，该处找平层均应作成圆弧形。弧度要求见表 9.1-3。

找平层转角处圆弧半径弧度　　**表 9.1-3**

卷材种类	沥青防水卷材	高聚物改性沥青卷材	合成高分子卷材	聚合物水泥防水涂料
圆弧半径/mm	100～150	50	20	20

2. 水泥砂浆找平层施工

（1）屋面结构层为装配式钢筋混凝土屋面板时，应用强度等级不小于 C20 细石混凝土嵌缝。当板缝宽度大于 40mm 或上窄下宽时，板缝内应设置构造钢筋，灌缝高度应与板平齐，板端应用密封材料嵌缝。

（2）检查屋面板等基层是否安装牢固，不得有松动现象。铺砂浆前，应将基层表面清扫干净并洒水湿润（有保温层时，不得洒水）。

（3）砂浆配合比要准确，砂浆应搅拌均匀。砂浆铺设应按由远到近、由高到低的顺序进行，最好在每一分格内一次连续抹成，严格掌握坡度，可用2m左右的刮杠找平。

（4）待砂浆稍收水后，用抹子抹平压实、压光；终凝前，轻轻取出嵌缝木条，完工后少踩踏表面。砂浆表面不允许撒干水泥或水泥浆压光。

（5）铺设找平层12h后，需洒水养护或喷冷底子油养护。

9.1.3 卷材防水层

卷材防水是用胶粘剂或采用热熔法、冷粘法等由基层开始逐层粘贴卷材而形成的防水系统。

1. 材料要求

高聚物改性沥青防水卷材和合成高分子防水卷材的物理性能应符合表9.1-4、表9.1-5的要求。

高聚物改性沥青防水卷材主要物理性能　　表9.1-4

项目	性能要求		
	聚酯毡胎体	玻纤胎体	聚乙烯胎体
可溶物含量	3mm厚，≥2100g/m^2；4mm厚，≥2900g/m^2；5mm厚，≥3500g/m^2		
拉力	≥450N/50mm	纵向，≥350N/50mm；横向，≥250N/50mm	≥100N/50mm
最大拉力时延伸率	最大拉力时，≥30%	—	断裂时，≥200%
耐热度	弹性体90℃，塑性体110℃，无滑动、流淌、滴落		90℃，无流淌、气泡
低温柔性	弹性体－20℃，塑性体－5℃，无裂纹		－10℃，无裂纹
不透水性30min	≥0.3MPa	≥0.2MPa	≥0.3MPa

自粘橡胶沥青防水卷材和自粘聚合物改性沥青聚酯胎防水卷材的物理性能应符合表9.1-6、表9.1-7的要求。

合成高分子防水卷材主要物理性能　　表 9.1-5

项目	性能要求			
	硫化橡胶	非硫化橡胶	树脂类	纤维增强类
断裂拉伸强度	≥6MPa	≥3MPa	≥10MPa	≥9MPa
扯断伸长率	≥400%	≥200%	≥200%	≥100%
低温弯折性	−30℃，无裂纹	−20℃，无裂纹	−20℃，无裂纹	−20℃，无裂纹
不透水性 30min	≥0.3MPa	≥0.2MPa	≥0.3MPa	≥0.3MPa

自粘橡胶沥青防水卷材主要物理性能　　表 9.1-6

项目	性能要求	
	聚乙烯膜	铝箔
拉力	≥130N/5cm	≥100N/5cm
断裂延伸率	≥450%	≥200%
耐热度	80℃，无气泡、滑动	
低温柔性	−20℃，无裂纹	
不透水性 120min	≥0.2MPa	

自粘聚合物改性沥青聚酯胎防水卷材主要物理性能　　表 9.1-7

项目		性能要求
可溶物含量		2mm 厚，≥1300g/m^2；3mm 厚，≥2100g/m^2
不透水性 30min		≥0.3MPa
耐热度	聚乙烯膜与细纱	70℃，无滑动、流淌、滴落
	铝箔面	80℃，无滑动、流淌、滴落
拉力		≥350N/50mm
最大拉力时延伸率		30%
低温柔性		−20℃，无裂纹

用于粘贴卷材的胶粘剂可分为卷材与基层粘贴的胶粘剂及卷材与卷材搭接的胶粘剂，粘贴各类防水卷材应采用与卷材材性相容的胶粘材料。防水卷材及配套材料的品种、物理性能应符合表 9.1-8～表 9.1-10 相关内容的要求。

沥青基防水卷材用基层处理剂的主要物理性能　表 9.1-8

项目	性能要求
表干时间	水性，≤4h；溶剂型，≤2h
固体含量	水性，≥40%；溶剂型，≥30%
耐热度	80℃，无流淌
低温柔性	0℃，无裂纹

改性沥青胶粘剂的主要物理性能　表 9.1-9

项目	性能要求
固体含量	≥60%
耐热度	85℃，无流淌、鼓泡、滑动
低温柔性	−5℃，无裂纹
剥离强度	0.8N/mm

合成高分子胶粘剂的主要物理性能　表 9.1-10

项目	要求性能
适用期	≥180min
剪切状态下的粘合性	卷材与卷材≥2.0N/mm
	卷材与基材≥1.8N/mm
剥离强度	卷材与卷材剥离强度≥1.5N/mm，浸水后保持率≥70%

2. 施工要求

（1）施工准备

伸出屋面的管道、设备或预埋件等，应在防水层施工前安装完毕。屋面与突出屋面结构的交接处及转角处（如女儿墙、变形缝、天沟、檐口、伸出屋面管道、水落口等）找平层均应抹成圆弧形。内部排水水落口周围，应做成略低的凹坑。找平层应干燥、干净。

（2）施工环境

施工环境参见表 9.1-11。

（3）屋面卷材施工要求

屋面卷材施工需重点注意的问题有：

1）涂刷或喷涂基层处理剂前，要检查找平层的质量和干燥程度并将其清扫干净，符合要求后才可进行。在大面积喷涂前，应用毛刷对屋面节点、周边、转角等部位先行处理。

卷材防水工程施工环境气温要求　　表 9.1-11

项目	施工环境气温
高聚物改性沥青防水卷材	冷粘法不低于 5℃；热熔法不低于－10℃
合成高分子防水卷材	冷粘法不低于 5℃；热风焊接法不低于－10℃

2）节点附加增强处理：防水层施工时，应先做好节点、附加层和屋面排水比较集中部位（如屋面与水落口连接处，檐口、天沟、檐沟、天窗壁、变形缝、烟囱、屋面转角处、阴阳角、板端缝等）的处理，检查验收合格后方可进行大面积施工。

3）铺贴方向：卷材的铺贴方向应根据屋面坡度和屋面是否受振动来确定。当屋面坡度小于 3%时，卷材宜平行于屋脊铺贴；屋面坡度在 3%～15%时，卷材可平行或垂直于屋脊铺贴；屋面坡度大于 15%或受振动时，沥青卷材应垂直于屋脊铺贴，高聚物改性沥青卷材和合成高分子卷材可根据屋面坡度、屋面是否受振动、防水层的粘结方式、粘结强度、是否机械固定等因素综合考虑采用平行或垂直屋脊铺贴。上、下层卷材不得相互垂直铺贴。屋面坡度大于 25%时，卷材宜垂直屋脊方向铺贴，并应采取防止卷材下滑的固定措施，固定点应密封。

4）施工顺序：由屋面最低标高处向上施工。铺贴天沟、檐沟卷材时，宜顺天沟、檐口方向，减少搭接。铺贴多跨和高低跨的屋面时，应按先高后低、先远后近的顺序进行。大面积屋面施工时，为提高工效和加强管理，可根据面积大小、屋面形状、施工工艺顺序、人员数量等因素划分施工流水段。流水段的界线宜设在屋脊、天沟、变形缝等处。

5）搭接方法及宽度要求：铺贴卷材应采用搭接法，上下层及相邻两幅卷材的搭接缝应错开。平行于屋脊的搭接缝应顺流水方向搭接；垂直于屋脊的搭接缝应顺年最大频率风向（主导风向）搭接。

高聚物改性沥青卷材和合成高分子卷材的搭接缝，宜用与它材性相容的密封材料封严。上下层及相邻两幅卷材的搭接缝应错开，同一层相邻两幅卷材短边搭接缝应错开不小于500mm，上下层卷材长边搭接缝应错开不小于幅宽的1/3，各种卷材的搭接宽度应符合表9.1-12的要求。

卷材搭接宽度 **表9.1-12**

<table>
<tr><th colspan="2" rowspan="2">铺贴方法卷材种类</th><th colspan="2">短边搭接/mm</th><th colspan="2">长边搭接/mm</th></tr>
<tr><th>满粘法</th><th>空铺、点粘、条粘法</th><th>满粘法</th><th>空铺、点粘、条粘法</th></tr>
<tr><td colspan="2">高聚物改性沥青防水卷材</td><td>80</td><td>100</td><td>80</td><td>100</td></tr>
<tr><td colspan="2">自粘聚合物改性沥青防水卷材</td><td>60</td><td>—</td><td>60</td><td>—</td></tr>
<tr><td rowspan="4">合成高分子防水卷材</td><td>胶粘剂</td><td>80</td><td>100</td><td>80</td><td>100</td></tr>
<tr><td>胶粘带</td><td>50</td><td>60</td><td>50</td><td>60</td></tr>
<tr><td>单焊缝</td><td colspan="4">60mm，有效焊接宽度不小于25mm</td></tr>
<tr><td>双焊缝</td><td colspan="4">80mm，有效焊接宽度为10mm×2+空腔宽</td></tr>
</table>

9.1.4 保护层

屋面防水层完工后，应检验屋面有无渗漏和积水，排水系统是否通畅，可在雨后或持续淋水2h以后进行。有可能作蓄水检验的屋面应作蓄水检验，其蓄水时间不宜少于24h。确认屋面无渗漏后，再作保护层。

1. 预制板块保护层

预制板块保护层的结合层宜采用砂或水泥砂浆。板块铺砌前应根据排水坡度要求挂线，以满足排水要求，保护层铺砌的块体应横平竖直。在砂结合层上铺砌块体时，砂结合层应洒水压实，并用刮尺刮平，以满足块体铺设的平整度要求。块体应对接铺砌，缝隙宽度一般为10mm左右。块体铺砌完成后，应适当洒水并轻轻拍平、压实，以免产生翘角现象。板缝先用砂填至一半的高度，然后用1∶2的水泥砂浆勾成凹缝。为防止砂流失，在保护层四周500mm范围内，应改用低强度等级水泥砂浆作结合层。

为了防止因热胀冷缩而造成板块拱起或板缝开裂过大，块体保护层分格缝纵横间距不应大于 10m，分格缝宽度不宜小于 20mm，缝内嵌填密封材料。

2. 水泥砂浆保护层

水泥砂浆保护层与防水层之间也应设置隔离层，隔离层可采用石灰水等薄质低粘结力涂料。保护层用的水泥砂浆配合比一般为水泥：砂=1：(2.5～3)（体积比）。

保护层施工前，应根据结构情况每隔 4～6m 用木板条或泡沫条设置纵横分格缝。铺设水泥砂浆时，应随铺随拍实，并用刮尺找平，随即用直径为 8～10mm 的钢筋或麻绳压出表面分格缝，间距不大于 1m。终凝前，用铁抹子压光。

保护层表面应平整，不能出现抹子抹压的痕迹和凹凸不平的现象，排水坡度应符合设计要求。

9.1.5 屋面细部构造

卷材屋面节点部位的施工十分重要，既要保证质量，又要施工方便。大面积防水层施工前，应先对节点进行处理，如进行密封材料嵌填、附加增强层铺设等，这有利于大面积防水层施工质量和整体质量的提高，对提高节点处防水密封性、防水层的适应变形能力非常有利。图 9.1-1～图 9.1-12 提供了一些节点构造作法，可供参考。

1. 檐沟

檐沟见图 9.1-1、图 9.1-2。

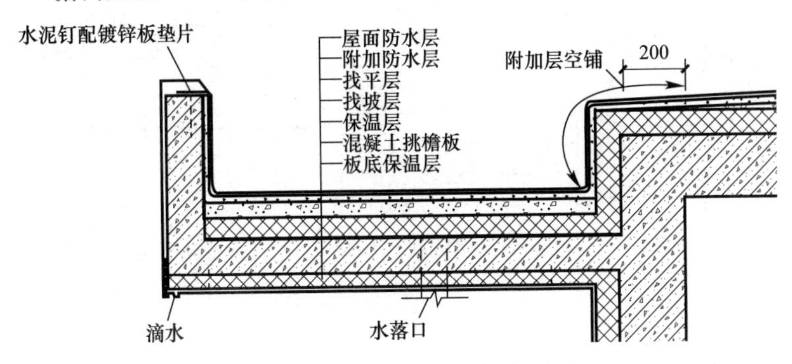

图 9.1-1 檐沟（一）（正置式屋面）

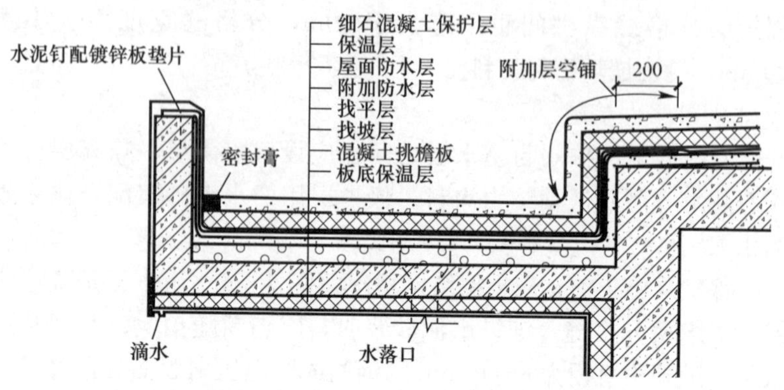

图 9.1-2 檐沟（二）（倒置式屋面）

2. 女儿墙泛水收头与压顶

女儿墙泛水收头与压顶见图 9.1-3、图 9.1-4。

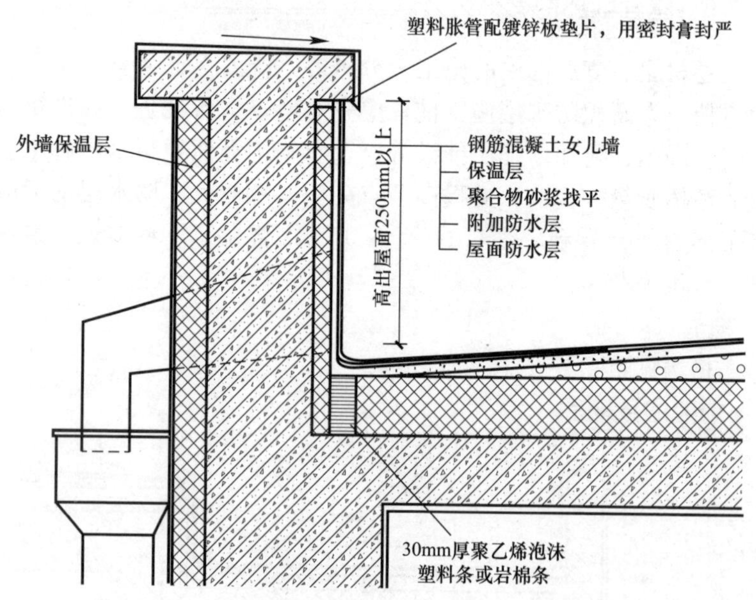

图 9.1-3 女儿墙泛水收头与压顶（一）（正置式屋面）

3. 水落口

水落口见图 9.1-5～图 9.1-7。

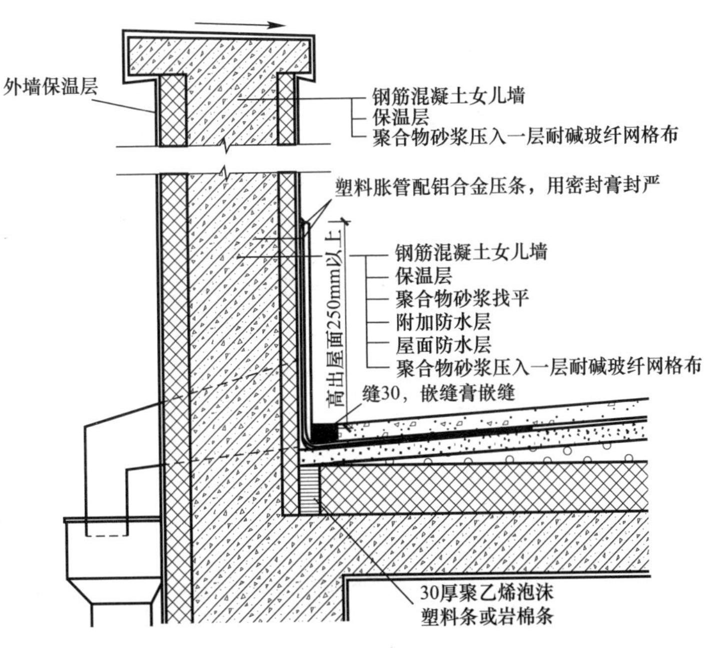

图 9.1-4　女儿墙泛水收头与压顶（二）（正置式屋面）

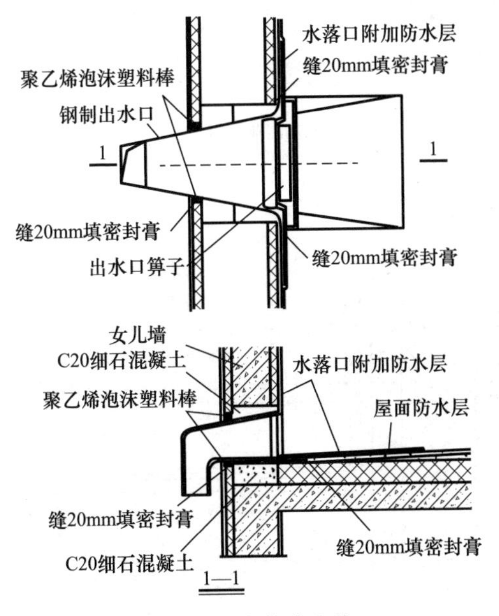

图 9.1-5　女儿墙水落口

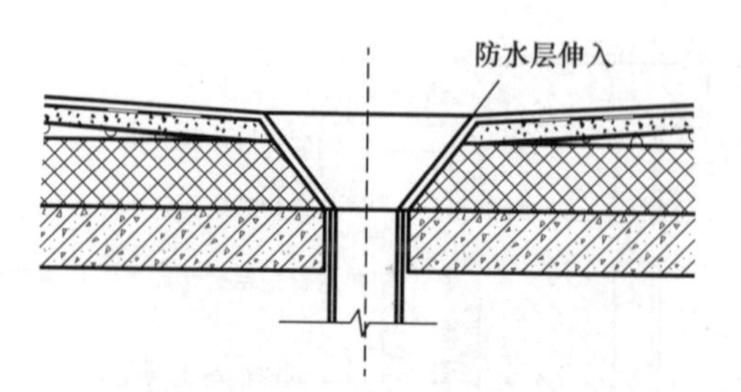

图 9.1-6　正置式屋面内排水水落口

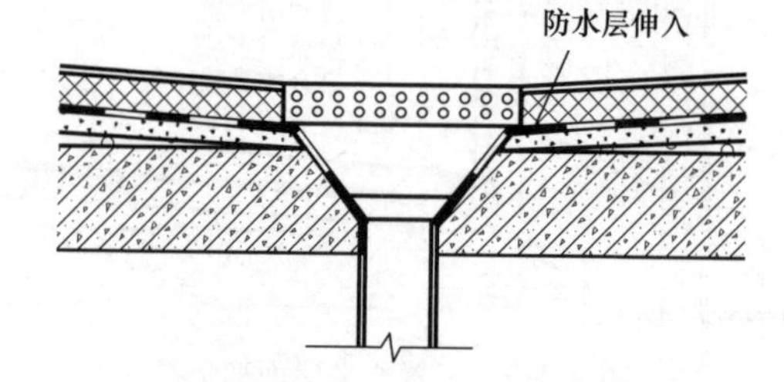

图 9.1-7　倒置式屋面内排水水落口

4. 变形缝

变形缝见图 9.1-8、图 9.1-9。

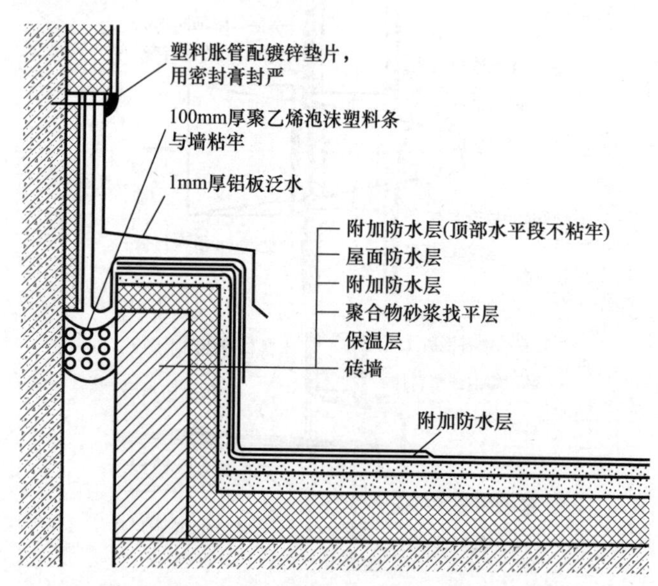

图 9.1-8　正置式屋面高低跨变形缝

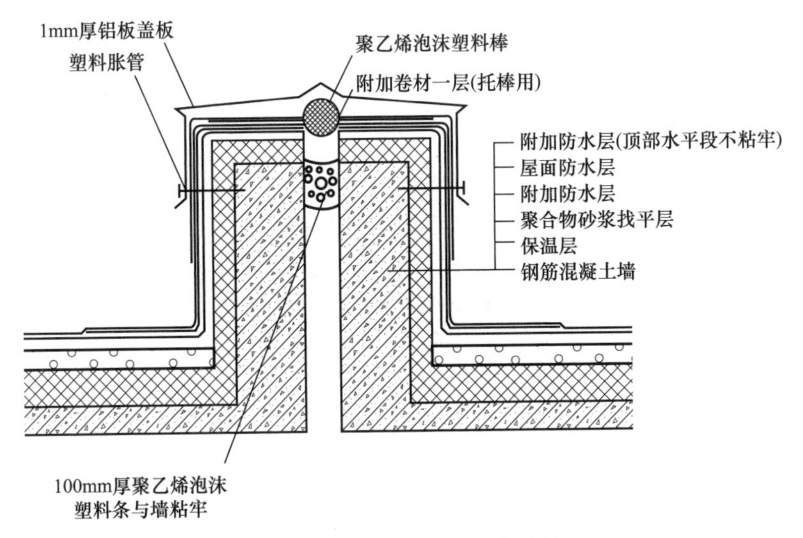

图 9.1-9 正置式平屋面变形缝

5. 伸出屋面管道

伸出屋面管道见图 9.1-10。

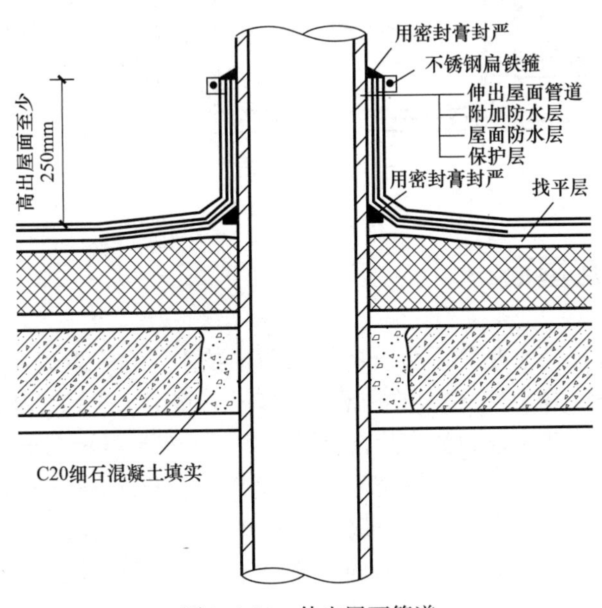

图 9.1-10 伸出屋面管道

6. 出入口

出入口见图 9.1-11、图 9.1-12。

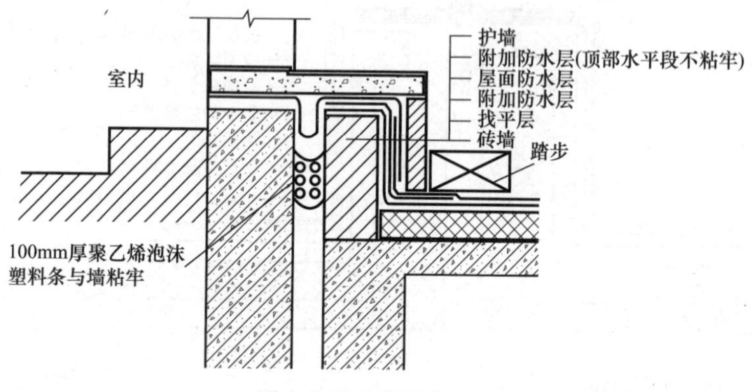

图 9.1-11　水平出入口

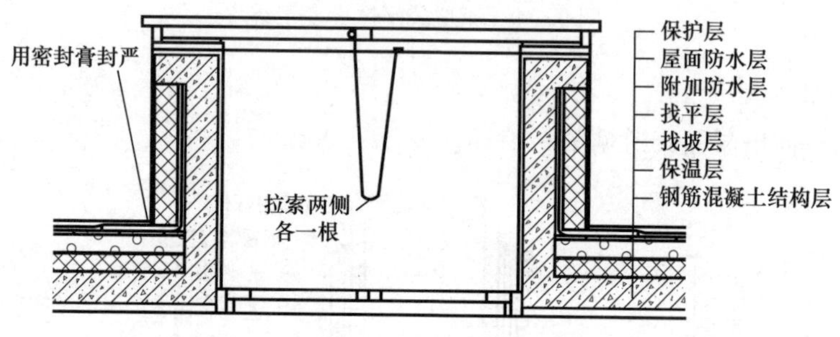

图 9.1-12　垂直出入口

9.2　瓦屋面

瓦屋面防水是我国传统的屋面防水技术，它采取以排为主的防水手段，在 10%～50%的屋面坡度下，将雨水迅速排走，并采用具有一定防水能力的瓦片搭接进行防水。瓦片材料和形式繁多，有黏土小青瓦、水泥瓦（英红瓦）、沥青瓦、装饰瓦、琉璃瓦、筒瓦、黏土平瓦、金属板、金属夹心板等。所以，瓦屋面的种类也很多，有平瓦屋面、青瓦屋面、筒瓦屋面、石板瓦屋面、石棉水泥瓦屋面、玻璃钢波形瓦屋面、沥青瓦屋面、薄钢板瓦屋面、金属压型夹心板屋面等。本节主要介绍其中常用的平瓦屋面、沥青瓦屋面两种。

根据斜坡瓦屋面的特点和防水设防的要求，用于斜坡屋面的防水材料，除防水效果好外，还要强度高、粘结力大。在面层瓦的重力作用下，斜坡面上不会发生下滑现象，同时也不会因温度变化导致性能发生太大变化。适用于斜坡屋面的防水材料应该是强度高、粘结力大的防水涂料，以及聚合物水泥防水涂料和聚合物防水砂浆。瓦屋面的主要构造形式如图 9.2-1～图 9.2-5 所示。

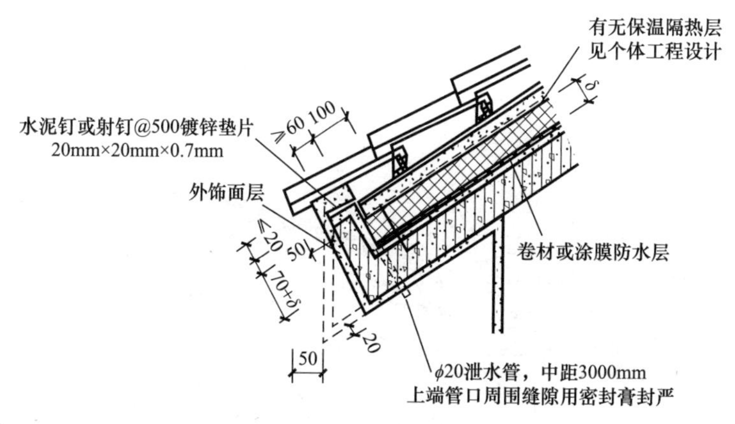

图 9.2-1 块瓦屋面檐口（钢挂瓦条）

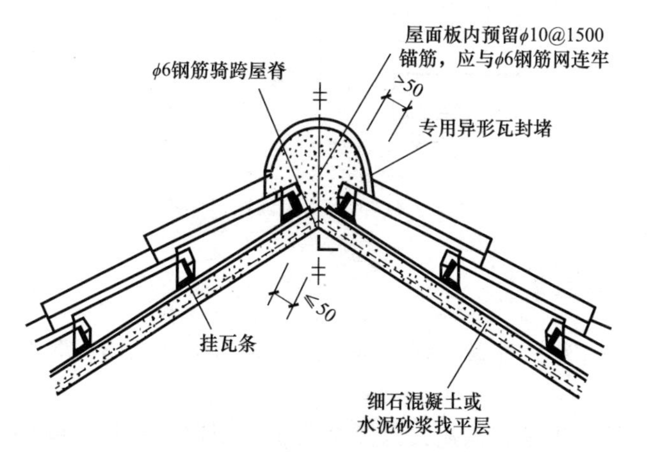

图 9.2-2 块瓦屋面屋脊（钢挂瓦条）

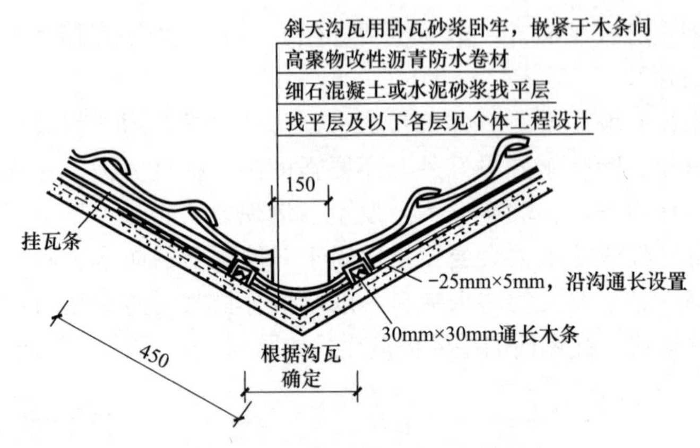

图 9.2-3　块瓦屋面斜天沟（钢挂瓦条）

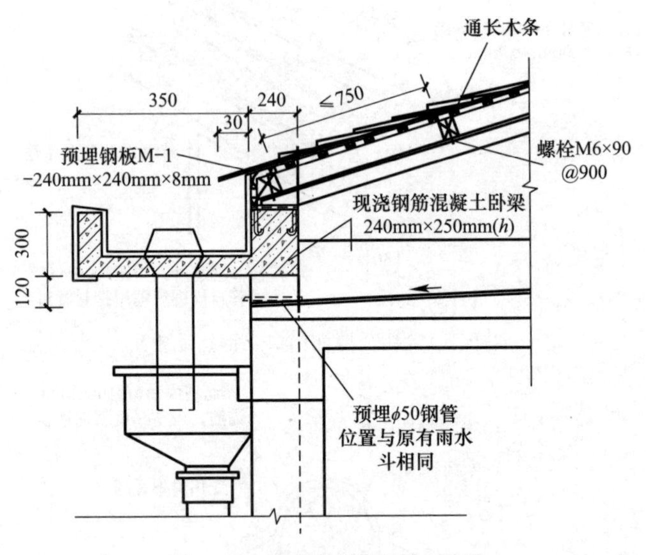

图 9.2-4　沥青瓦屋面檐口详图

9.2.1　基本要求

木质望板、檩条、顺水条、挂瓦条等构件均应作防腐和防蛀处理。

金属顺水条、挂瓦条以及金属板、固定件应作防锈处理。瓦材与山墙及突出屋面结构的交接处均应作泛水处理。

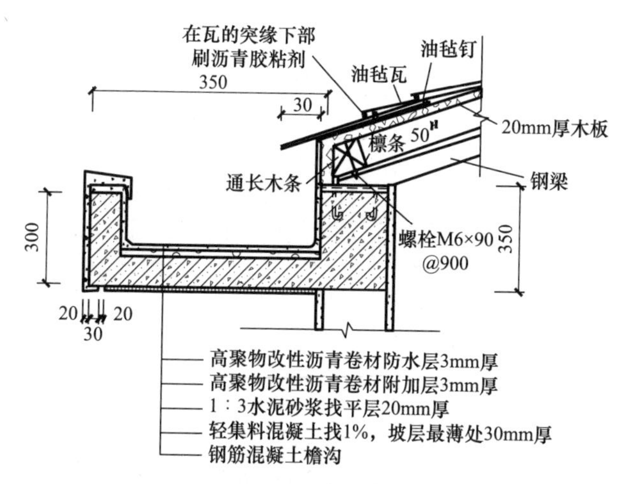

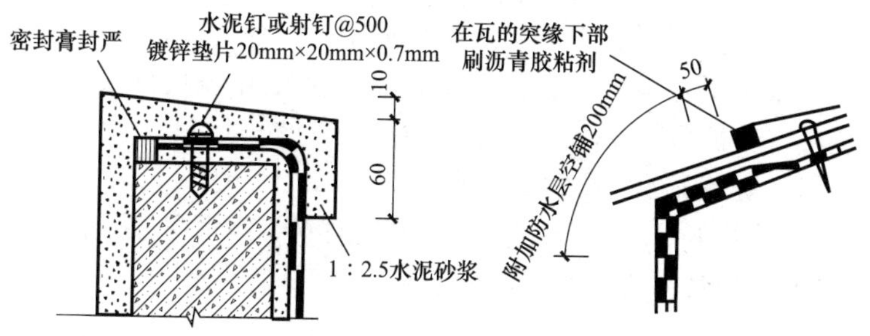

图 9.2-5　沥青瓦屋面构造

大风和地震设防地区，在瓦材或板材与屋面的基层连接处应采取增强固定措施；寒冷地区的屋面檐口部位，应采取防止冰雪融化下坠和冰坝形成的措施。

坡屋面采用的固定件的强度等性能，应满足合理使用年限和安全的要求。

保温隔热材料的防火性能应符合相关防火规范的规定。同时，其传热系数应符合表 9.2-1 的要求。

9.2.2　平瓦屋面

平瓦屋面是将平瓦铺设在钢筋混凝土或木基层上进行防水。在大风或地震地区，应对平瓦屋面采取措施，使瓦与屋面基层固定牢固。

保温隔热材料传热系数　表 9.2-1

气候分区	体形系数≤0.3	0.3<体形系数≤0.4
	传热系数 $K/[W/(m^2 \cdot K)]$	
严寒地区 A 区	≤0.35	≤0.30
严寒地区 B 区	≤0.45	≤0.35
寒冷地区	≤0.55	≤0.45
夏热冬冷地区	≤0.70	
夏热冬暖地区	≤0.90	

1. 平瓦和脊瓦的规格及质量要求

平瓦主要是指传统的黏土机制平瓦和水泥平瓦。平瓦屋面由平瓦和脊瓦组成，平瓦用于铺盖坡面，脊瓦铺盖于屋脊上。黏土平瓦及其脊瓦是以黏土压制或挤压成型、干燥焙烧而成，亦称烧结瓦。水泥平瓦及脊瓦是用水泥、砂加水搅拌经机械滚压成型，常压蒸汽养护后制成，亦称混凝土瓦。

（1）烧结瓦的主要物理性能

1）检验项目：抗冻性能、耐急冷急热性、吸水率、抗渗性能。

2）烧结瓦主要物理性能应符合表 9.2-2 的要求。

烧结瓦的主要物理性能　表 9.2-2

项目	性能要求
抗冻性能	经 15 次冻融循环不出现剥落、掉角、掉棱及裂纹增加现象
耐急冷急热性	经 10 次急冷急热循环不出现炸裂、剥落及裂纹延长现象
吸水率	≤21.0%
抗渗性能	经过渗性能试验，瓦背面无水滴产生

（2）烧结瓦的规格和质量要求

烧结瓦的规格及主要尺寸见表 9.2-3。

2. 施工准备工作

（1）瓦面基层应符合下列要求：

1）结构层内应预埋 ϕ10 锚筋，锚筋长度应符合构造要求，锚筋应作防腐处理。

2）防水层应符合设计要求，封闭严密。

烧结瓦的规格及主要尺寸　　表 9.2-3

产品类别	规格/mm	基本尺寸/mm							
平瓦	400×240～360×220	厚度	瓦槽深度	边筋高度	搭接部分长度		瓦抓		
					头尾	内外槽	压制瓦	挤出瓦	后抓有效高度
		10～20	≥10	≥3	50～70	25～40	具有4个瓦抓	保证2个后抓	≥5
脊瓦	L≥300，b≥180	h	l_1				d		h_1
		10～20	25～35				>b/4		≥5

3）保温层应铺设在垫层上，保温材料宜采用干铺法或粘贴法。

4）保温层上应作C20细石混凝土找平层，找平层内应设ϕ6钢筋网骑跨屋脊并绷直，钢筋网应与预埋锚筋连牢。

（2）屋面木基层的施工要求

1）檩条、椽条、封檐板等的施工允许偏差及检查方法见表9.2-4。

檩条、椽条、封檐板质量检查表　　表 9.2-4

项次	项目		允许偏差/mm	检查方法
1	檩条、椽条	方木截面	−2	钢尺量
		原木梢径	−5	钢尺量，椭圆时取大小径的平均值
		间距	−10	钢尺量
		方木上表面平直	4	沿坡拉线钢尺量
		原木上表面平直	7	
2	油毡搭接宽度		−10	钢尺量
3	挂瓦条间距		±5	
4	封山、封檐板平直	下边缘	5	拉10m线，不足10m拉通线，钢尺量
		表面	8	

2）挂瓦条的施工要求：

① 挂瓦条的间距要根据平瓦的尺寸和一个坡面的长度经计算确定，黏土平瓦一般间距为280～330mm。

② 檐口第一根挂瓦条，要保证瓦头出檐（或出封檐板）50～70mm；上下排平瓦的瓦头和瓦尾的搭扣长度为50～70mm；屋脊处两个坡面上最上两根挂瓦条，要保证挂瓦后，两个瓦尾的间距

在搭盖脊瓦时，脊瓦搭接瓦尾的宽度每边不小于 40mm。

③ 挂瓦条断面一般为 30mm×30mm，长度一般不小于 3 根椽条间距，挂瓦条必须平直（特别是保证挂瓦条上边口的平直），接头在椽木上，钉置牢固，不得漏钉，接头要错开，同一椽木条上不得有超过 3 个连续接头；钉置椽口条（或封椽板）时，椽口条（或封椽板）要比挂瓦条高 20～30mm，以保证椽口第一块瓦的平直；钉挂瓦条时一般从椽口开始逐步向上钉至屋脊，钉置时要随时校核挂瓦条间距尺寸是否一致。为保证尺寸准确，可在一个坡面两端，准确量出瓦条间距，通长拉线钉挂瓦条。

（3）材料用量

平瓦屋面材料用量见表 9.2-5。

平瓦屋面主要材料用量参考表 **表 9.2-5**

材料	平瓦（$100m^2$）	脊瓦（100m）	掺抗裂纤维灰浆（$100m^2$）	水泥砂浆（$100m^2$）
数量	1530 块	240 块	$0.4m^3$	$0.03m^3$

注：表列各项数字供估算参考，各地可以当地定额为准。

3. 平瓦屋面施工

（1）平瓦屋面施工工艺（图 9.2-6）

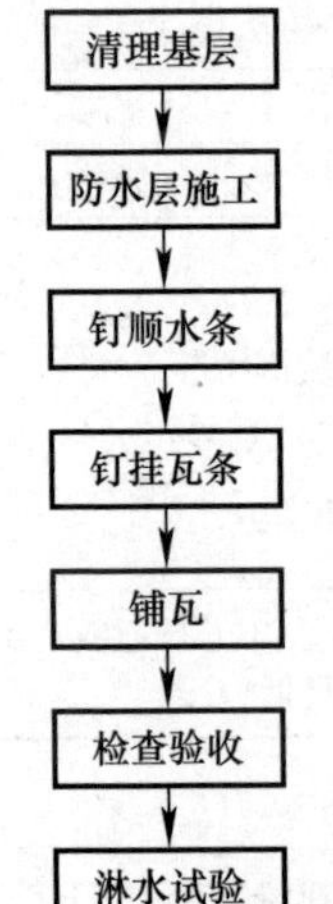

图 9.2-6 平瓦屋面施工工艺

（2）平瓦屋面的施工要求

1）屋面、檐口瓦：挂瓦时从檐口由下到上、自左向右进行；檐口瓦要挑出檐口 50～70mm；瓦后爪均应挂在挂瓦条上，与左边、下边两块瓦落槽密合，随时注意瓦面、瓦楞保持平直，不符合质量要求的瓦不能铺挂。

2）斜脊、斜沟瓦：先将整瓦（或选择可用的缺边瓦）挂上，沟边按要求搭盖的泛水宽度不小于 150mm，弹出墨线，编好号码，将多余的瓦面砍去（最好用钢锯锯掉，保证锯边平直），然后按号码次序挂上；斜脊处也按上述方法将平瓦挂上，保证脊瓦搭接平瓦每边不小于 40mm，弹出墨线，编好号码，砍（或锯）去多余部分，再按次序挂好。

3）脊瓦：挂平脊、斜脊脊瓦时，应拉通长麻线，铺平挂直；扣脊瓦用 1∶2.5 的石灰砂浆铺座平实，脊瓦接口和脊瓦与平瓦间的缝隙处，要用掺抗裂纤维的灰浆嵌严刮平，脊瓦与平瓦的搭接每边不少于 40mm；平脊的接头口要顺主导风向；斜脊的接头口向下（即由下向上铺设），平脊与斜脊的交接处要用麻刀灰封严；铺好的平脊和斜脊平直，无起伏现象。

（3）平瓦屋面节点泛水的施工要求

1）山墙边泛水做法如图 9.2-7 所示。

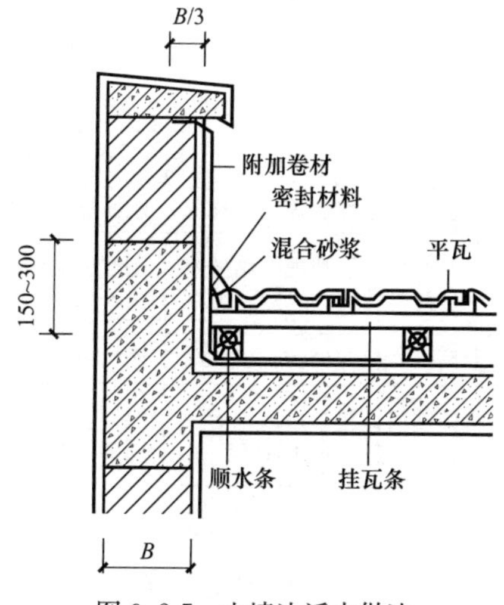

图 9.2-7　山墙边泛水做法

2）天沟、檐沟的防水层宜采用 1.2mm 厚的合成高分子防水卷材、3mm 厚的高聚物改性沥青防水卷材铺设，或采用 1.2mm 合成高分子防水涂料涂刷。

9.3　室内防水

9.3.1　基本规定

1. 设计基本规定。

（1）设计选材。

根据不同部位和使用功能，可按表 9.3-1、表 9.3-2 的要求确定室内防水工程的做法和材料。

室内防水做法选材（楼地面、顶面）　　表 9.3-1

部位	保护层、饰面层	楼地面（池底）	顶面
厕浴间、厨房间	防水层面直接贴瓷砖或抹灰	各种防水涂料、刚性防水材料、聚乙烯丙纶卷材	聚合物水泥防水砂浆、刚性无机防水材料
	混凝土保护层	刚性防水材料、合成高分子涂料、改性沥青涂料、渗透结晶防水涂料、自粘卷材、弹（塑）性体改性沥青卷材、合成高分子卷材	

室内防水做法选材（立面）　　表 9.3-2

序号	部位	保护层、饰面层	立面（池壁）
1	厕浴间、厨房	防水层面直接贴瓷砖或抹灰	刚性防水材料、聚乙烯丙纶卷材
		防水层面经处理或钢丝网抹灰	刚性防水材料、合成高分子防水涂料、合成高分子卷材
2	蒸汽间、浴室	防水层面直接贴瓷砖或抹灰	刚性防水材料、聚乙烯丙纶卷材
		防水层面经处理或钢丝网抹灰、脱离式饰面层	刚性防水材料、合成高分子防水涂料、合成高分子卷材

（2）室内工程防水层最小厚度要求。

室内工程防水层最小厚度要求见表 9.3-3。

室内工程防水层最小厚度　　表 9.3-3

序号	防水层材料类型	厕所、卫生间、厨房/mm	浴室、游泳池、水池/mm	两道设防或复合防水/mm
1	聚合物水泥、合成高分子涂料	1.2	1.5	1.0
2	改性沥青涂料	2.0	—	1.2
3	合成高分子卷材	1.0	1.2	1.0
4	弹（塑）性体改性沥青防水卷材	3.0	3.0	2.0
5	自粘橡胶沥青防水卷材	1.2	1.5	1.2
6	自粘聚酯胎改性沥青防水卷材	2.0	3.0	2.0

续表

序号	防水层材料类型		厕所、卫生间、厨房/mm	浴室、游泳池、水池/mm	两道设防或复合防水/mm
7	刚性防水材料	掺外加剂、掺合料防水砂浆	20	25	20
		聚合物水泥防水砂浆Ⅰ类	10	20	10
		聚合物水泥防水砂浆Ⅱ类、刚性无机防水材料	3.0	5.0	3.0
		水泥基渗透结晶型防水涂料	0.8	1.0	0.6

（3）排水坡度。

地面向地漏处的排水坡度应不小于1%；从地漏边缘向外50mm内的排水坡度为5%；大面积公共厕浴间地面应分区，每一个分区设一个地漏。区域内排水坡度应不小于1%，坡度直线长度不大于3m。

2. 施工基本规定

（1）二次埋置的套管，其周围混凝土强度等级应比原混凝土提高一级，并应掺膨胀剂。

（2）施工管理：自然光线较差的室内防水施工应配备足够的照明灯具；通风较差时，应准备通风设备；施工现场应配备防火器材，注意防火、防毒。

9.3.2 厕浴间、厨房防水细部构造

（1）厕浴间防水平面构造如图9.3-1所示，防水剖面构造如图9.3-2所示。

（2）套管防水构造如图9.3-3所示。如立管是热水管，在立管外设置外径大2～5mm的套管，立管与套管间的空隙嵌填密封胶。套管安装时，在套管周边预留10mm×10mm凹槽，凹槽内嵌填密封胶。套管高度不小于50mm。

（3）转角墙下水管防水构造如图9.3-4所示。在管根孔洞立管定位后，楼板四周缝隙用微膨胀水泥砂浆堵严。缝大于40mm时，

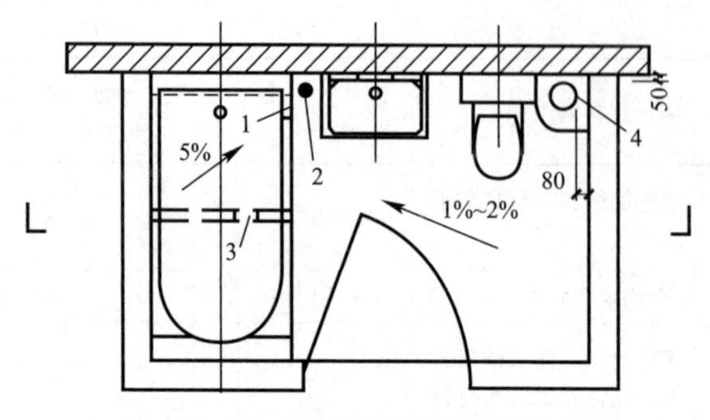

图 9.3-1　厕浴间防水平面构造

1—检查门；2—地漏；3—排水孔；4—下水立管

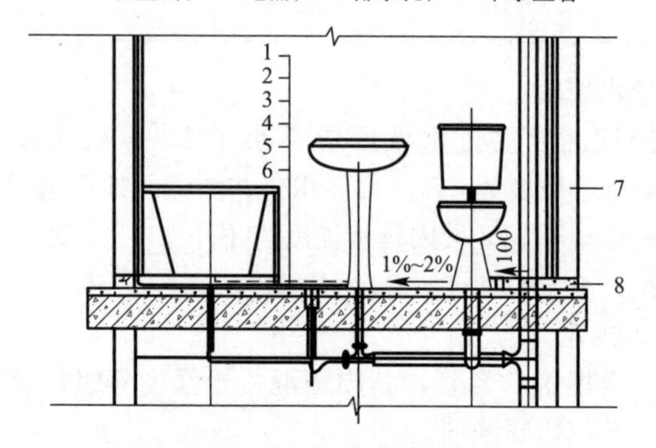

图 9.3-2　厕浴间防水剖面构造

1—饰面地面；2—水泥砂浆保护层；3—防水层；4—水泥砂浆找平层；
5—找坡层；6—钢筋混凝土楼板；7—轻质隔墙；8—混凝土防水台

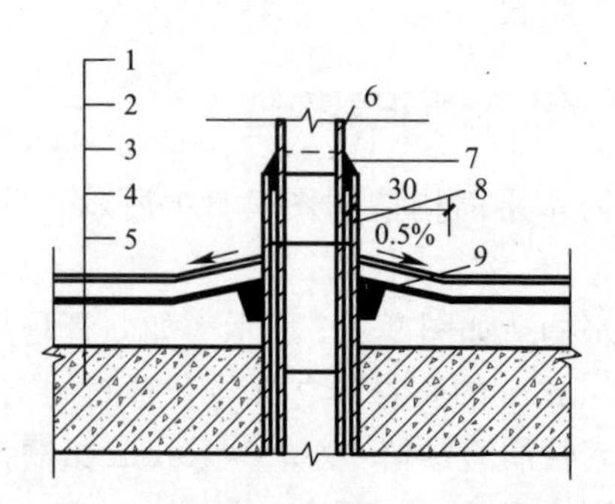

图 9.3-3　厕浴间套管防水构造图

1—饰面层；2—水泥砂浆保护层；3—防水层；4—水泥砂浆找平层；
5—钢筋混凝土楼板；6—立管；7—建筑密封胶；8—套管；9—建筑密封胶

先作底模再用微膨胀豆石混凝土堵严。垫层向地漏处找2%的坡，小于30mm厚用混合砂浆，大于30mm厚用1∶6的水泥焦渣。管根平面与管根周围立面转角处抹出找平层圆弧，作防水附加层和涂膜防水层。在管根与混凝土（或水泥砂浆）之间应留凹槽，槽深10mm、宽20mm，凹槽内嵌填密封胶。管根四周50mm处，至少高出地面5mm。立管位置靠墙或转角处，向外坡度为5%。

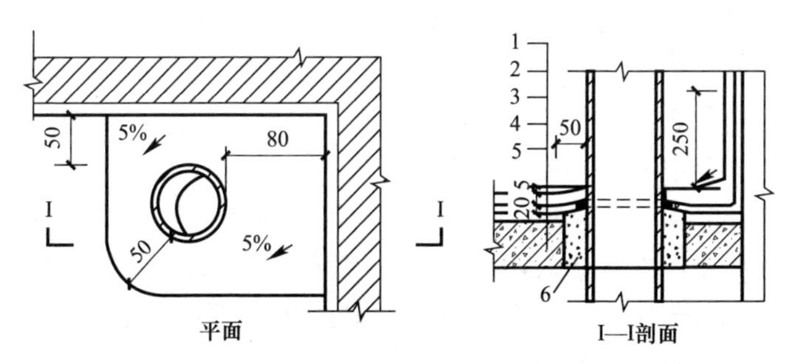

图9.3-4　转角墙下水管防水构造

1—饰面层；2—防水层；3—水泥砂浆找平层；4—垫层；5—钢筋混凝土楼板；6—防水砂浆或豆石混凝土

（4）地漏防水构造如图9.3-5所示。与土建施工配合，定出地漏标高，向上找泛水。立管定位后，楼板四周缝隙用微膨胀水泥砂浆堵严。缝大于40mm时，先作底模再用微膨胀细石混凝土堵严。垫层向地漏处找2%的坡，小于30mm厚用混合砂浆；大于30mm厚用1∶6的水泥焦渣。用15mm厚1∶2.5水泥砂浆找平、

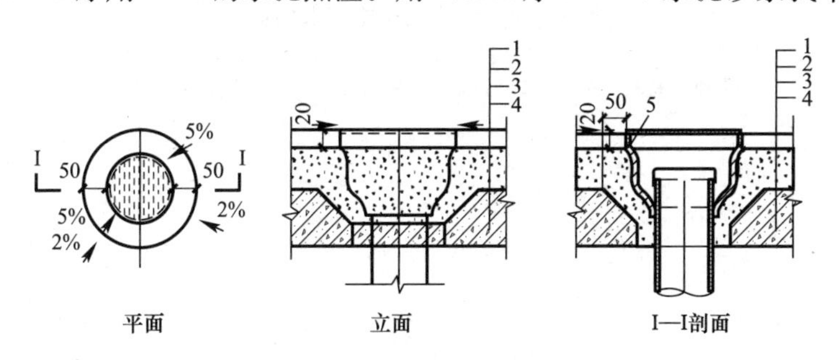

图9.3-5　地漏防水构造

1—饰面层；2—防水层；3—水泥砂浆找平层；4—垫层及混凝土楼板；5—建筑密封胶

压光，作防水附加层和涂膜防水层。地漏上口外围找平层处留10mm×15mm的凹槽，在凹槽中填嵌防水密封胶，上作防水层。地漏四周50mm内，找3%～5%的坡，便于排水。地漏篦子安装在面层，并要低于地坪面层不小于5mm。

（5）蹲式大便器防水构造如图9.3-6所示。立管定位后，与周边楼板的缝隙用微膨胀水泥砂浆堵严。缝宽大于40mm时，先作底模再用微膨胀细石混凝土堵严。立管和大便器接口周围在找平层上留10mm×10mm的凹槽，凹槽内填嵌密封材料。大便器找正位置后插入立管的内壁，将胶泥挤紧。把挤出的油灰刮净、挤实、抹平，严禁用水泥砂浆抹口承插连接。尾部进水接口处极易漏水。在安装胶皮碗前，应检验胶皮碗与大便器进水连接处是否有破损，口径要吻合，绞紧端头，经试水无渗漏。稳定大便器时，填1∶6的水泥焦渣并压实，尾部进水接口处用干砂填满，上部按设计要求作面层，向内找1%坡度。

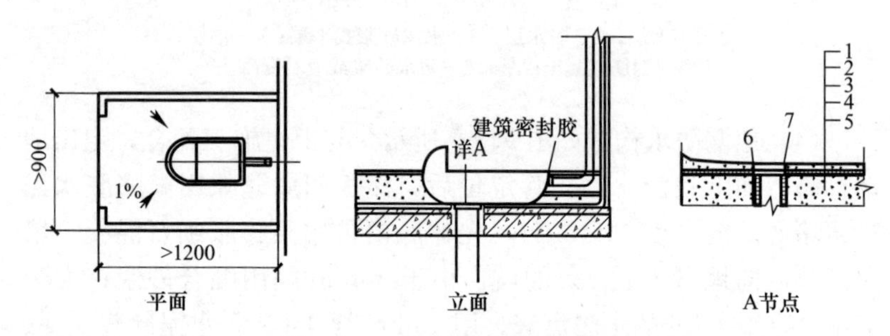

图9.3-6　蹲式大便器防水构造

1—大便器底；2—保护层或垫层；3—防水层；4—水泥砂浆找平层；5—混凝土楼板；6—建筑密封胶；7—10mm×10mm建筑密封胶胶圈

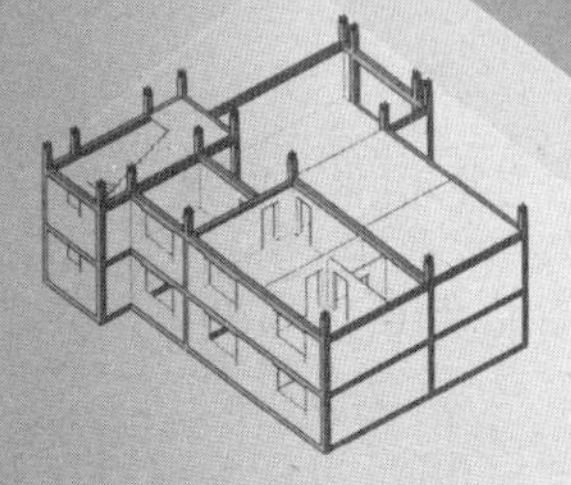

第十章　挡土墙工程

10.1　重力式挡土墙

10.1.1　材料要求

1. 砌块

重力式挡土墙主要由石料（包括片石、块石、粗料石等）砌筑，缺乏石料时，亦可用混凝土预制块砌筑，或用混凝土现浇，个别情况下才用砖砌筑。

（1）石料

砌筑重力式挡土墙的石料应是结构密实、石质均匀、不易风化、无裂缝的硬质石料，强度等级一般不小于MU25，用于浸水挡土墙及严寒地区，强度等级不应小于MU30，镶面石的强度等级也不应小于MU30。其强度等级以5cm×5cm×5cm含水饱和试件的极限抗压强度为准。

砌筑挡土墙所用石料根据形状，分为片石、块石、粗料石等3种。

1）片石

片石一般指用爆破法或楔劈法开采的石块，片石应具有两个大致平行的面，其厚度不小于15cm（不得使用卵形薄片），宽度及长度不小于厚度的1.5倍，质量约30kg。用作镶面的片石应表面平整，尺寸较大，并应稍加修整。

2）块石

块石一般形状大致方正，上下面也大致平整，厚度不小于20cm，宽度宜为厚度的1～1.5倍，长度为厚度的1.5～3倍，如有锋棱锐角，应敲除。块石用作镶面石时，应由外露面四周向内加以修凿；后部可不修凿，但应略小于修凿部分。

3）粗料石

粗料石是岩层或大块石料开裂并经粗略修凿而成，外形方正成六面体，厚度20～30cm，宽度为厚度的1～1.5倍，长度为厚度的2.5～4倍，表面凹陷深度不大于2cm。用作镶面的粗料石，丁石长度应比相邻顺石宽度至少大15cm。修凿面每10cm长须有錾路4～5条，侧面修凿面应与外露面垂直，正面凹陷深度不超过1.5cm，外露面应有细凿边缘，宽度为3～5cm。

（2）普通黏土砖

普通黏土砖是用黏土经焙烧而成的，其尺寸为240mm×115mm×53mm，强度等级分为MU30、MU25、MU20、MU15、MU10、MU7.5，挡土墙所用普通黏土砖强度不低于MU7.5。

（3）混凝土砌块

普通混凝土预制块，是用混凝土预制而成，一般按块体的高度分为小型砌块、中型砌块和大型砌块。小型砌块高度为180～350mm，中型砌块高度为360～900mm，大型砌块高度大于900mm。强度等级分为MU15、MU10、MU7.5、MU5、MU3.5。挡土墙所用砌块一般为小、中型砌块，其强度等级不低于MU10。

2. 砌筑砂浆

砂浆按用途可分为砌筑砂浆和抹面砂浆两类，挡土墙砌筑中，主要使用砌筑砂浆。

（1）砂浆的作用

砂浆的主要作用是将砌块胶结在一起，使之形成一个整体，增强砌体的稳定性，提高砌体的强度，在砂浆结硬后，砌块可通过它均匀地传递应力，并可填满砌块间的缝隙。

（2）砂浆的组成材料

砂浆一般由水泥、砂、水按一定比例拌合而成，又称为水泥砂浆，砂浆中常掺入外加剂，以改善其技术性能。

（3）砂浆配合比确定

采用三个不同的配合比，其一为砂浆基准配合比，另外两个配合比的水泥用量在基准配合比基础上分别增加及减少10%，在保证稠度、分层度合格的条件下，可相应调整用水量或掺合料用量。然后按行业标准《建筑砂浆基本性能试验方法标准》JGJ/T 70—2009的规定成型试件，测定砂浆强度等级，并选定符合强度要求的且水泥用量较少的砂浆配合比。当原材料变更时，其配合比必须重新通过试验确定。

3. 混凝土

当片石砌体或块石砌体的砌缝较宽时，为节省材料和提高砌体强度，可采用小石子混凝土作胶结材料。用于砌筑片石、块石砌体的小石子混凝土，其配合比设计、材料规格和质量标准与普通混凝土相同。小石子混凝土拌合物，应具有良好的和易性，用于砌筑片石砌体时其坍落度为5～7cm，用于砌筑块石砌体时其坍落度为7～10cm。

缺乏石料的地区，可用混凝土或片石混凝土就地浇筑，一般地区可用强度等级不低于C15的混凝土或片石混凝土；严寒地区应采用强度等级为C20的混凝土或片石混凝土。

4. 其他材料

（1）反滤层

反滤层设在挡土墙泄水孔的进水口处，其作用是防止泄水孔道被挡土墙背后的填料淤塞。反滤层可选用砂砾石，由2～3层（每层厚度15～25cm）均质透水性材料组成，相邻层平均粒径之比一般为8～10，最小不应小于4，各层滤料颗粒不均匀系数不宜大于4，小于0.15mm颗粒的含量不应大于5%（按质量计）。

（2）砂砾排水层

若墙后填土的透水性不良或可能发生冻胀，则应在最低一排泄水孔至墙顶以下50m的高度范围内，填筑不小于30cm厚的砂砾石作排水层，其作用是疏干墙后填土中的水分。砂砾排水层宜选用中砂、粗砂，要求级配良好。颗粒的不均匀系数不大于5，含泥量不超过5%。

（3）填缝料

为了防止地基不均匀沉降或温度变化使挡土墙产生裂缝而受到破坏，需设置变形缝（沉降缝和伸缩缝），并应在缝内填塞填缝料。

10.1.2 挡土墙基础施工

在挡土墙横断面中，与被支承土体直接接触的部位称为墙背，与墙背相对的、临空的部位称为墙面；与地基直接接触的部位称为基底；与基底相对的、墙的顶面称为墙顶；基底的前端称为墙趾；基底的后端称为墙踵。如图 10.1-1 所示。

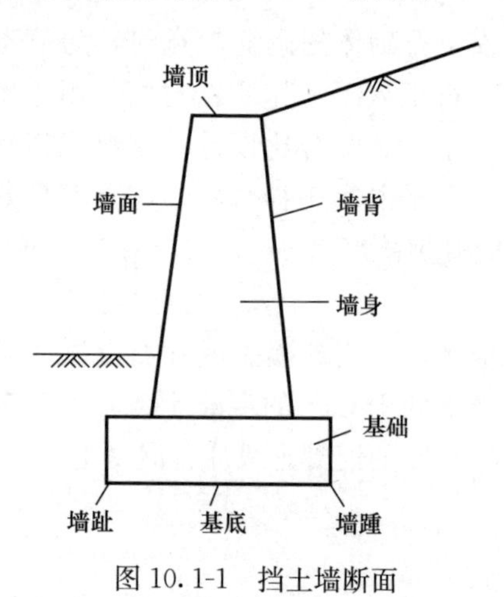

图 10.1-1　挡土墙断面

挡土墙的破坏有的是由地基不良或基础处理不当引起的。当地基不良时，为了提高地基承载能力或减小基底应力，改善和提高挡土墙抗滑稳定性和抗倾覆稳定性，防止不均匀沉降引起墙身断裂，应设置基础。

目前挡土墙常用的基础形式有扩大基础、换填基础、台阶基础，有时也采用拱形基础，遇有特殊水文地质条件时，也可采用桩基、锚桩以及沉井等基础。

绝大多数挡土墙都直接修筑在天然地基上，如图 10.1-2 所示，当地基承载力不足，地形平坦而墙身较高时，为了减小基底应力，增加抗倾覆稳定性，常采用扩大基础，如图 10.1-3（a）所示，即将墙趾或墙踵部分加宽成台阶，或两侧同时加宽，以加大承压面积。加宽值根据抗倾覆稳定性、基底应力和合力偏心距等条件确定，一般不小于 20cm。

当基底压应力超过地基承载力过多时，需要的加宽值会较大，为避免加宽部分的台阶过高，可采用钢筋混凝土底板，如图 10.1-3（b）所示。

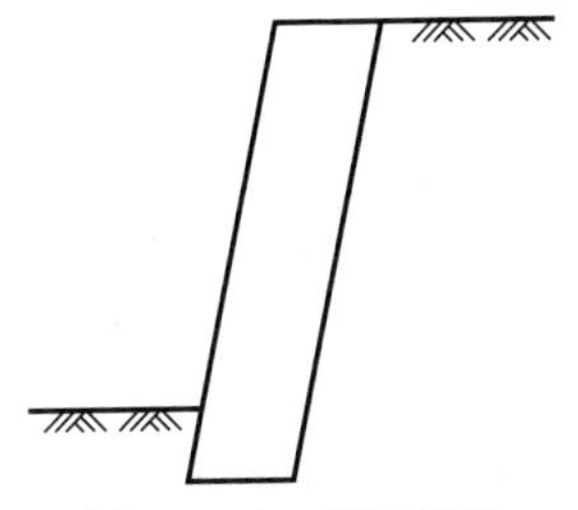

图 10.1-2　普通基础

当挡土墙修筑在陡坡上，而地基为完整、稳固且对基础不产生侧压力的坚硬岩石时，可设置台阶基础，如图 10.1-3（c）所示，以减少基坑开挖和节省圬工数量。分台高一般为 1m 左右，台宽视地形和地质情况而定，不宜小于 50cm，高宽比不应大于 2∶1。最下一个台阶的底宽不宜小于 1.5m，以满足偏心距的要求。

如果地基有短段缺口（如深沟等）或挖基困难，可采用拱形基础，如图 10.1-3（d）所示。以石砌拱圈跨过，再在其上砌筑墙身。但应注意土压力不宜过大，以免横向推力导致拱圈开裂。

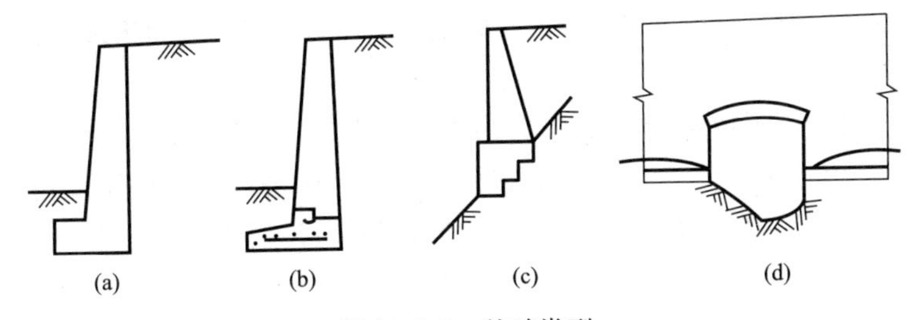

图 10.1-3　基础类型

（a）扩大基础；（b）钢筋混凝土底板基础；（c）台阶基础；（d）拱形基础

挡土墙基础形式按设置深度分为浅基础和深基础，按开挖方式分为明挖基础和挖孔、钻孔基础。

10.1.3　挡土墙墙身砌筑

1. 砂浆的拌制及运送

（1）砂浆的拌制

砂浆配料应准确，搅拌应均匀、充分。

砂浆的流动性应符合要求，并应经常对其进行检查。一般情况下，将砂浆用手捏成小团，以松手后不松散或以不从灰刀上流下为宜。当流动性变小时，不可用加水的方法增加流动性，应采用同时按比例加水和水泥、保持规定水灰比的方法加以改善，或采用掺加减水剂的方法改善。砂浆一般应用机械搅拌。已加水拌合的砂浆，应于开始凝结前全部用完。已凝结的砂浆禁止再使用。

（2）砂浆的运送

砂浆应使用铁桶、斗车等不漏水的容器运送。运输后，应检查砂浆的稠度和分层度，稠度不足或分层的砂浆必须重新拌合，必须符合要求后才能使用。

2. 浆砌砌体砌筑

浆砌原理是利用砂浆胶结砌体材料使之成为整体的人工构筑物，一般砌筑的方法有坐浆法、抹浆法、挤浆法和灌浆法四种。

（1）坐浆法

又称铺浆法，砌筑时先在下层砌体面上铺一层厚薄均匀的砂浆，再压下砌块，借助砌块自重将砂浆压紧，并在灰缝上进行必要插捣和用力敲击，使砌块完全稳定在砂浆层上，直至灰缝表面出现水膜。

（2）抹浆法

用抹灰板在砌块面上用力涂上一层砂浆，尽量使之贴紧，然后将砌块压上，辅助以人工插捣或用力敲击，通过挤压砂浆使灰缝平实。

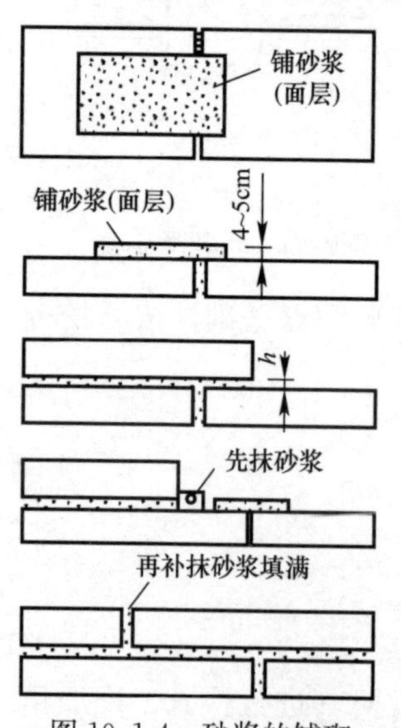

图 10.1-4　砂浆的铺砌

（3）挤浆法

综合坐浆法和抹浆法的砌筑方法，除基底为土质的第一层砌块外，每砌一块，均应先铺底浆再放砌块，然后左右轻轻揉动几下后，再轻击砌块，使灰缝砂浆被压实。在已砌筑好的砌块侧面安砌时，应在相邻侧面先抹砂浆，后砌石，并向下及侧面用力挤压砂浆，使灰缝挤实，砌体被贴紧。砂浆的铺砌如图 10.1-4 所示。

（4）灌浆法

把砌块分层水平铺放，使每层高度均匀，空隙间填塞碎石，在其中灌以流动性较大的砂浆，边灌边捣实至砂浆不能渗入砌体空隙为止，图 10.1-5 所示为正在施工中的重力式挡土墙。

图 10.1-5　施工中的重力式挡土墙

浆砌片石的一般砌石顺序为先砌角石，再砌面石，最后砌腹石，如图 10.1-6 所示。角石应选择比较方正且大小适宜的石块，否则应稍加清凿。角石砌好后即可将线移挂到角石上，再砌筑面石（即定位行列）。面石应留一个运送填腹石料的缺口，砌完腹石后再封砌缺口。腹石宜采取向运送石料方向倒退砌筑的方法，先远处，后近处。腹石应与面石一样按规定层次和灰缝砌筑整齐、砂浆饱满。上下层石块应交错排列，避免竖缝重合，如图 10.1-7 所示，砌缝宽度一般不应大于 4cm。

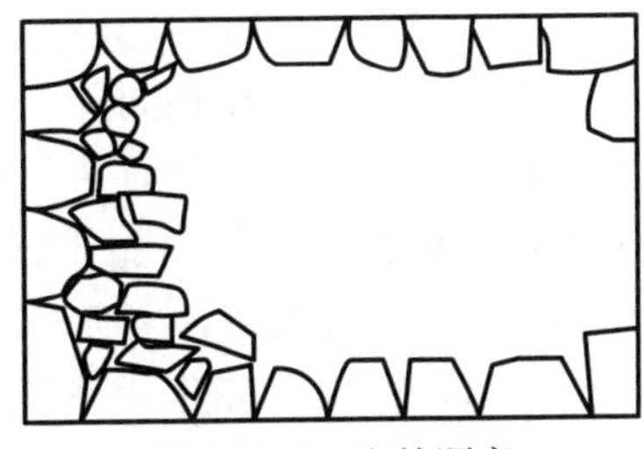

图 10.1-6　砌筑顺序

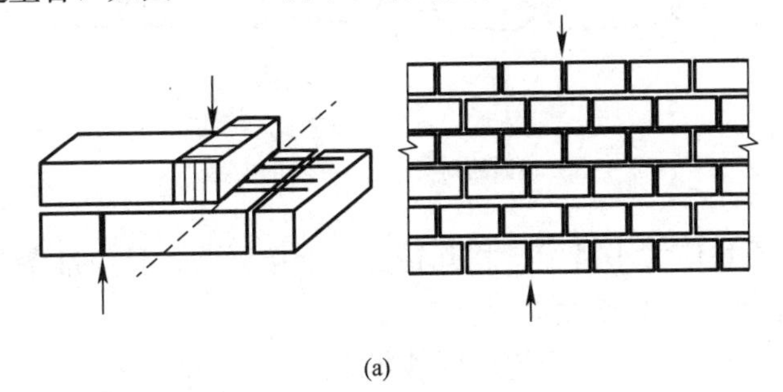

(a)

图 10.1-7　竖向错缝（一）

(a) 正常错缝

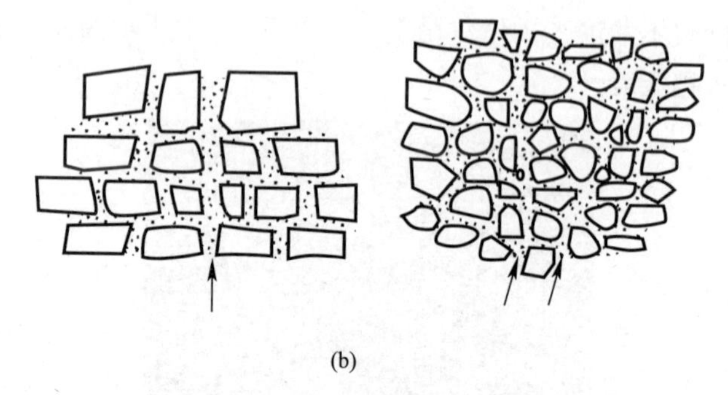

(b)

图 10.1-7　竖向错缝（二）

（b）不符合要求的错缝

注：图中箭头表示错缝位置

砌体外侧定位行列与转角石应选择表面较平且尺寸较大的石块，浆砌时，应长短相间并与里层石块咬紧，分层砌筑时应将大块石料用于下层，每处石块形状及尺寸均应搭配合适。竖缝较宽者可塞以小石子，但不能在石块下用高于砂浆层的小石块支垫。排列时，石块应交错，坐实挤紧，尖锐凸出部分应敲除。

1）浆砌片石一般采用挤浆法和灌浆法砌筑，如图 10.1-8 所示。

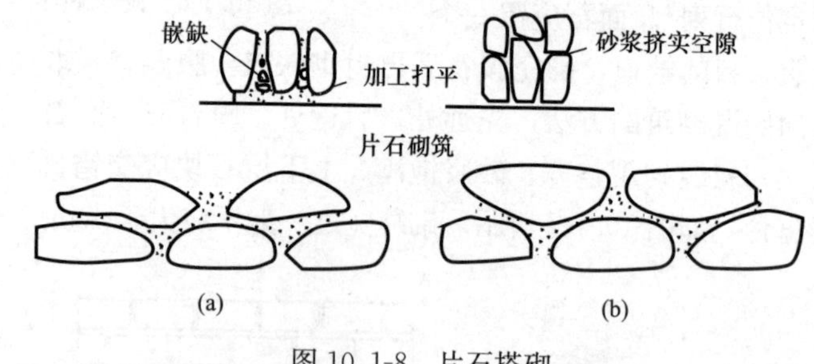

图 10.1-8　片石搭砌

（a）错误的砌法；（b）正确的砌法

2）石块应大小搭配、相互错叠、咬接紧密，且应准备各种尺寸的小石块，作挤浆填缝用。

3）片石与片石之间均应用砂浆隔开，不得直接接触。

4）片行砌筑时，应设置拉结石，并应使其均匀分布，相互错开，一般每 $0.7m^2$ 至少设一块。

5）石料的供应和砌石的配合也很重要，在砌角石、面石时应供应比较方正的石块；砌腹石时，可采用形状不规则而尺寸适宜的石块。

6）使用片石应有计划。应首先选出角石、面石备用。砌体下层应选用较大石块，向上逐渐用较小尺寸石块。

7）一天中完成的砌体高度不宜超过1m。冬季寒冷时，砂浆强度增长很慢，当天的砌高还应减小。

3. 现浇混凝土挡土墙

在缺乏石料的地区，可使用现浇混凝土或片石混凝土（其中掺入片石量不超过总体积的25%）修筑重力式挡土墙。

4. 沉降缝、伸缩缝砌筑

沉降缝、伸缩缝的宽度一般为2～3cm。为保证接缝的作用，两种接缝均须垂直，并且缝两侧砌体表面需要平整，不能搭接，必要时缝两侧的石料须加修凿。

5. 墙顶处理

路肩式浆砌挡土墙墙顶宜用粗料石或现浇混凝土（C15）作成顶帽，其厚度通常为40cm，顶部帽檐悬出的宽度为10cm；不作墙帽的路肩墙或路堤墙和路堑墙，墙顶层应用较大块石砌筑，并以M5以上砂浆勾缝且抹平顶面，砂浆层厚2cm。

6. 勾缝

圬工表面应勾缝，以防雨水渗漏，并使结构物更加美观。勾缝一般采用水泥砂浆，其强度等级比砌筑砂浆高一个等级。勾缝的形式一般有平缝、凹缝及凸缝三种，一般砌体宜采用平缝或凸缝，料石砌体宜采用凹缝。

7. 砌体养生

对浆砌砌体应加强养生，以便砌体砂浆强度形成并提高。

8. 排水设施及防水层施工

应根据渗水量在挡土墙墙身适当的高度布设泄水孔。最下一排泄水孔应高出地面30cm；对于路堑挡土墙，出水口应高出边沟水位30cm。

对于浸水挡土墙，最下排泄水孔底部应高出常水位30cm；对

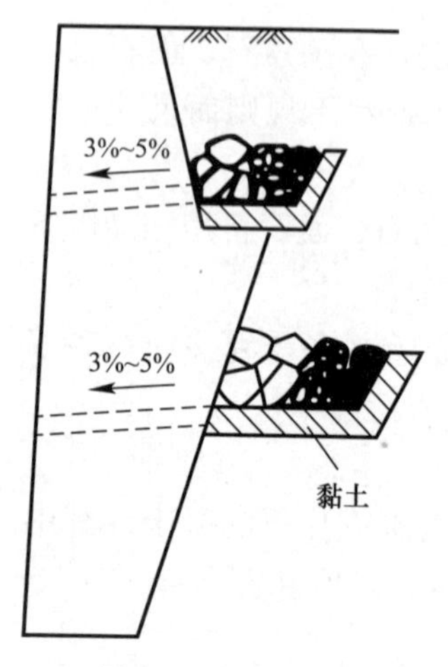

图 10.1-9 衡重式挡土墙泄水孔的设置

于衡重式挡土墙，还应在衡重台上设置一排泄水孔，如图 10.1-9 所示。干砌挡土墙可不设泄水孔。

泄水孔尺寸可视泄水量大小而定，可为 5cm × 10cm、10cm × 10cm、15cm×20cm 的矩形孔或直径为 5～10cm 的圆孔；间距一般为 2～3m，浸水挡土墙为 1.0～1.5m，上、下排泄水孔应错开布置。

当墙身为浆砌或现浇混凝土时，应按设计要求预留或预埋泄水孔。浆砌砌块一般采用矩形泄水孔，现浇混凝土一般采用圆形泄水孔。泄水孔在墙身断面方向应有 3%～5%的向外坡度，以利于迅速排除墙后渗水。

最下排泄水孔底部应铺 30cm 厚的黏土隔水层，并进行夯实以防止水渗入基础。墙背泄水孔周围应用由粗至细的颗粒覆盖形成反滤层，使泄水孔免于淤塞，如图 10.1-10 所示。有冻胀可能时，最好用炉渣覆盖。

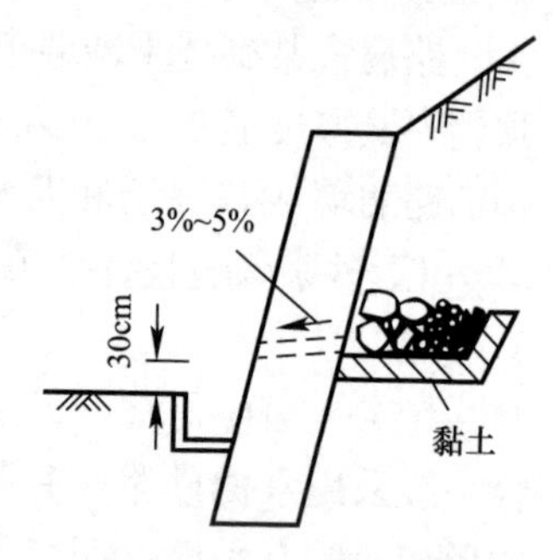

图 10.1-10 泄水孔的反滤层与隔水层

反滤层的粒径宜在 0.05～5cm 之间，符合一般级配要求，并筛选干净。施工时，可用薄隔板按各层厚度隔开，自下而上逐层填筑，逐层抽出隔板，如图 10.1-11 所示。防水、排水设施应与墙体施工同步进行，同时完成。

遇墙背排水不良或有冻胀可能时，宜在填料与墙背间填筑一条厚度大于 30cm 的竖向连续排水层，以疏干墙后填料中的水。排水层的顶、底部应用 30cm、50cm 厚的不透水材料（如胶泥）封闭，以防止水的下渗，如图 10.1-12 所示。

墙背一般不设防水层，但在严寒地区应作防水处理，一般先抹 2cm 厚 M5.0 砂浆，再涂以 2mm 厚的热沥青。

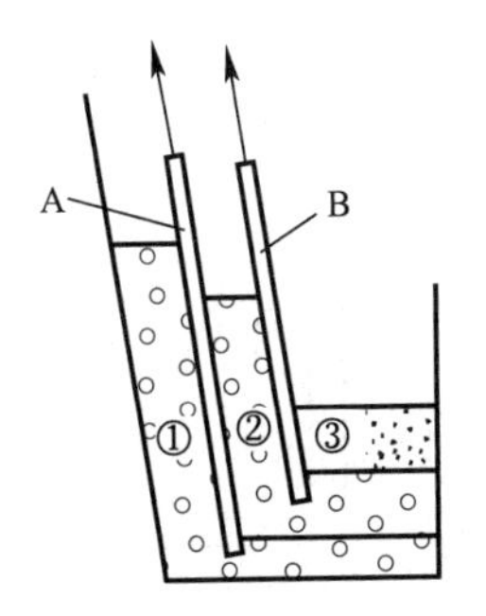

图 10.1-11　用模板铺设反滤层

A、B—隔板；①、②、③—大小不同的粒料

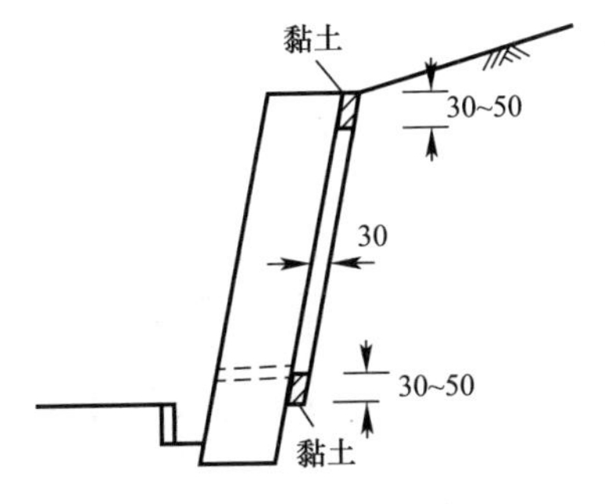

图 10.1-12　竖向排水层

10.2　薄壁式挡土墙

10.2.1　墙身构造

悬臂式挡土墙基本构造如图 10.2-1 所示，而扶壁式挡土墙基本构造如图 10.2-2 所示。

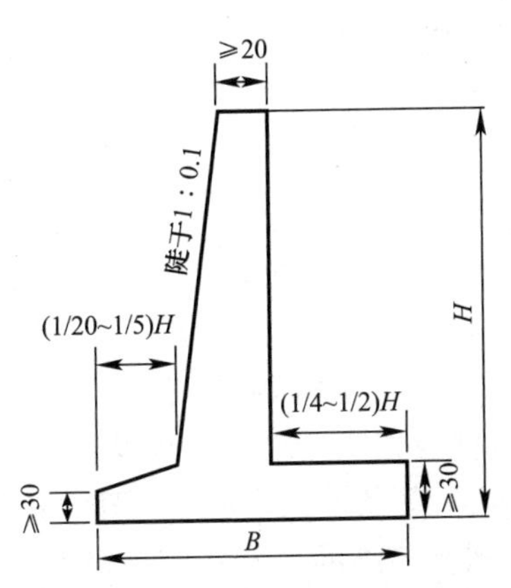

图 10.2-1　悬臂式挡土墙基本构造（尺寸单位 cm）

1. 分段

悬臂式挡土墙分段长度不应大于 15m，而扶壁式挡土墙分段长度不应大于 20m，段间设置沉降缝和伸缩缝。

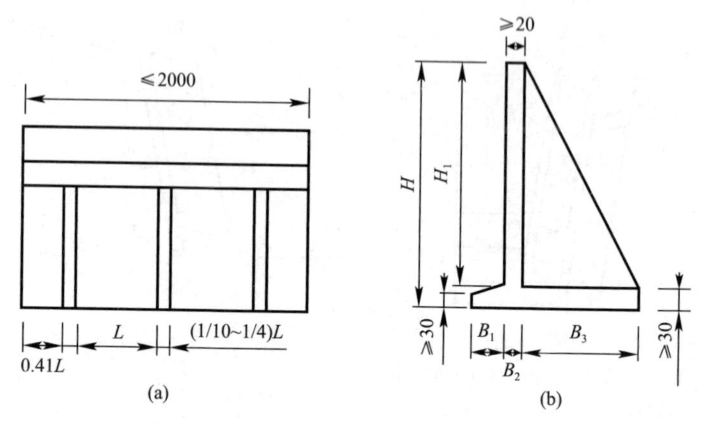

图 10.2-2 扶壁式挡土墙基本构造（尺寸单位 cm）

（a）平面图；（b）横断面图

注：$B=(1/20\sim1/5)H$；$B=(1/4\sim1/2)H$

2. 立壁

为便于施工，立壁内侧（即墙背）作成竖直面，外侧（即墙面）坡度宜陡于 1∶0.1，一般为 1∶0.02～1∶0.05，具体坡度值应根据立壁的强度和刚度要求确定：当挡土墙高度不大时，立壁可作成等厚度，墙顶宽度不得小于 20cm；当悬臂式挡土墙较高时，宜在立壁下部将截面加宽。

3. 墙底板

墙底板一般水平设置，底面水平，墙趾板的顶面一般从与立壁连接处向趾端倾斜。墙踵板顶面水平，但也可作成向踵端倾斜。墙底板厚度不应小于 30cm。墙踵板宽度由全墙抗滑稳定性确定，并应具有一定的刚度，其值宜为墙高的 1/4～1/2，且不应小于 50cm。墙趾板的宽度应根据全墙的抗倾覆稳定性、基底应力（即地基承载力）和偏心距等条件来确定，一般可取墙高的 1/20～1/5。墙底板的总宽度一般为墙高的 0.5～0.7 倍。当墙后地下水位较高且地基软弱时，墙底板宽度可增大到 1 倍墙高或者更大。

4. 扶肋

扶肋间距应根据经济性要求确定，一般为墙高的 1/4～1/2，每段中宜设置 3 个或 3 个以上的扶肋，扶肋厚度一般为扶肋间距的 1/10～1/4，但不应小于 30cm，采用随高度逐渐向后加厚的变截面，也可采用等厚式以利于施工。

扶肋两端立壁外悬长度根据悬臂梁的固端弯矩与设计采用弯矩相等的原则确定，即为两扶肋间净距的 0.41 倍。

5. 凸榫

为了提高薄壁式挡土墙的抗滑能力，减少墙踵板的宽度，常在墙底板底部设置凸榫，如图 10.2-3 所示。为使凸榫前的土体产生最大的被动土压力，墙后的主动土压力不因设凸榫而增大，故应注意凸榫设置的位置。通常将凸榫置于通过墙趾与水平面成（45°－$\varphi/2$）角线和通过墙踵与水平面成 φ 角线的范围内。凸榫高度应根据凸榫前土体的被动土压力能够满足抗滑稳定性要求而定；宽度除了满足混凝土的抗剪和抗弯拉要求以外，为便于施工，还不应小于 30cm。

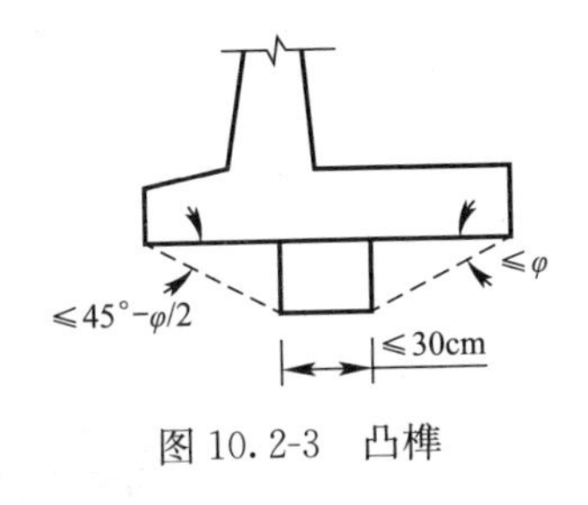

图 10.2-3　凸榫

6. 混凝土材料及保护层

薄壁式挡土墙的混凝土强度等级不得低于 C25，受力钢筋的直径不应小于 12mm。

立壁外侧钢筋与立壁外侧表面的净距不应小于 3.5cm；立壁内侧主筋与立壁内侧表面的净距不应小于 5cm；墙踵板主筋与墙踵板顶面的净距不应小于 5cm；墙趾板主筋与墙趾板底面的净距不应小于 7.5cm。

位于侵蚀性气体区域或海洋大气环境下，钢筋保护层应适当加大。

10.2.2　钢筋布置

1. 悬臂式挡土墙

悬臂式挡土墙的立壁和墙底板，按受弯构件配置受力钢筋，如图 10.2-4 所示。

（1）立壁

立壁受力钢筋 N_3 沿内侧（墙背）竖直放置，底部钢筋间距一

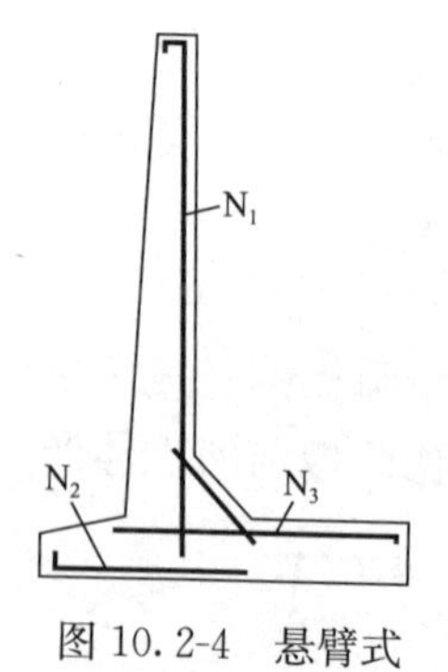

图 10.2-4　悬臂式挡土墙钢筋布置

般为 10～15cm。因立壁承受弯矩越向上越小，可根据弯矩图将钢筋切断。当墙身立壁较高时，可将钢筋分别在不同高度分两次切断，仅将 1/4～1/3 的受力钢筋延伸到立壁顶部。顶端受力钢筋间距不应大于 50cm，图 10.2-5 所示的是正在进行钢筋绑扎。钢筋切断部位，应在理论切断点以上再加一钢筋锚固长度，而其下端插入墙底板一个锚固长度，锚固长度一般取 $25d$～$30d$（d 为钢筋直径）。在水平方向上也应配置不小于 ϕ6mm 的分布钢筋，其间距不大于 40～50cm，截面积不应小于立壁底部受力钢筋截面积的 10%。

图 10.2-5　悬臂式挡土墙钢筋绑扎

对于特别重要的悬臂式挡土墙，在立壁的外侧（墙面）和墙顶，可按构造要求配置少量钢筋或钢丝网，以提高混凝土表层抵抗温度变化和混凝土收缩的能力，防止混凝土表层出现裂缝。

（2）墙底板

墙踵板受力钢筋 N_2，设置在墙踵板的顶面。该钢筋一端伸入立壁与墙底板连接处并伸过不小于一个锚固长度；另一端根据弯矩图切断，在理论切断点向外延长一个锚固长度。

墙趾板受力钢筋 N_1，设置于墙趾板的底面，该筋一端伸入立壁与墙趾板连接处并伸过不小于一个锚固长度；另一端一半延伸到墙趾，另一半在墙趾板宽度中部再加一个锚固长度处切断。

为便于施工，墙底板的受力钢筋间距最好与立壁的间距相同或取其整数倍。在实际应用中，常将立壁的底部受力钢筋一半或全部弯曲作为墙趾板的受力钢筋。立壁与墙踵板连接处最好作成贴角予以加强，并配以构造钢筋，其直径与间距可与墙踵板钢筋一致，墙底板也应配置构造钢筋。钢筋直径及间距均应符合规范的规定。

另外，还应根据截面剪力布置箍筋，图 10.2-6 所示为正在施工的悬臂式挡土墙。

图 10.2-6　施工中的悬臂式挡土墙

2. 扶壁式挡土墙

扶壁式挡土墙的立壁、墙趾板、墙踵板根据矩形截面受弯构件配置钢筋，如图 10.2-7 所示，而扶肋按变截面 T 形梁配筋。

（1）立壁

立壁的水平受拉钢筋分为内、外侧钢筋两种。内侧水平受拉钢筋 N_2，布置在立壁靠填土一侧，承受水平负弯矩，按扶肋处支点弯矩设计，全墙可分为 3～4 段。

外侧水平受拉钢筋 N_3，布置在中间跨立壁临空一侧，承受水平正弯矩，该钢筋沿墙长方向通长布置。为方便施工，可在扶肋中心将其切断。沿墙高可分为几个区段进行配筋，但区段不宜分得过多。

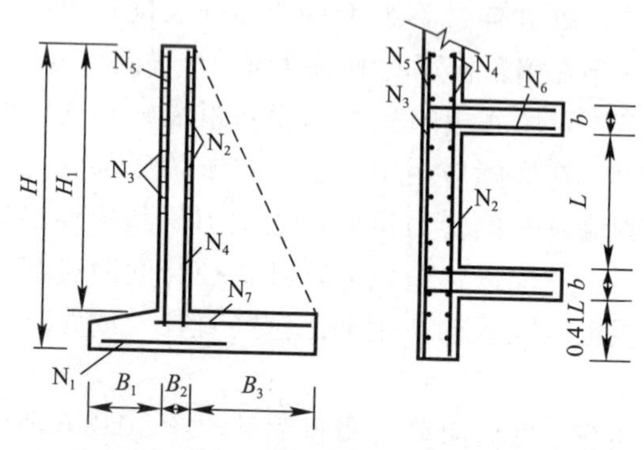

图 10.2-7　扶壁式挡土墙钢筋布置

立壁的竖向受力钢筋，也分内、外两侧。内侧竖向受力钢筋 N_4 布置在靠填土一侧，承受立壁的竖直负弯矩。该筋向下伸入墙踵板不少于一个钢筋锚固长度，向上在距墙踵板顶高 $H_1/4$ 加上一个钢筋锚固长度处切断，每跨中部 $2L/3$ 范围内按跨中的最大竖直负弯矩 M_D 配筋，靠近扶肋两侧各 1/6 部分按 $M_D/2$ 配筋。

外侧竖向受力钢筋 N_5 布置在立壁临空一侧，承受立壁的竖直正弯矩，该钢筋通长布置，兼作立壁的分布钢筋之用。

连接立壁与扶肋的 U 形拉筋 N_6，开口向扶肋的背侧。该钢筋每一肢承受高度为拉筋间距水平板条的支点剪力 Q，在扶肋水平方向通长布置。

（2）墙踵板

墙踵板顶面横向水平钢筋 N_7，是为了立壁承受竖直负弯矩的钢筋 N_4 得以发挥作用而设置的。该筋位于墙踵板顶面，垂直于立壁方向。其布置与钢筋 N_4 相同，该筋一端插入立壁一个钢筋锚固长度，另一端伸至墙踵端，作为墙踵板纵向钢筋 N_8 的定位钢筋。如钢筋 N_7 的间距很小，可以将其中一半在墙踵板宽度中部加一个钢筋锚固长度处切断。

墙踵板顶面和底面纵向水平受拉筋 N_8、N_9（图 10.2-7 中未示），承受墙踵板在扶肋两端的负弯矩和跨中正弯矩。该钢筋切断

情况与 N_2、N_3 相同。

连接墙踵板与扶肋之间的 U 形钢筋 N_{10}（图 10.2-7 中未示）开口向上。可在距墙踵板顶面一个钢筋锚固长度处切断，也可延伸至扶肋的顶面，作为扶肋两侧的分布钢筋。在垂直于立壁方向的钢筋分布与墙踵板顶面纵向水平钢筋 N_8 的分布相同。

（3）墙趾板

同悬臂式挡土墙墙趾板的钢筋布置。

（4）扶肋

对于扶肋背侧的受拉钢筋 N_{11}（图 10.2-7 中未示），应根据扶肋的弯矩图，选择 2～3 个截面，分别计算所需的钢筋根数。为节省混凝土，钢筋 N_{11} 可多层排列，但不得多于 3 层，其间距应满足规范要求，必要时可采用束筋。各层钢筋上端应按不需此钢筋的截面再延长一个钢筋锚固长度，必要时，可将钢筋沿横向弯入墙踵板的底面。

除受力钢筋外，还需根据截面剪力配置箍筋，并按构造要求布置构造钢筋，图 10.2-8 所示的是正在施工中的扶壁式挡土墙。

图 10.2-8　施工中的扶壁式挡土墙

参 考 文 献

[1] 中华人民共和国住房和城乡建设部. 砌体结构设计规范：GB 50003—2011 [S]. 北京：中国计划出版社，2012.

[2] 中华人民共和国住房和城乡建设部. 混凝土结构设计规范（2015 年版）：GB 50010—2010 [S]. 北京：中国建筑工业出版社，2016.

[3] 中华人民共和国住房和城乡建设部. 木结构设计标准：GB 50005—2017 [S]. 北京：中国建筑工业出版社，2018.

[4] 中华人民共和国住房和城乡建设部. 建筑抗震设计规范（2016 年版）：GB 50011—2010 [S]. 北京：中国建筑工业出版社，2016.

[5] 中华人民共和国住房和城乡建设部. 建筑与市政工程抗震通用规范：GB 55002—2021 [S]. 北京：中国建筑工业出版社，2021.

[6] 中华人民共和国住房和城乡建设部. 混凝土结构加固设计规范：GB 50367—2013 [S]. 北京：中国建筑工业出版社，2014.

[7] 中华人民共和国住房和城乡建设部. 砌体结构加固设计规范：GB 50702—2011 [S]. 北京：中国建筑工业出版社，2011.

[8] 中华人民共和国住房和城乡建设部. 民用建筑热工设计规范：GB 50176—2016 [S]. 北京：中国建筑工业出版社，2017.

[9] 中华人民共和国住房和城乡建设部. 混凝土结构工程施工质量验收规范：GB 50204—2015 [S]. 北京：中国建筑工业出版社，2015.

[10] 中国建筑标准设计研究院. 混凝土结构施工图平面整体表示方法制图规则和构造详图（现浇混凝土框架、剪力墙、梁、板）：22G101—1. 北京：中国计划出版社，2022.

[11] 中国建筑标准设计研究院. 混凝土结构施工图平面整体表示方法制图规则和构造详图（现浇混凝土板式楼梯）：22G101—2. 北京：中国计划出版社，2022.

[12] 中华人民共和国建设部. 岩土工程勘察规范（2009 年版）：GB 50021—2001 [S]. 北京：中国建筑工业出版社，2009.

[13] 中华人民共和国住房和城乡建设部. 土工试验方法标准：GB/T 50123—2019 [S]. 北京：中国计划出版社，2019.

［14］ 中华人民共和国住房和城乡建设部. 建筑地基基础工程施工质量验收标准：GB 50202—2018［S］. 北京：中国计划出版社，2018.

［15］ 中华人民共和国住房和城乡建设部. 建筑地基基础工程施工规范：GB 51004—2015［S］. 北京：中国计划出版社，2015.

［16］ 中华人民共和国住房和城乡建设部. 建筑地基基础术语标准：GB/T 50941—2014［S］. 北京：中国建筑工业出版社，2014.

［17］ 全国钢标准化技术委员会. 钢筋混凝土用钢　第1部分：热轧光圆钢筋：GB/T 1499. 1—2017［S］. 北京：中国标准出版社，2018.

［18］ 全国钢标准化技术委员会. 钢筋混凝土用钢　第2部分：热轧带肋钢筋：GB/T 1499. 2—2018［S］. 北京：中国标准出版社，2018.

［19］ 全国钢标准化技术委员会. 钢筋混凝土用钢　第3部分：钢筋焊接网：GB/T 1499. 3—2010［S］. 北京：中国标准出版社，2011.

［20］ 中华人民共和国住房和城乡建设部. 建筑基坑支护技术规程：JGJ 120—2012［S］. 北京：中国建筑工业出版社，2012.

［21］ 《建筑施工手册》（第五版）编委会. 建筑施工手册（第五版）［M］. 北京：中国建筑工业出版社，2013.

［22］ 陈忠达. 公路挡土墙设计与施工及国家标准图集实施手册［M］. 北京：人民交通出版社，2008.

［23］ 《工程地质手册》编委会. 工程地质手册（第四版）［M］. 北京：中国建筑工业出版社，2007.

［24］ 北京土木建筑学会. 木结构工程施工操作手册［M］. 北京：经济科学出版社，2005.

［25］ 肖捷. 地基与基础工程施工［M］. 北京：机械工业出版社，2006.

［26］ 龚晓南. 地基处理手册（第三版）［M］. 北京：中国建筑工业出版社，2008.

［27］ 王珊. 岩土工程新技术实用全书［M］. 长春：银声音像出版社，2011.

［28］ 《岩土工程手册》编写委员会. 岩土工程手册［M］. 北京：中国建筑工业出版社，1994.

［29］ 林宗元. 岩土工程勘察设计手册［M］. 沈阳：辽宁科学技术版社，1996.

［30］ 张有良. 最新工程地质手册［M］. 北京：中国知识出版社，2006.

［31］ 陈希哲. 土力学地基基础（第4版）［M］. 北京：清华大学出版社，2004.

［32］ 顾晓鲁，钱鸿缙，刘惠珊，等. 地基与基础（第三版）［M］. 北京：中国建筑工业出版社，2003.

［33］ 李昂. 建筑地基处理技术及地基基础工程标准规范实施手册［M］. 北京：金版电子出版公司，2003.